本教材第 1 版曾获首届全国教材建设奖全国优秀教材二等奖

高等职业教育电类基础课新形态一体化教材

PLC YINGYONG JISHU

PLC 应用技术（西门子）（第 2 版）

史宜巧　侍寿永　主编

高等教育出版社·北京

内容简介

本教材第1版曾获首届全国教材建设奖全国优秀教材二等奖。本教材主要以西门子S7-200 系列PLC为例，分5个模块共20个项目，较为详尽地介绍S7-200 PLC的基础知识、编程软件、位逻辑指令、数据处理指令、程序控制指令、模拟量指令、脉冲量指令、通信指令及其工程应用。每个项目都以“教学做”一体化模式编写，选题均来自于工业生产现场，并经过编写组精心设计教学项目，试做后编入教材，强调职业技能训练，注重职业能力培养。在项目实施中均配有电路原理图和控制程序，并使项目易于操作与实现，旨在让读者通过本书的学习，尽快掌握S7-200 PLC的基本知识及编程应用技能。

为了学习者能够快速且有效地掌握核心知识和技能，也方便教师采用更有效的传统方式教学，或者更新颖的线上线下的翻转课堂教学模式，本书配有微课、动画，学习者可以通过扫描书中的二维码进行观看。与本书配套的数字课程将在“智慧职教”（www.icve.com.cn）网站上线，读者可登录网站学习，授课教师可以调用本课程构建符合自身教学特色的SPOC课程，详见“智慧职教”服务指南。此外，本书还提供了其他丰富的数字化课程教学资源，包括教学课件、微课、动画、仿真训练、训练参考程序等教学资源，教师可发邮件至编辑邮箱1377447280@qq.com索取。

本书可作为高等职业院校电气自动化、机电一体化等相关专业教材，也可作为工程技术人员自学或参考用书。

图书在版编目（CIP）数据

PLC 应用技术：西门子 / 史宜巧，侍寿永主编 . --
2 版 . -- 北京：高等教育出版社，2021.2（2023.12重印）
ISBN 978-7-04-052995-1

Ⅰ . ① P… Ⅱ . ①史… ②侍… Ⅲ . ① PLC 技术 - 高等职业教育 - 教材 Ⅳ . ① TM571.61

中国版本图书馆 CIP 数据核字（2019）第 249060 号

策划编辑 曹雪伟　　责任编辑 曹雪伟　　封面设计 李树龙　　版式设计 于 婕
插图绘制 于 博　　责任校对 张 薇　　责任印制 刘思涵

出版发行 高等教育出版社
社　　址 北京市西城区德外大街4号
邮政编码 100120
印　　刷 高教社（天津）印务有限公司
开　　本 889mm×1194mm 1/16
印　　张 15
字　　数 470千字
购书热线 010-58581118
咨询电话 400-810-0598
网　　址 http://www.hep.edu.cn
　　　　 http://www.hep.com.cn
网上订购 http://www.hepmall.com.cn
　　　　 http://www.hepmall.com
　　　　 http://www.hepmall.cn
版　　次 2016 年 8 月第 1 版
　　　　 2021 年 2 月第 2 版
印　　次 2023 年12月第 4 次印刷
定　　价 45.00 元

物 料 号 52995-A0

“智慧职教”服务指南

“智慧职教”是由高等教育出版社建设和运营的职业教育数字教学资源共建共享平台和在线课程教学服务平台，包括职业教育数字化学习中心平台（www.icve.com.cn）、职教云平台（zjy2.icve.com.cn）和云课堂智慧职教 App。用户在以下任一平台注册账号，均可登录并使用各个平台。

● 职业教育数字化学习中心平台（www.icve.com.cn）：为学习者提供本教材配套课程及资源的浏览服务。

登录中心平台，在首页搜索框中搜索“PLC 技术应用”，找到对应作者主持的课程，加入课程参加学习，即可浏览课程资源。

● 职教云（zjy2.icve.com.cn）：帮助任课教师对本教材配套课程进行引用、修改，再发布为个性化课程（SPOC）。

1. 登录职教云，在首页单击“申请教材配套课程服务”按钮，在弹出的申请页面填写相关真实信息，申请开通教材配套课程的调用权限。

2. 开通权限后，单击“新增课程”按钮，根据提示设置要构建的个性化课程的基本信息。

3. 进入个性化课程编辑页面，在“课程设计”中“导入”教材配套课程，并根据教学需要进行修改，再发布为个性化课程。

● 云课堂智慧职教 App：帮助任课教师和学生基于新构建的个性化课程开展线上线下混合式、智能化教与学。

1. 在安卓或苹果应用市场，搜索“云课堂智慧职教”App，下载安装。

2. 登录 App，任课教师指导学生加入个性化课程，并利用 App 提供的各类功能，开展课前、课中、课后的教学互动，构建智慧课堂。

“智慧职教”使用帮助及常见问题解答请访问 help.icve.com.cn。

前言

目前，PLC 已成为自动化控制领域不可或缺的设备之一。它常与传感器、变频器、人机界面等设备配合使用，构造成功能齐全、操作简单方便的自动控制系统，在国内已得到广泛的应用。为此，编者结合多年的工程经验及电气自动化的教学经验，并在企业技术人员大力支持下编写了本书，旨在使学生或具有一定电气控制基础知识的工程技术人员能较快地掌握西门子 S7-200 PLC 编程及应用技术。

本书根据高职高专的培养目标，结合高职高专的教学改革和课程改革，本着“工学结合、任务驱动、项目引导、教学做一体化”的原则编写。其编写特点是以模块为单元，以实际应用为主线，通过设计不同的工程项目和实例，引导学生由实践到理论再到实践，将理论知识自然地嵌入到每一个实践项目中，做到教、学、做、练的紧密结合。每个项目均包括控制要求与分析、知识学习、项目实施、知识进阶、问题研讨、拓展训练。

本书共分 5 个模块，较为全面地介绍了西门子 S7-200 PLC 的编程及应用技术。

模块一设有 5 个项目，介绍 PLC 的基础知识、位逻辑指令（含定时器、计数器）及编程软件的应用。

模块二设有 4 个项目，介绍数据类型及数据处理指令，主要有传送指令、移位指令、运算指令、比较指令及其应用。

模块三设有 4 个项目，介绍程序控制指令，主要有跳转指令、子程序指令、中断指令、顺序控制继电器指令及其应用。

模块四设有 4 个项目，介绍模拟量指令、PID 指令、高速计数器指令、PLS 指令及其应用。

模块五设有 3 个项目，介绍通信指令，主要包括 PPI 通信指令、自由口通信指令、USS 通信指令及其应用。

为了便于教学和自学，激发读者的学习热情，书中的实例和实训项目均较为简单，且易于操作和实现。为巩固、提高和检查读者对所学知识的掌握程度，每个项目均配有拓展训练及其参考程序。

本次修订将原有配套的 Abook 数字课程全新升级为“智慧职教”（www.icve.com.cn）在线课程，依托“智慧职教教学平台”可方便教师采用“线上线下”翻转课堂教学模式，提升教师信息化教学水平。学习者可登录网站进行在线学习，也可通过扫描书中的二维码观看微课视频，书中配套的教学资源可在智慧职教课程页面进行在线浏览或下载。

在本书的编写过程中，得到了江苏电子信息职业学院领导以及智能制造学院领导的关心与支持，同时得到了江苏沙钢集团淮钢特钢股份有限公司秦德良、卧龙电气淮安清江电机有限公司马砚芳两位高级工程师所给予的很多帮助和提供的很好建议，同时，西门子（中国）公司在本书数字化资源建设中也给予了大力支持和帮助，在此表示衷心的感谢。

本书由淮安信息职业技术学院史宜巧、侍寿永任主编，徐建俊任主审。参加编写的还有吴会琴、王玲、居海清、薛岚、夏玉红。其中，史宜巧编写模块一、二，侍寿永编写模块三～五，居海清、吴会琴、王玲、薛岚、夏玉红共同提供项目拓展训练的参考源程序。

由于编者水平有限，书中难免有疏漏之处，恳请读者批评指正。

编　者

2019 年 9 月

目录

模块一 位逻辑指令及其应用

三相异步电动机是PLC控制系统中应用最为广泛的控制对象。本模块以三相异步电动机为载体，共设有电动机的点动运行控制、连续运行控制、正反转运行控制、Y－△降压起动控制和循环起停控制5个项目，并在其中融入了PLC的基础知识、S7-200 PLC编程软件的使用方法、位逻辑指令应用、定时器和计数器应用。本模块的主要目标是掌握PLC的基础知识，熟练使用编程软件、分配I/O点、绘制硬件原理图、编写及调试典型控制环节程序。在问题研讨中，拓展外部电源使用、直流输出型PLC交流负载的驱动和中文编程界面转换、FR与PLC的连接、电气互锁、指示灯的连接、不同电压等级的输出、定时范围扩展、Y－△降压起动切换时发生短路现象、计数范围扩展、计数器的计数频率等。

项目一　电动机的点动运行控制

演示文稿 1-1：电动机的点动运行控制

知识目标

- 了解PLC的基本知识
- 掌握S7-200 PLC的基本指令（LD、LDN、=）
- 掌握程序运行过程

大国工匠：火箭“心脏”焊接人——高凤林

能力目标

- 会进行I/O地址的分配
- 会正确进行PLC外围硬件的接线
- 能安装S7-200 PLC的编程软件
- 会使用编程软件进行点动程序的编写，并能下载和运行程序

一、要求与分析

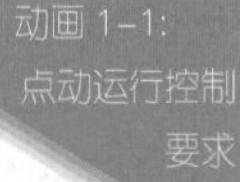

动画 1-1：点动运行控制要求

要求：用PLC实现三相异步电动机的点动运行控制。

分析：根据上述控制要求可知，发出命令的元器件就是一个点动按钮，作为PLC的输入量；执行命令的元器件就是一个交流接触器，通过它的主触点可将三相异步电动机与三相交流电源接通，从而实现电动机的点动运行控制，其线圈作为PLC的输出量。按下点动按钮，

笔 记

交流接触器线圈就能得电；松开点动按钮，交流接触器线圈又会失电。那么，在按钮及交流接触器线圈之间没有电气连接的情况下，如何做到这样的控制呢？通过本项目的学习，读者就会知晓是通过PLC及其编写的控制程序实现的。

二、知识学习

1. 点动运行的接触器线路控制

点动控制是指按下起动按钮，电动机就得电运转；松开按钮，电动机失电停止运转。点动运行控制常用于机床模具的对模、工件位置的微调、电动葫芦的升降及机床维护与调试时对电动机的控制。

三相异步电动机的点动运行控制电路常用按钮和接触器等元件来实现，如图1-1所示。起动时，闭合低压断路器QF后，当按钮SB按下时，交流接触器KM的线圈得电，其主触点闭合，为电动机引入三相电源，电动机M接通电源后则直接起动并运行；当松开按钮SB时，KM线圈失电，其主触点断开，电动机停止运行。

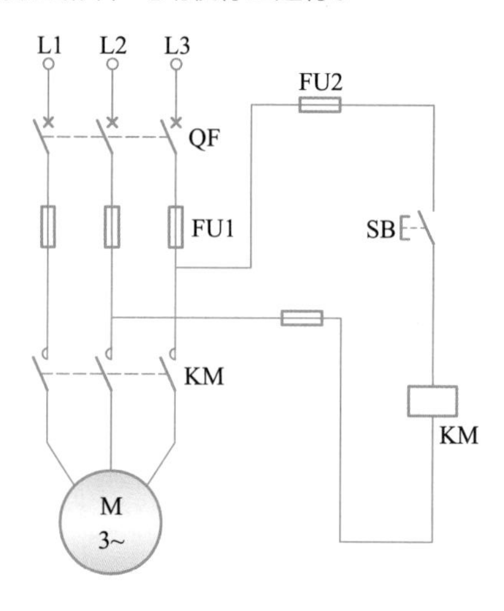

图1-1
电动机点动运行控制电路图

在点动运行控制电路中，由低压断路器QF、熔断器FU1、交流接触器KM的主触点及三相交流异步电动机M组成主电路部分；由熔断器FU2、起动按钮SB、交流接触器KM的线圈等组成控制电路部分。利用PLC实现点动运行控制，主要针对控制电路进行，主电路则保持不变。

2. S7-200 PLC 简介

可编程序控制器（PLC）主要是将微处理器、存储器、基本输入/输出点和电源集成在一个紧凑的封装中，再通过扩展模块构成整个功能强大的控制系统。S7-200 PLC是德国西门子公司生产的小型PLC，其外形及外部结构如图1-2所示。

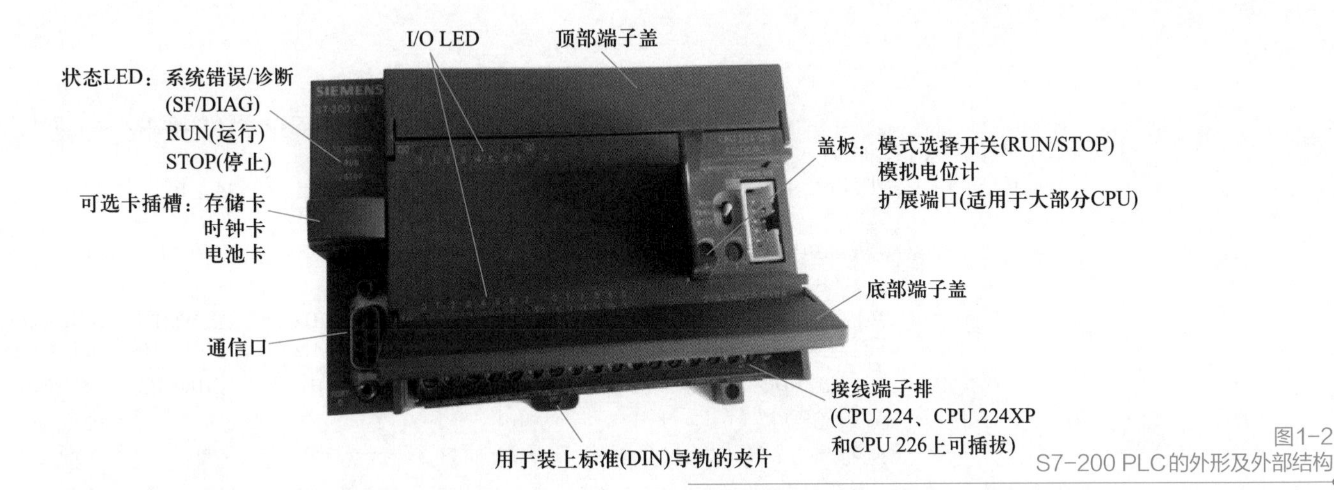

图1-2
S7-200 PLC的外形及外部结构

图1-2中S7-200 PLC外部结构的各部分功能如下。

① I/O LED：用于显示输入/输出端子的状态。

② 状态LED：用于显示CPU所处的工作状态，共有SF（系统错误）/DIAG（诊断）、RUN（运行）和STOP（停止）3个指示灯。

③ 可选卡插槽：可以插入存储卡、时钟卡和电池卡。

④ 通信口：可以连接RS-485总线的通信电缆。

⑤ 顶部端子盖：下面为输出端子和PLC供电电源端子。输出端子的运行状态可以由顶部端子盖下方的一排指示灯（即I/O LED 指示灯）显示，ON 状态对应指示灯亮。

⑥ 底部端子盖：下面为输入端子和传感器电源端子。输入端子的运行状态可以由底部端子盖上方的一排指示灯（即I/O LED 指示灯）显示，ON 状态对应指示灯亮。

⑦ 盖板：下面有模式选择开关、模拟电位计和扩展端口。将开关拨向停止“STOP”位置时，PLC处于停止状态，此时可以对其编写程序；将开关拨向运行“RUN”位置时，PLC处于运行状态，此时不能对其编写程序；将开关拨向运行状态，在运行程序的同时还可以监视程序运行的状态。扩展端口用于连接扩展模块，实现I/O扩展。

PLC的内部包括CPU模块和I/O模块。此外，还有多种类型的扩展模块。

（1）CPU模块

中央处理器（CPU）是PLC工作的核心元件，主要用来进行数据的处理和运算，西门子（SIEMENS）公司提供多种类型的CPU以适应各种应用场合。表1-1列出了S7-200 PLC不同CPU模块的技术指标。

笔 记

表 1-1　S7-200 PLC 不同 CPU 模块的技术指标

特性	型号				
	CPU 221	CPU 222	CPU 224	CPU 224XP	CPU 226
外形尺寸 / mm	90 × 80 × 62	90 × 80 × 62	120.5 × 80 × 62	140 × 80 × 62	190 × 80 × 62
程序存储器容量/B 可在运行模式下编辑 不可在运行模式下编辑	 4 096 4 096	 4 096 4 096	 8 192 12 288	 12 288 16 384	 16 384 24 576
数据存储器容量/B	2 048	2 048	8 192	10 240	10 240
掉电保护时间/h	50	50	100	100	100

续表

特性	型号				
	CPU 221	CPU 222	CPU 224	CPU 224XP	CPU 226
本机I/O 数字量 模拟量	6入/4出	8入/6出	14入/10出	14入/10出 2入/1出	24入/16出
扩展模块数量/个	0	2	7	7	7
高速计数器 单相 两相	4路 30kHz 2路 20kHz	4路 30kHz 2路 20kHz	6路 30kHz 4路 20kHz	4路 30kHz 2路 100kHz	6路 30kHz 4路 20kHz
脉冲输出（DC）	2路20kHz	2路20kHz	2路20kHz	2路100kHz	2路20kHz
模拟电位器/个	1	1	2	2	2
实时时钟	配时钟卡	配时钟卡	内置	内置	内置
通信口	1 RS-485	1 RS-485	1 RS-485	2 RS-485	2 RS-485
浮点数运算	有				
I/O映像区	256(128入/128出)				
布尔指令执行速度	0.22μs/指令				

微课 1-1-1：输入过程映像寄存器

虚拟仿真训练 1-1-1：输入过程映像寄存器

CPU的数据存储器主要用来处理和存储系统运行过程中的相关数据，主要包括以下几种：

① 输入过程映像寄存器（I）。

在每个扫描过程的开始，CPU对物理输入点进行采样，并将采样值存储于输入过程映像寄存器（又称输入继电器）中。

输入过程映像寄存器是PLC接收外部输入的数字量信号的窗口。PLC通过光耦合器，将外部信号的状态读入并存储在输入过程映像寄存器中。外部输入电路接通时对应的输入映像寄存器为ON（1状态）；反之，为OFF（0状态）。输入端可以外接常开触点或常闭触点，也可以接由多个触点组成的串并联电路。在梯形图中，可以多次使用输入端的常开触点和常闭触点。

② 输出过程映像寄存器（Q）。

微课 1-1-2：输出过程映像寄存器

虚拟仿真训练 1-1-2：输出过程映像寄存器

在扫描周期的末尾，CPU将输出过程映像寄存器（又称输出继电器）的数据传送给输出模块，再由后者驱动外部负载。如果梯形图中Q0.0的线圈“通电”，则继电器型输出模块中对应的硬件继电器的常开触点闭合，使接在标号为Q0.0的端子的外部负载通电；反之，则外部负载断电。输出模块中的每一个硬件继电器仅有一对常开触点，但是在梯形图中，每一个输出位的常开触点和常闭触点都可以多次使用。

③ 变量存储器（V）。

变量（Variable）存储器用于在程序执行过程中存入中间结果，或者用来保存与工序或任务有关的其他数据。

④ 位存储器（M）。

位存储器（M0.0～M31.7）类似于继电器控制系统中的中间继电器，用来存储中间操作状态或其他控制信息。虽然名为“位存储器区”，但是也可以按字节、字或双字来存取。

⑤ 定时器（T）。

定时器相当于继电器控制系统中的时间继电器。S7-200 PLC有3种定时器，它们的时间基准增量分别为1ms、10ms和100ms。定时器的当前值寄存器是16位有符号整数，用于存储定时器累计的时间基准增量值（1～32 767）。

笔 记

定时器位用来描述定时器延时动作的触点状态，定时器位为1时，梯形图中对应的定时器的常开触点闭合，常闭触点断开；为0时，则触点的状态相反。

用定时器地址（T和定时器号）来存取当前值和定时器位，带位操作的指令可存取定时器位，带字操作数的指令可存取当前值。

⑥ 计数器（C）。

计数器用来累计其计数输入端脉冲电平由低到高的次数，S7-200 PLC提供加计数器、减计数器和加减计数器。计数器的当前值为16位有符号整数，用来存放累计的脉冲数（1~32 767）。用计数器地址（C和计数器号）来存取当前值和计数器位。

⑦ 高速计数器（HC）。

高速计数器用来累计比CPU的扫描速率更快的事件，计数过程与扫描周期无关。其当前值和设定值为32位有符号整数，当前值为只读数据。高速计数器的地址由区域标识符HC和高速计数器号组成。

⑧ 累加器（AC）。

累加器是可以像存储器那样使用的读/写单元。CPU提供了4个32位累加器（AC0~AC3），可以按字节、字和双字来存取累加器中的数据。按字节、字只能存取累加器的低8位或低16位，按双字能存取全部的32位，存取的数据长度由指令决定。

⑨ 特殊存储器（SM）。

特殊存储器用于CPU与用户之间交换信息，如SM0.0一直为1状态，SM0.1仅在执行用户程序的第一个扫描周期为1状态。

⑩ 局部存储器（L）。

S7-200 PLC将主程序、子程序和中断程序统称为POU（Program Organizational Unit，程序组织单元），各POU都有自己的64B的局部变量表。局部变量仅在它被创建的POU中有效。局部变量表中的存储器称为局部存储器。它们可以作为暂时存储器，或用于子程序传递它的输入、输出参数。变量存储器（V）是全局存储器，可以被所有的POU存取。

S7-200 PLC给主程序和中断程序各分配64B局部存储器，给每一级子程序嵌套分配64B局部存储器，各程序不能访问其他程序的局部存储器。

⑪ 模拟量输入（AI）。

S7-200 PLC用A/D转换器将外界连续变化的模拟量（如压力、流量等）转换为一个字长（16位）的数字量，用区域标识符AI、数据长度W（字）和起始字节的地址来表示模拟量输入的地址，如AIW2和AIW4。因为模拟量输入是一个字长，应从偶数字节地址开始存入，模拟量输入值为只读数据。

⑫ 模拟量输出（AQ）。

S7-200 PLC将一个字长的数字量用D/A转换器转换为外界的模拟量，用区域标识符AQ、数据长度W（字）和字节的起始地址来表示存储模拟量输出的地址，如AQW2和AQW4。因为模拟量输出是一个字长，应从偶数字节开始存放，模拟量输出值是只写数据，用户不能读取模拟量输出值。

⑬ 顺序控制继电器（SCR）。

笔 记

顺序控制继电器（SCR）用于组织设备的顺序操作，并提供控制程序的逻辑分段。其详细的使用方法见后续内容。

对于每个型号的PLC，西门子提供DC24V和AC120～240V两种电源供电的CPU，如CPU 224 DC/DC/DC和CPU 224 AC/DC/Relay。每个类型都有各自的订货号，可以单独订货。

- DC/DC/DC：CPU是直流供电，直流数字量输入，数字量输出点是晶体管直流电路。
- AC/DC/Relay：CPU是交流供电，直流数字量输入，数字量输出点是继电器触点。

（2）I/O模块

各I/O点的通/断状态用发光二极管（LED）显示，PLC与外部连线的连接一般采用接线端子。某些模块使用可以拆卸的插座型端子板，不需要断开板上的外部连线，就可以迅速地更换模块。

① 输入模块。

输入电路中设有RC滤波电路，以防止由于输入触点抖动或外部干扰脉冲引起错误的输入信号。输入电路有交流和直流两种输入方式。S7-200 PLC输入电路的延迟时间可以用编程软件中的系统块设置。

图1-3所示是S7-200 PLC的直流输入模块的内部电路和外部接线图。图中只画出了一路输入电路，输入电流为数毫安。1M是同一组输入点各内部输入电路的公共点。S7-200 PLC可以用CPU模块内部的DC24V电源作为输入回路的电源，它还可以为接近开关、光电开关之类的传感器提供DC24V电源。

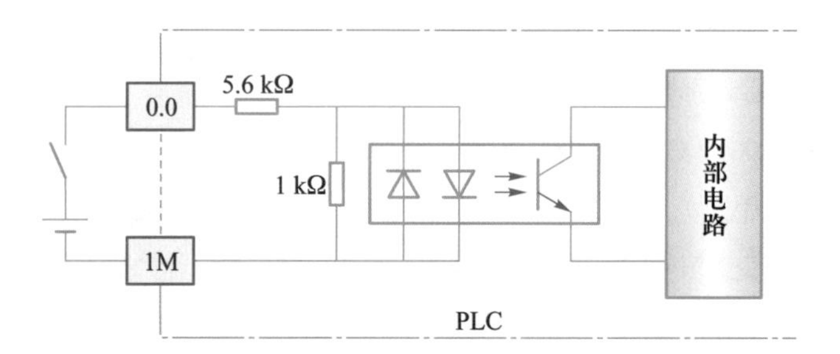

图1-3
输入电路

当图1-3中的外接触点接通时，光耦合器中两个反并联的发光二极管中的一个亮，光敏晶体管饱和导通，信号经内部电路传送给CPU模块；当外接触点断开时，光耦合器中的发光二极管熄灭，光敏晶体管截止，信号则无法传送给CPU模块。显然，改变图1-3中输入回路的电源极性也一样可以正常工作。

交流输入方式适合于在有油雾、粉尘的恶劣环境下使用。S7-200 PLC有AC120/230V输入模块。直流输入电路的延迟时间较短，可以直接与接近开关、光电开关等电子输入装置连接。

② 输出模块。

S7-200 PLC CPU模块的数字量输出电路的功率器件有驱动直流负载的场效应晶体管（MOSFET）和小型继电器，后者既可以驱动交流负载又可以驱动直流负载，负载电源由外部提供。

输出电流的额定值与负载的性质有关。例如，S7-200 PLC的继电器输出电路可以驱动

2A的电阻性负载。输出电路一般分为若干组，对每一组的总电流也有限制。

图1-4所示是继电器输出电路。图中继电器同时起隔离和功率放大作用，每一路只给用户提供一对常开触点。与触点并联的RC电路和压敏电阻用来消除触点断开时产生的电弧。

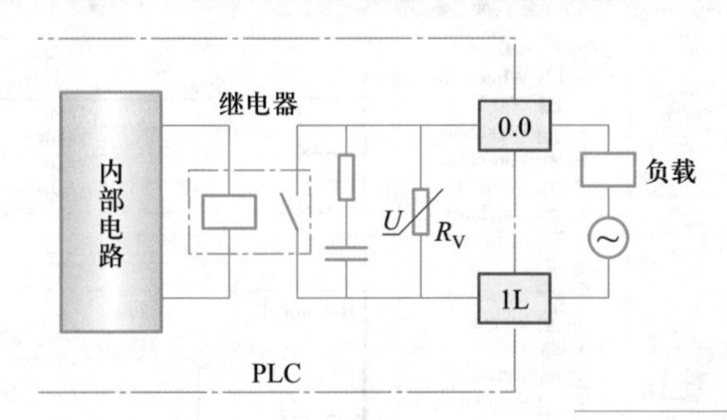

图1-4
继电器输出电路

图1-5所示是使用场效应晶体管的输出电路。输出信号送给内部电路中的输出锁存器，再经光耦合器送给场效应晶体管，后者的饱和导通状态和截止状态相当于触点的接通和断开。图中的稳压管用来抑制关断过电压和外部浪涌电压，以保护场效应晶体管。场效应晶体管输出电路的工作频率为20～100kHz。

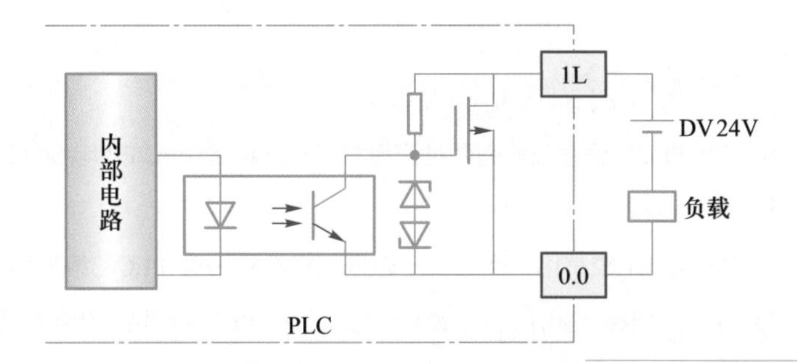

图1-5
场效应晶体管输出电路

S7-200 PLC的数字量扩展模块中还有一种用双向晶闸管作为输出器件的AC230V的输出模块。每点的额定输出电流为0.5A，负载为60W，最大漏电流为1.8mA，由接通到断开的最长时间为0.2ms。

继电器输出模块的使用电压范围广，导通压降小，承受瞬时过电压和过电流的能力较强，但是动作速度较慢，寿命（动作次数）有一定的限制。如果系统输出量的变化不是很频繁，则建议优先选用继电器型的输出模块。场效应晶体管输出模块用于直流负载，它的反应速度快、寿命长，但过载能力较差。

（3）S7-200 PLC扩展模块

为了更好地满足应用要求，S7-200 PLC有多种类型的扩展模块，主要有数字量I/O模块（如EM221、EM223）、模拟量I/O模块（如EM231、EM235）和通信模块（如EM277）等。用户可以利用这些扩展模块完善CPU的功能。

3. STEP 7-Micro/WIN 编程软件

STEP 7-Micro/WIN编程软件为S7-200 PLC用户开发、编辑和监控应用程序提供了良好的编程环境。为了能快捷高效地开发用户的应用程序，STEP 7-Micro/WIN编程软件提供了3种程序编辑器，即梯形图（LAD）、语句表（STL）和逻辑功能图（FBD）。STEP 7-Micro/WIN编程软件界面如图1-6所示。

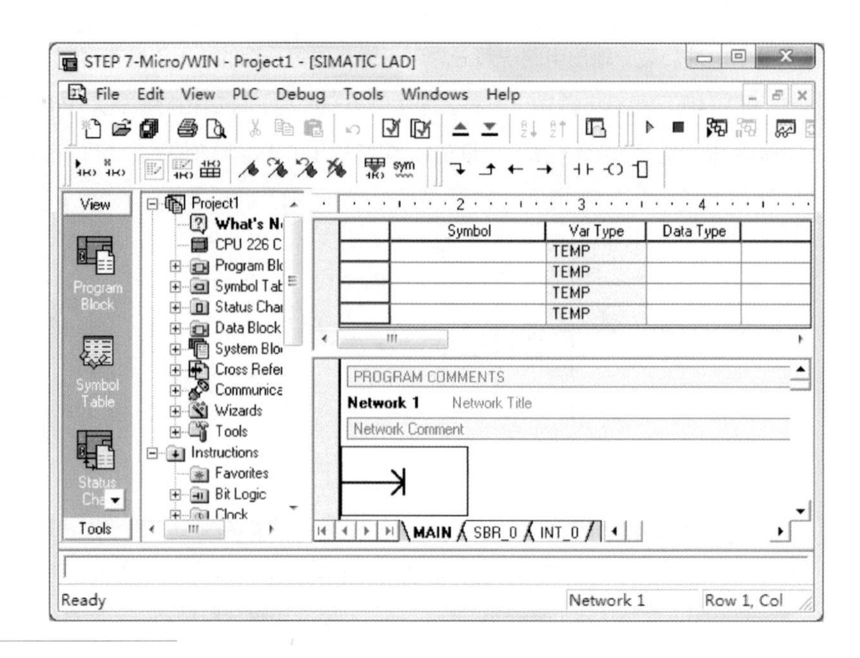

图1-6
STEP 7-Micro/WIN编程软件界面

STEP 7-Micro/WIN编程软件既可以在计算机上运行，也可以在SIEMENS公司的编程器上运行。

4. PLC与编程设备的硬件连接

S7-200 PLC和编程设备有两种连接方式：一种是用PC/PPI电缆连接；另一种是用MPI电缆和通信卡连接。

PC/PPI电缆比较常用，而且成本较低。它将S7-200 PLC的编程窗口与计算机的RS-232相连接。PC/PPI电缆也可用于其他设备与S7-200 PLC的连接。如果使用MPI电缆，则必须先在计算机上安装通信卡。使用这种方式时，可以用较高的波特率进行通信。

微课 1-1-3：
标准位逻辑指令

5. 装载与输出指令

用户若通过PLC实现对某个设备或系统的控制，则需要对设备或系统运行的动作进行编程。PLC和其他控制器一样，也是通过不同指令的组合而形成相应的控制程序，从而实现对设备或系统的动作进行相应的控制。

虚拟仿真训练
1-1-3：
标准位逻辑指令

（1）LD、LDN指令

① LD（Load）指令。LD指令称为初始装载指令。其梯形图如图1-7（a）所示，由常开触点和位地址构成；其语句表如图1-7（b）所示，由操作码LD和常开触点的位地址构成。

LD指令的功能：常开触点在其线圈没有信号流流过时，触点是断开的（触点的状态为OFF或0）；而线圈有信号流流过时，触点是闭合的（触点的状态为ON或1）。

② LDN（Load Not）指令。LDN指令称为初始装载非指令。其梯形图和语句表如图1-8所示。LDN指令与LD指令的区别是常闭触点在其线圈没有信号流流过时，触点是闭合的；当其线圈有信号流流过时，触点是断开的。

位地址

LD　位地址

(a) 梯形图　(b) 语句表

图1-7
初始装载指令

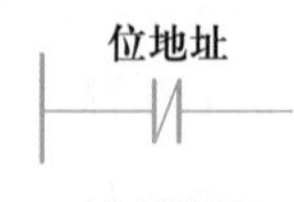

位地址

LDN　位地址

(a) 梯形图　(b) 语句表

图1-8
初始装载非指令

（2）线圈驱动（=）指令

线圈驱动指令的梯形图如图1-9（a）所示，由线圈和位地址构成。线圈驱动指令的语句表如图1-9（b）所示，由操作码“=”和线圈位地址构成。

线圈驱动指令的功能是用前面各逻辑运算的结果通过信号流控制线圈，从而使线圈驱动的常开触点闭合，常闭触点断开。

位地址
—( )　　= 位地址

(a) 梯形图　　(b) 语句表

图1-9
线圈驱动指令

三、项目实施

微课 1-1-4：
如何实现电动机
点动运行的 PLC 控制

1. I/O 分配

根据项目分析，对输入量、输出量进行分配，如表1-2所示。

表 1-2　电动机的点动运行控制 I/O 分配表

输入		输出	
输入继电器	元件	输出继电器	元件
I0.0	起动按钮SB	Q0.0	接触器KM线圈

2. PLC 的 I/O 接线图

根据控制要求及I/O分配表，可绘制如图1-10所示的电动机的点动运行控制PLC的I/O接线图，其主电路同图1-1的主电路。如不特殊说明，本书均采用CPU 226 CN AC/DC/Relay型西门子PLC。

请读者注意：对于PLC的输出端子来说，允许额定电压为220V，故接触器的线圈额定电压应为220V及以下，以适应PLC的输出端子电压的需要。

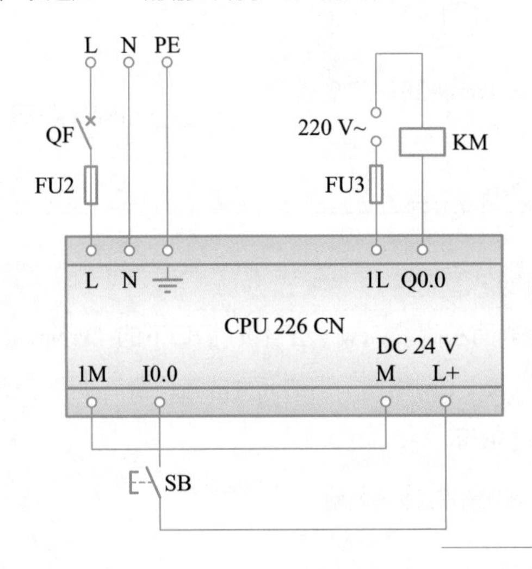

图1-10
电动机的点动运行控制PLC的I/O接线图

3. 创建工程项目

双击STEP 7-Micro/WIN编程软件图标，启动该编程软件，单击工具栏中的“File（文件）”，选择菜单栏“Save（保存）”，在“文件名”栏对该文件进行命名，在此命名为“电动机的点动运行控制”，然后再选择文件保存的位置，最后单击“保存”按钮即可创建一个工程项目，如图1-11所示。

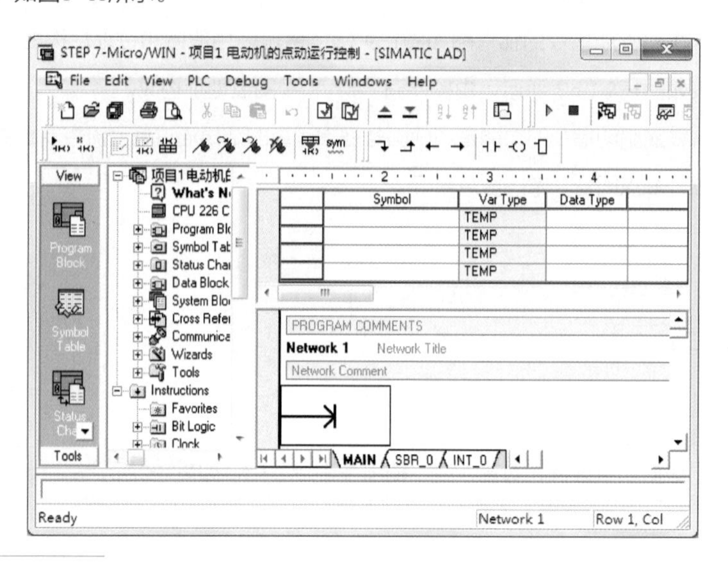

图1-11
创建一个工程项目的窗口

4. 编辑符号表

单击编程界面左侧“View（浏览）”窗口下的“Symbol Tabel（符号表）”图标进行符号表编辑，如图1-12所示。

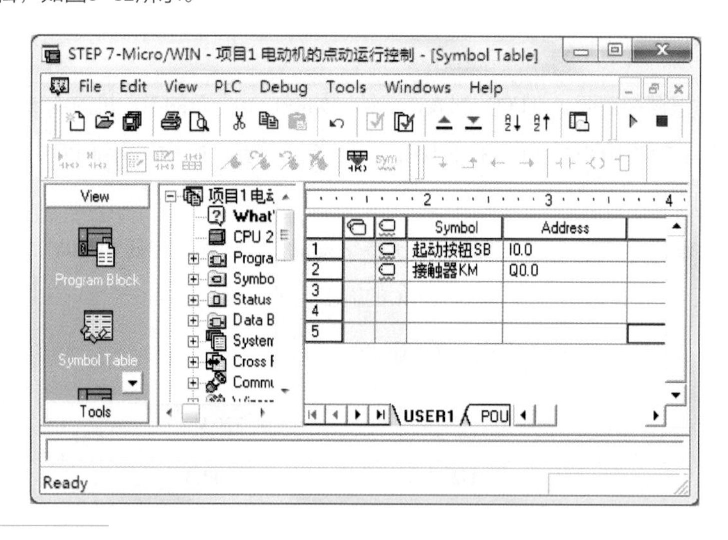

图1-12
编辑符号表

5. 编辑梯形图程序

单击编程界面左侧“View（查看）”窗口下的“Program Block（程序块）”图标，然后单击“Network 1（网络1）”下的元件放置位置箭头进行程序编写，根据项目要求编写的梯形图如图1-13所示。

电动机的点动运行控制

Network 1　　Network Title

按下起动按钮电动机就得电运行，松开起动按钮电动机则失电停止运行

起动按钮SB:I0.0　　接触器KM:Q0.0

图1-13
电动机的点动运行控制程序

6. 调试程序

（1）下载程序并运行。

（2）分析程序运行的过程和结果，并编写语句表。

① 控制过程分析：如图1-14所示，接通低压断路器QF→按下起动按钮SB→输入继电器I0.0线圈得电→其常开触点接通→线圈Q0.0中有信号流流过→输出继电器Q0.0线圈得电→其常开触点接通→接触器KM线圈得电→其常开主触点接通→电动机起动并运行。

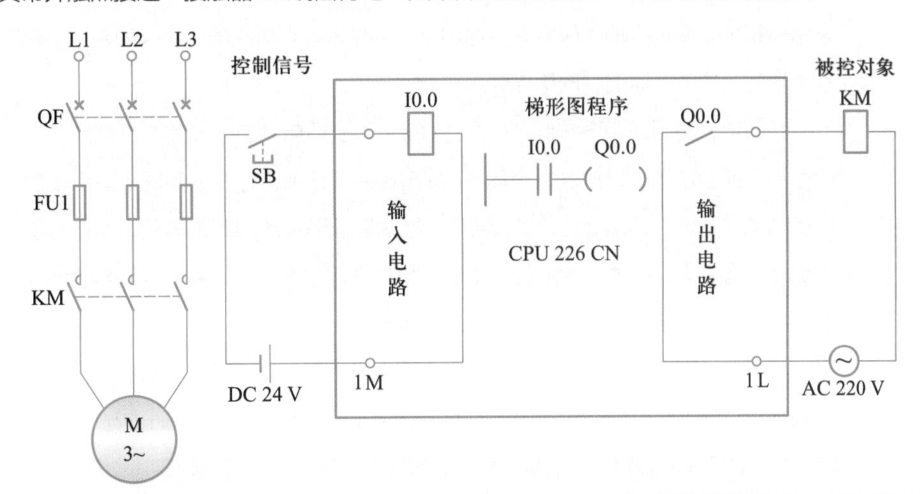

图1-14
控制过程分析图

松开按钮SB→输入继电器I0.0线圈失电→其常开触点复位断开→线圈Q0.0中没有信号流流过→输出继电器Q0.0线圈失电→其常开触点复位断开→接触器KM线圈失电→其常开主触点复位断开→电动机停止运行。

② 编写语句表：利用菜单命令“View（查看）”→STL，可以将梯形图程序转换为语句表程序，如图1-15所示，也可人工编写。

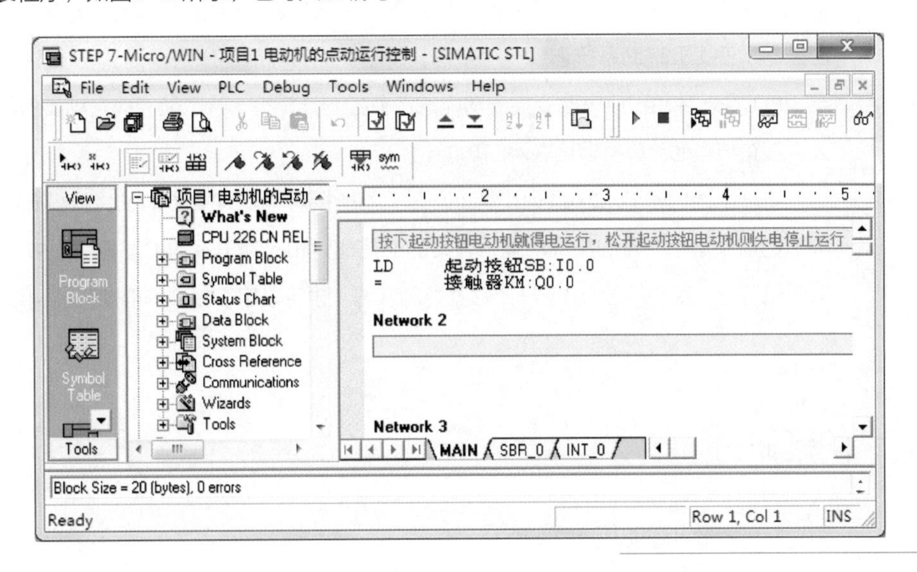

图1-15
电动机的点动运行控制语句表图

笔 记

知识拓展：
PLC 在中国的发展

四、知识进阶

可编程序控制器的英文为Programmable Controller，为了与个人计算机（Personal Computer）相区别，将可编程序控制器简称为PLC。

1. PLC 的产生

20世纪60年代的工业控制主要是以继电器和接触器组成的控制系统。而这种系统存在着设备体积大，调试维护工作量大，通用及灵活性差，可靠性低，功能简单，不具有现代工业控制所需要的数据通信、网络控制等功能。

1968年，美国通用汽车制造公司（GM）为了适应汽车型号的不断翻新，试图寻找一种新型的工业控制器，以解决继电器-接触器控制系统普遍存在的问题。因而设想把计算机的完备功能、灵活及通用等优点和继电器-接触器控制系统的简单易懂、操作方便、价格便宜等优点结合起来，制成一种适合于工业环境的通用控制装置，并把计算机的编程方法和程序输入方式加以简化，使不熟悉计算机的人也能方便地使用。

1969年，美国数字设备公司（DEC）根据通用汽车的要求首先研制成功第一台可编程序控制器，称之为“可编程序逻辑控制器”（Programmable Logic Controller，PLC），并在通用汽车公司的自动装配线上试用成功，从而开创了工业控制的新局面。

2. PLC 的定义

可编程序控制器一直在发展中，所以至今尚未对其下最终的定义。国际电工委员会（IEC）在1985年的PLC标准草案第3稿中，对PLC作了如下定义：“可编程序控制器是一种数字运算操作的电子系统，专为工业环境下应用而设计。它作为可编程序的存储器，用来在其内部存储执行逻辑运算、顺序控制、定时、计数和算术运算等操作的指令，并通过数字式、模拟式的输入和输出，控制各种类型的机械或生产过程。可编程序控制器及其有关设备，都应按易于使工业控制系统形成一个整体，易于扩充其功能的原则设计。”从上述定义可以看出，PLC是一种用程序来改变控制功能的工业控制计算机，除了能完成各种类型的控制功能外，还有与其他计算机通信联网的功能。

本书以西门子S7-200系列小型PLC为主要讲授对象。S7-200 PLC具有极高的可靠性、丰富的指令集和内置的集成功能、强大的通信能力和品种丰富的扩展模块。S7-200 PLC可以单机运行，用于代替继电器-接触器控制系统，也可以用于复杂的自动化控制系统。

五、问题研讨

1. 外部电源使用

目前，很多PLC内部都有DC24V电源可供输入或外部检测等装置使用，如图1-10所示。内部电源容量不足时必须使用外部电源（如图1-16所示），以保证系统工作的可靠性。

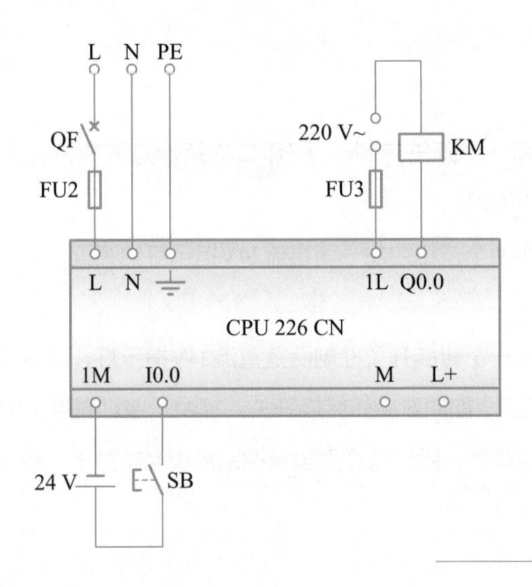

图1-16
使用外部电源的点动运行控制PLC硬件原理图

2. 直流输出型 PLC 交流负载的驱动

如果PLC是直流（DC）输出型，那么如何驱动交流负载呢？这其实很简单，这时需要通过直流中间继电器过渡，然后再使用转换电路（将中间继电器的常开触点串联到交流接触器的线圈回路中）即可，具体电路如图1-17所示。其实，在PLC的很多工程应用中，绝大多数为采用中间继电器过渡，主要将PLC与强电进行隔离，起到保护PLC的目的。

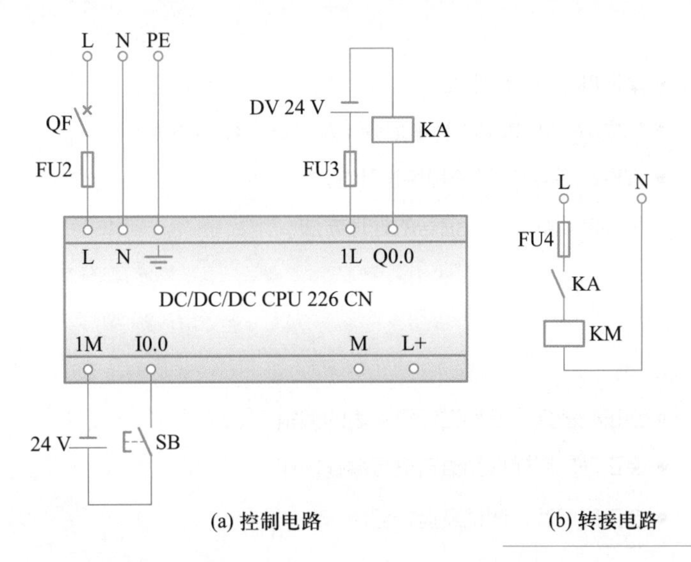

图1-17
直流输出型PLC驱动交流负载图

3. 中文编程界面

很多软件在安装时都是英文版界面，而大多数中国用户都比较习惯使用中文界面。STEP 7-Micro/WIN编程软件为用户提供了多种语言界面，通过简单设置即可实现用户喜欢的中文界面。首先单击菜单栏中“工具（Tools）”选项，然后选择其中的“选项（Options）”命令，再选择“选项（Options）”中的“常规（General）”命令，单击“常规（General）”栏下的“语言（Language）”栏中的“中文（Chinese）”，单击“确定（OK）”按钮即可。

六、拓展训练

源程序：
拓展训练 1-1

训练1. 用一个开关控制一盏直流24V指示灯的亮灭。注：本书所有训练均通过PLC实现，以后不再说明。

训练2. 用两个按钮控制一盏直流24V指示灯的亮灭，要求同时按下两个按钮，指示灯方可点亮。

训练3. 用一个转换开关控制两盏直流24V指示灯，以示控制系统运行时所处的“自动”或“手动”状态，即向左旋转转换开关，其中一盏灯亮表示控制系统当前处于“自动”状态；向右旋转转换开关，另一盏灯亮表示控制系统当前处于“手动”状态。

项目二　电动机的连续运行控制

知识目标

- 掌握PLC的工作原理
- 掌握S7-200 PLC的基本指令（A、AN、O、ON）
- 掌握起/保/停电路的程序设计方法
- 掌握常闭触点输入信号的处理方法

大国工匠：
工艺美术师——孟剑锋

能力目标

- 会正确创建项目和进行符号表的编辑
- 会正确应用梯形图语言进行编程操作
- 会正确下载、调试及运行程序

一、要求与分析

动画 1-2：
连续运行控制要求

要求：用PLC实现三相异步电动机的连续运行控制，即按下起动按钮，电动机起动并单向运转；按下停止按钮，电动机停止运转。该电路必须具有必要的短路保护、过载保护等功能。

分析：根据上述控制要求可知，发出命令的元器件分别为起动按钮、停止按钮、热继电器的触点，它们作为PLC的输入量；执行命令的元器件是交流接触器，通过它的主触点可将三相异步电动机与三相交流电源接通，从而实现电动机的连续运行控制，它的线圈作为PLC

的输出量。按下起动按钮交流接触器线圈能得电，松开起动按钮后交流接触器线圈仍得电，这就像继电器-接触器控制系统一样，需要在软件中增加自锁环节。当按下停止按钮或电动机过载时，电动机会停止运行，这也像继电器-接触器控制系统一样，需要在软件中输出线圈指令前串联停止按钮和热继电器的触点，即在按下停止按钮或电动机过载时相应触点断开，使输出线圈失电。

笔 记

二、知识学习

1. 连续运行的接触器线路控制

三相异步电动机的连续运行继电器-接触器控制系统的电路如图1-18所示。起动时，闭合低压断路器QF，当按下起动按钮SB2时，交流接触器KM线圈得电，其主触点闭合，电动机接入三相电源而起动。同时与SB2并联的接触器常开辅助触点闭合形成自锁使接触器线圈有两条路通电，这样即使松开按钮SB2，接触器KM的线圈仍可通过自身的辅助触点继续通电，保持电动机的连续运行。

当按下停止按钮SB1时，KM线圈失电，其主触点和常开触点复位断开，电动机因无电源而停止运行。同样，当电动机过载时，热继电器的常闭触点断开，电动机停止运行。

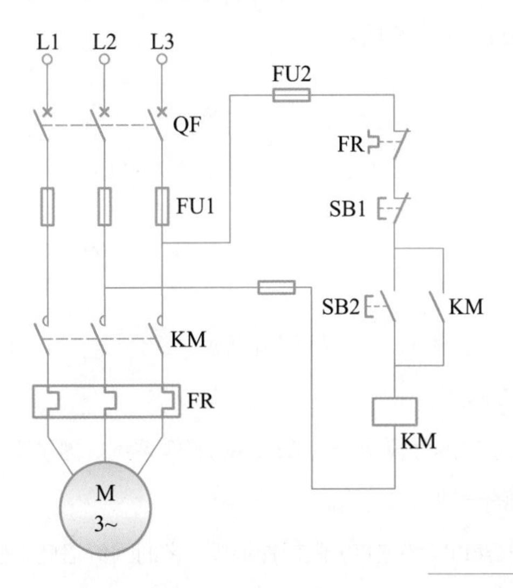

图1-18
电动机的连续运行控制电路图

2. 与、或指令

（1）A指令

A（And）指令又称为“与”指令。其梯形图如图1-19（a）所示，由串联常开触点和其位地址（以I0.0和I0.1串联为例）组成；语句表如图1-19（b）所示，由操作码A和位地址构成。

当I0.0和I0.1常开触点都接通时，线圈Q0.0才有信号流流过；当I0.0或I0.1常开触点有一个不接通或都不接通时，线圈Q0.0就没有信号流流过，即线圈Q0.0是否有信号流流过取决于I0.0和I0.1的触点状态“与”关系的结果。

（2）AN指令

AN（And Not）指令又称为“与非”指令。其梯形图如图1-20（a）所示，由串联常闭触点和其位地址组成；语句表如图1-20（b）所示，由操作码AN和位地址构成。AN指令和A指令的区别为串联的是常闭触点。

图1-19 “与”指令　(a) 梯形图　(b) 语句表

图1-20 “与非”指令　(a) 梯形图　(b) 语句表

（3）O指令

O（Or）指令又称为“或”指令。其梯形图如图1-21（a）所示，由并联常开触点和其位地址组成；语句表如图1-21（b）所示，由操作码O和位地址构成。

当I0.0和I0.1常开触点有一个或都接通时，线圈Q0.0就有信号流流过；当I0.0和I0.1常开触点都未接通时，线圈Q0.0则没有信号流流过，即线圈Q0.0是否有信号流流过取决于I0.0和I0.1的触点状态“或”关系的结果。

（4）ON指令

ON（Or Not）指令又称为“或非”指令。其梯形图如图1-22（a）所示，由并联常闭触点和其位地址组成；语句表如图1-22（b）所示，由操作码ON和位地址构成。ON指令和O指令的区别为并联的是常闭触点。

图1-21 “或”指令　(a) 梯形图　(b) 语句表

图1-22 “或非”指令　(a) 梯形图　(b) 语句表

3. STEP 7-Micro/WIN 编程软件简介

（1）软件的安装

微课 1-2-1：基本菜单介绍

安装编程软件的计算机使用Windows操作系统。为了实现PLC与计算机的通信，必须配备下列设备中的一种。

① 一条PC/PPI电缆或PPI多主站电缆，它们因价格低，使用较多。

② 一块插在计算机中的通信处理器（CP）卡和多点接口（MPI）电缆。

双击安装文件夹中的“STEP 7-Micro/WIN-V4.0.exe”，开始安装编程软件，使用默认安装语言（英语），在安装过程中按照提示完成安装。

（2）软件的编程窗口

虚拟仿真训练 1-2-1：基本菜单介绍

安装完成后，双击STEP 7-Micro/WIN图标即可打开该软件。STEP 7-Micro/WIN 编程软件的编程窗口如图1-23所示。

图1-23
STEP 7-Micro/WIN编程软件的编程窗口

① 浏览表：显示常用编程视图及工具。

查看：显示程序块、符号表、状态表、数据块、系统块、交叉引用、通用、设置PG/PC接口等图标。

工具栏：显示指令向导、文本显示向导、位置控制向导、EM253控制面板、以太网向导、AS-i向导、配方向导及PID调节控制面板等工具。

② 指令树：提供所有项目对象和当前程序编辑器（LAD、FBD或STL）需要的所有编程指令。

③ 输出窗口：为编译程序或指令库时提供信息。当输出窗口列出程序错误时，双击错误信息，会自动在程序编辑器窗口中显示相应的程序网络。

④ 程序区：由主程序、子程序和中断程序组成（S7-200 PLC工程项目中规定的主程序只有一个；子程序有64个，用SBR_0～SBR_63表示；中断程序有128个，用INT_0～INT_127表示）。代码被编译并下载到PLC中时，程序注释被忽略。

⑤ 状态栏：提供在STEP 7-Micro/WIN编程软件中操作时的操作状态信息。

⑥ 局部变量表：包含对局部变量所作的定义赋值（即子程序和中断服务程序使用的变量）。

⑦ 菜单栏：菜单栏如图1-24所示。STEP 7-Micro/WIN编程软件允许使用鼠标或键盘在菜单栏中操作各种命令和工具，此外，还可以定制“工具”菜单，在该菜单中增加命令和工具。

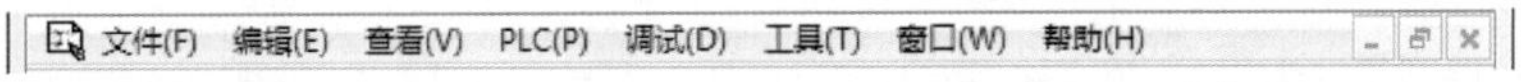

文件(F)　编辑(E)　查看(V)　PLC(P)　调试(D)　工具(T)　窗口(W)　帮助(H)

图1-24
菜单栏

⑧ 工具栏：提供常用命令和工具的快捷按钮，如图1-25所示。用户可以定制每个工具

笔 记

栏的内容和外观。其中，标准工具栏如图1-26所示；调试工具栏如图1-27所示；常用工具栏如图1-28所示；LAD指令工具栏如图1-29所示。

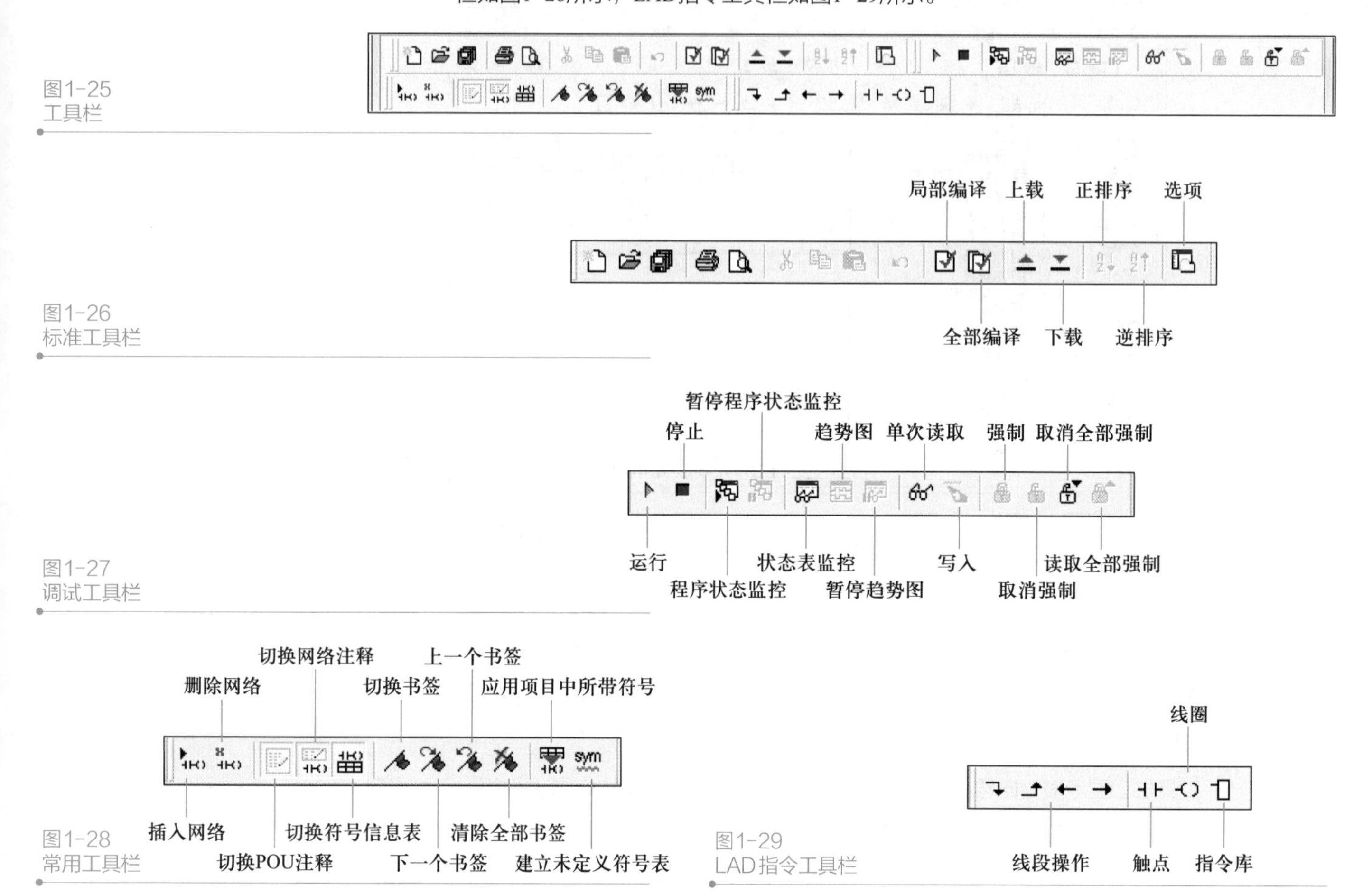

图1-25 工具栏

图1-26 标准工具栏

图1-27 调试工具栏

图1-28 常用工具栏

图1-29 LAD指令工具栏

三、项目实施

1. I/O 分配

根据项目分析，对输入量、输出量进行分配，如表1-3所示。

表 1-3 电动机的连续运行控制 I/O 分配表

输入		输出	
输入继电器	元件	输出继电器	元件
I0.0	起动按钮SB1	Q0.0	接触器KM线圈
I0.1	停止按钮SB2		
I0.2	热继电器FR		

微课 1-2-2：如何实现电动机连续运行的 PLC 控制

2. PLC 的 I/O 接线图

根据控制要求及表1-3所示的I/O分配表，绘制电动机的连续运行控制PLC的I/O接线图，如图1-30所示（停止按钮和热继电器触点像继电器-接触器控制一样采用常闭触点），其主电路同图1-18所示的主电路。

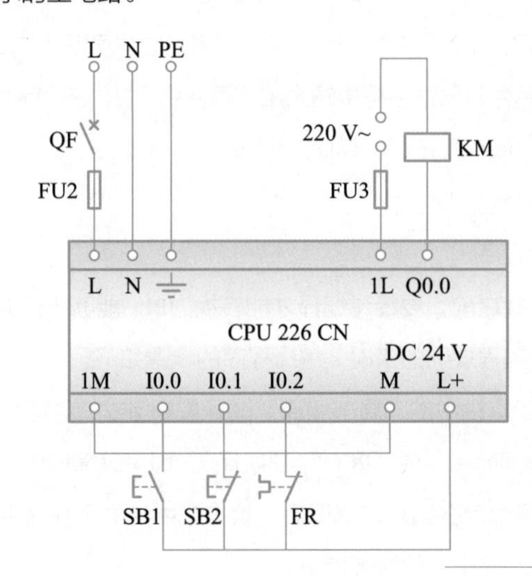

图1-30
电动机连续运行控制PLC的I/O接线图

3. 创建工程项目

双击STEP 7-Micro/WIN编程软件图标，打开编程软件，创建一个工程项目，并命名为“电动机的连续运行控制”。

源程序：电动机的连续运行控制

4. 梯形图程序

根据要求，使用起—保—停方法编写的梯形图如图1-31所示。

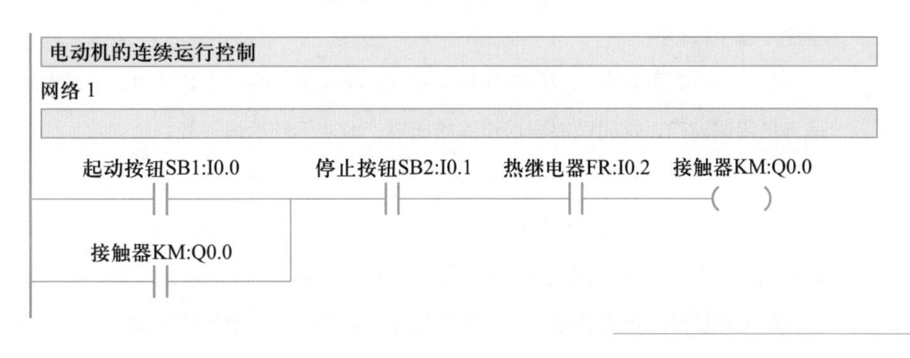

图1-31
电动机的连续运行控制程序

（1）打开程序编辑器

单击“程序块”图标，打开程序编辑器窗口。

微课 1-2-3：输入和编辑程序

（2）输入程序段

① 双击位逻辑图标或单击其左侧的+号，可以显示全部位逻辑指令。

② 选择触点或线圈。

③ 按住鼠标左键将触点或线圈拖曳到第一个程序段中，也可以双击触点或线圈图标，相应的触点或线圈符号会自动添加到程序行中。

④ 单击触点或线圈上方的“??.?”并输入地址。

⑤ 按【Enter】键确认。如果已经建立了符号表，则物理地址左侧会再显示地址相应的符号。

虚拟仿真训练 1-2-2：输入和编辑程序

5. 存储工程项目

在程序编制结束后，需要存储程序。存储程序是将一个包括S7-200 PLC CPU 类型及其他参数在内的一个项目存储在一个指定的地方，以便于修改和使用。存储项目的步骤如下。

① 选择菜单命令“文件”→“保存/另存为”，也可以单击工具栏中的“保存项目”按钮。

② 在“另存为”对话框中输入工程项目名（如“连续运行控制程序”）。

③ 单击“保存”按钮，存储工程项目。

6. 运行及调试程序

（1）编译程序

微课 1-2-4：通信口设置

程序在下载之前，要经过编译才能转换为PLC能够执行的机器代码，同时可以检查程序是否存在违反编程规则的错误。编译程序的步骤如下。

① 单击工具栏中的“局部编译”图标按钮或“全部编译”图标按钮，或使用菜单命令“PLC/局部编译”或“PLC/全部编译”，即可编译程序。

② 如程序中存在错误，编译后，状态栏中将显示程序中语法错误的数量、各条错误的原因和错误在程序中的位置等信息。

虚拟仿真训练 1-2-3：通信口设置

③ 双击状态栏中的某一条错误，程序编辑器中的矩形光标将会移到程序中该错误所在的位置。

④ 必须改正程序中的所有错误，并编译成功后，才能下载程序到PLC中。

（2）程序下载

① 单击工具栏中的“下载”图标按钮或者在“命令”菜单中选择“PLC/下载”，可将程序下载至PLC中。

微课 1-2-5：编译和下载，运行和调试

② 在下载程序时，如果连接电缆未插好或连接电缆已损坏或PLC未通电，则会出现通信连接错误窗口，这时则需要检查连接电缆，解决问题后再下载。

③ 每一个STEP 7-Micro/WIN项目都会有一个CPU类型（CPU 221、CPU 222、CPU 224、CPU 226等），如果在项目中选择的CPU类型与实际连接的CPU类型不匹配，则在下载时STEP 7-Micro/WIN会提示做出选择。单击界面上的“改动项目”按钮，这时CPU的类型会自动地跟实际的PLC匹配，并出现下载程序窗口。这时单击“下载”按钮进行程序下载，又出现是否要设置PLC为停止模式对话框。单击“确定”按钮，开始程序下载。

虚拟仿真训练 1-2-4：编译和下载，运行和调试

（3）运行程序

如果想通过STEP 7-Micro/WIN软件将S7-200 PLC转入运行模式，则S7-200 PLC的模式开关必须设置为TERM或RUN。当S7-200 PLC转入运行模式后，程序开始运行。

① 单击工具栏中的“运行”图标按钮或者在“命令”菜单中选择“PLC/运行”，会弹出一个对话框。

② 单击“确定”按钮，切换到运行模式。

（4）在线监控

① PLC采用程序监控方式监控程序的运行。如果想观察程序执行情况，可以单击工具栏中的“程序状态监控”图标按钮或者在“命令”菜单中选择“调试/开始程序状态监控”来监控程序，其程序监控方式如图1-32所示。

② PLC采用状态表监控方式监控程序的运行。可以单击工具栏中的“状态表监控”图标按钮或者在“命令”菜单中选择“调试/开始状态表监控”来监控程序。

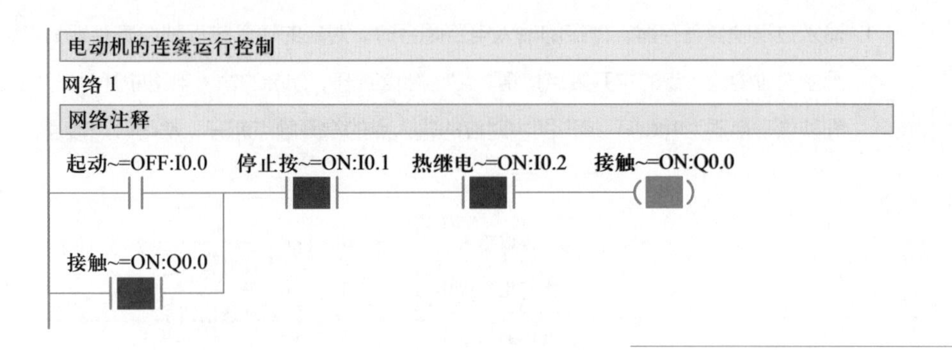

图1-32
程序监控方式

（5）调试程序

① 强制功能。S7-200 PLC CPU提供了强制调试程序功能，以方便程序调试工作。例如，在现场不具备某些外部条件的情况下模拟工艺状态。用户可以对所有的数字量I/O以及多达16个内部存储器数据或模拟量I/O进行强制调试。

如果没有实际的I/O接线，也可以用强制功能调试程序。

显示状态表并且使其处于“监控”状态，在“新值”列中写入希望强制的数据，然后单击工具栏“强制”图标按钮。

对于无需改变数值的变量，只需在“当前值”列中选中它，然后使用强制命令。

② 写入数据。S7-200 PLC CPU还提供了写入数据的功能，以便于程序调试。在状态表表格中写入相应位的新值“0或1”。

写入新值后，单击工具栏“写入”图标按钮，写入数据。应用写入命令可以同时写入几个数值。

（6）停止程序

如果想停止程序，可以单击工具栏中的“停止”图标按钮■或者在“命令”菜单中选择“PLC/停止”，然后单击“是”按钮切换到停止模式。

笔 记

四、知识进阶

1. PLC 的工作原理

PLC通电后，需要对硬件和软件进行初始化。为了使PLC的输出及时地响应各种输入信号，初始化后的PLC要反复不停地分阶段处理各种不同任务，如图1-33所示。这种周而复始的循环工作方式称为扫描工作方式。其工作周期主要包括输入采样、执行用户程序和输出刷新3个主要阶段。每完成一次上述3个阶段称为一个扫描周期。而在执行用户程序时，还有系统自诊断、通信处理、中断处理、立即I/O处理等过程。

知识拓展：
国产 PLC 简介

（1）读取输入

读取输入即输入采样。在PLC的存储器中，设置了一片区域来存放输入信号和输出信号的状态，它们分别称为输入过程映像寄存器和输出过程映像寄存器。

在读取输入阶段，PLC把所有外部数字量输入电路的1/0状态（或称ON/OFF状态）读入输入过程映像寄存器。外接的输入电路闭合时，对应的输入过程映像寄存器为1状态，梯形图中对应的输入点的常开触点接通，常闭触点断开。外接的输入电路断开时，对应的输入过程映像寄存器为0状态，梯形图中对应的输入点的常开触点断开，常闭触点接通。

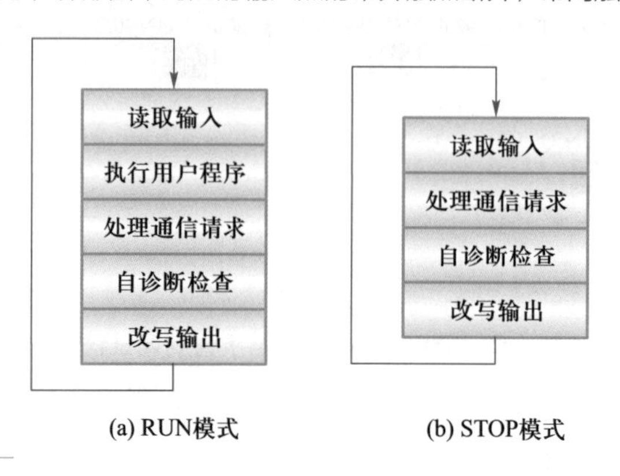

图1-33
PLC扫描过程

笔 记

（2）执行用户程序

PLC的用户程序由若干条指令组成，指令在存储器中按顺序排列。在RUN模式的程序执行阶段，如果没有跳转指令，CPU从第一条指令开始，逐条顺序地执行用户程序。

在执行指令时，从I/O映像寄存器或别的位元件的映像寄存器读出其1/0状态，并根据指令的要求执行相应的逻辑运算，运算的结果写入到相应的寄存器中。因此，各映像寄存器（只读的输入过程映像寄存器除外）的内容随着程序的执行而变化。

在程序执行阶段，即使外部输入信号的状态发生了变化，输入过程映像寄存器的状态也不会随之改变，输入信号变化了的状态只能在下一个扫描周期的读取输入阶段被读入。执行程序时，对输入/输出的状态存取通常是通过映像寄存器，而不是实际的I/O点，这样做有以下好处。

① 在整个程序执行阶段，各输入点的状态是固定不变的，程序执行完毕再用输出过程映像寄存器的值更新输出点，使系统的运行稳定。

② 用户程序读写I/O映像寄存器比读写I/O点快得多，这样可以提高程序的执行速度。

（3）通信处理

在处理通信请求阶段，CPU处理从通信接口和智能模块接收到的信息。

（4）CPU自诊断测试

CPU自诊断测试包括定期检查CPU模块的操作和扩展模块的状态是否正常，将监控定时器复位，以及完成一些其他的内部工作。

（5）改写输出

改写输出，即输出刷新，CPU执行完用户程序后，将输出过程映像寄存器的1/0状态传送到输出模块并锁存起来。梯形图中某一输出位的线圈“通电”时，对应的输出过程映像寄存器为1状态。信号经输出模块隔离和功率放大后，继电器型输出模块中对应的硬件继电器的线圈通电，其常开触点闭合，使外部负载通电工作。若梯形图中输出点的线圈“断电”，对应的输出过程映像寄存器为0状态，将它送到继电器型输出模块，对应的硬件继电器的线圈断电，其常开触点断开，外部负载断电，停止工作。

笔 记

当CPU的操作模式从RUN变为STOP时，数字量输出被置为系统块中的输出表定义的状态，或保持当时的状态，默认的设置是将所有的数字量输出清零。

（6）中断程序的处理

如果在程序中使用了中断，中断事件发生时，CPU停止正常的扫描工作方式，立即执行中断程序。中断功能可以提高PLC对某些事件的响应速度。

（7）立即I/O处理

在程序执行过程中使用立即I/O指令可以直接存取I/O点。用立即I/O指令读输入点的值时，相应的输入过程映像寄存器的值未被更新。用立即I/O指令来改写输出点时，相应的输出过程映像寄存器的值会被更新。

2. PLC与继电器

PLC控制系统与继电器-接触器控制系统相比，既有许多相似之处，也有许多不同。传统的继电器-接触器控制系统被PLC控制系统取代已是必然趋势，从适应性、可靠性、方便性及设计、安装、调试、维护等各方面比较，PLC都有显著的优势。

（1）适应性

继电器-接触器控制系统采用硬件接线方式，针对固定的生产工艺设计，系统只能完成固定的功能。系统构成后，若想改变或增加功能较为困难，一旦工艺过程改变，系统则需要重新设计。PLC采用计算机技术，其控制逻辑通过软件实现，要改变控制逻辑只需改变程序，因而很容易改变或增加系统功能。PLC系统的灵活性和可扩展性较好。

（2）可靠性和可维护性

继电器-接触器控制系统使用了大量的机械触点，连线较多。触点开闭会受到电弧的损坏，并有机械磨损，寿命短，因此可靠性和可维护性差。而PLC控制系统采用微电子技术，大量的开关动作由无触点的半导体电路完成，它体积小，寿命长，可靠性高。PLC还配有自检和监视功能，能检查出自身的故障，并随时显示给操作人员，还能动态地监视控制程序的执行情况，为现场调试和维护提供了方便。

（3）设计和施工

使用继电器-接触器控制系统完成一项控制工程，其设计、施工、调试必须依次进行，周期长，而且维护困难。工程越大，这一问题就越突出。而PLC控制系统完成一项控制工程，在系统设计完成以后，现场施工和控制逻辑的设计（包括梯形图设计）可以同时进行，周期短，且调试和维护都比较方便。

3. 常闭触点输入信号的处理

在设计梯形图时，输入的数字量信号均由外部触点提供，主要以常开触点为主，但也有些输入信号只能由常闭触点提供。在继电器控制电路中，热继电器FR的常闭触点必须与接触器KM的线圈串联，系统方能工作。若电动机长期过载时，FR的常闭触点断开，使KM的线圈断电，从而起到保护电动机的目的。假设在图1-30中热继电器的常闭触点接在PLC的I0.2处，热继电器的常闭触点断开时，I0.2在梯形图中的常开触点也断开。显然，为了过载时断开Q0.0的线圈，应将I0.2的常开触点而不是常闭触点与Q0.0的线圈串联。这样继电器控制电路图中热继电器的常闭触点和梯形图中对应的I0.2的常开触点刚好相反。图1-30中接在

I0.1处的停止按钮触点类型与PLC中梯形图的触点类型也是如此。

五、问题研讨

知识拓展：
C919 中型客机

1. FR与PLC的连接

在工程项目实际应用中，经常遇到很多工程技术人员将热继电器FR的常闭触点接到PLC的输出端，如图1-34所示。

这样编写梯形图时，只需要将图1-30中FR的常开触点I0.2删除即可，从程序上好像变得简单明了，但在实际运行过程中会出现电动机二次起动现象。图1-34中若电动机长期过载时，FR常闭触点会断开，电动机则停止运行，保护了电动机。但随着FR热元件的热量散发而冷却后，常闭触点又会自动恢复，或人为手动复位。若PLC仍未断电，程序依然在执行，则由于PLC内部Q0.0的线圈依然处于“通电”状态，KM的线圈会再次得电。这样，电动机将在无人操作的情况下再次起动，因而会给机床设备或操作人员带来危害或灾难。而FR的常闭触点或常开触点作为PLC的输入信号时，不会发生上述现象。一般情况下在PLC输入点容量充足的情况下不建议将FR的常闭触点接在PLC的输出端使用。

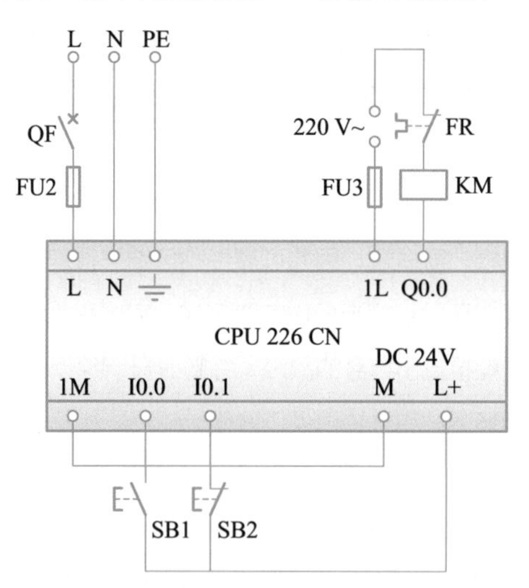

图1-34
电动机连续运行控制PLC硬件原理图2

2. 两台电动机的同时起停控制

在工程应用中，常常用一个起动按钮和一个停止按钮同时控制两台小容量电动机的起动和停止。那么硬件连接和程序该如何编写呢？

（1）两个接触器线圈并联

在PLC的输出端将两个接触器线圈并联，这样只需要编写一行起保停程序（注意两个热继电器触点的连接）。千万不能将两个接触器线圈串联，初学者易犯这样的错误。

（2）两个输出线圈并联

用PLC的两个输出端分别连接两个接触器线圈，在程序编写时将两个输出线圈相并联即可。

两台电动机同时起停控制两种方法的电路原理图和程序请读者自行绘制和编写。

六、拓展训练

训练1. 用PLC实现点动和连续运行的控制，要求用一个点动按钮、一个连续运行的起动按钮和一个停止按钮实现其控制功能。

训练2. 用PLC实现点动和连续运行的控制，要求用一个转换开关、一个起动按钮和一个停止按钮实现其控制功能。

训练3. 用PLC实现一台电动机的异地起停控制。

项目三　电动机的正反转运行控制

知识目标

演示文稿 1-3：电动机的正反转运行控制

- 掌握S7-200 PLC的基本指令
- 掌握互锁控制的实现方法
- 掌握梯形图的编程规则

能力目标

- 能应用S、R指令编写控制程序
- 能熟练使用电气互锁
- 能进行起—保—停方式编程与使用S、R指令编程的相互变换

大国工匠：“蛟龙号”上的“两丝”钳工——顾秋亮

一、要求与分析

要求：用PLC实现三相异步电动机的正反转运行控制，即按下正向起动按钮，电动机起动并正向运转；按下反向起动按钮，电动机起动并反向运转；若按下停止按钮，电动机停止运行。该电路必须具有必要的短路保护、过载保护等功能。

动画 1-3：正反转运行控制要求

分析：根据上述控制要求可知，发出命令的元器件分别为正向起动按钮、反向起动按钮、停止按钮、热继电器的触点，其作为PLC的输入量；执行命令的元器件是正反向交流接触器，通过它们的主触点可将三相异步电动机接通正负序三相交流电源，从而实现电动机的正向或反向运行控制，它们的线圈作为PLC的输出量。按下正向起动按钮后，若再次按下反向起动按钮，电动机立即停止运行并马上切换到反向运行；同样，若先按下反向起动按钮后，再次按下正向起动按钮，电动机停止运行并切换到正向运行，这是怎样实现的呢？其

笔 记

实，在控制程序编写时设置软元件的互锁就可以实现，就像继电器-接触器控制系统一样设置有机械互锁环节。在编程时也采用典型的编程方式——起—保—停方式，也可以使用置位和复位指令进行编程实现。

二、知识学习

1. 正反转运行的接触器线路控制

图1-35所示为用继电器-接触器控制系统实现的三相异步电动机双重互锁的正反转运行控制电路。起动时，闭合低压断路器QF后，当按下正向起动按钮SB1时，交流接触器KM1线圈得电，其主触点闭合为电动机引入三相正相电源，电动机M正向起动，KM1辅助常开触点闭合实现自锁，同时其辅助常闭触点断开实现互锁。当需要反转时，按下反向起动按钮SB2，KM1线圈断电，KM2线圈得电，KM2主触点闭合为电动机引入三相反相电源，电动机反向起动，同样KM2辅助常开触点闭合，实现自锁，同时其辅助常闭触点断开实现互锁。无论电动机处于正转或反转状态，按下停止按钮SB3时，电动机将停止运行。

从图1-35可以看出，接触器KM1和KM2线圈不能同时得电，否则三相电源短路。为此，电路中采用交流接触器常闭触点串联在对方线圈回路作为电气互锁，使电路工作可靠。采用按钮SB1和SB2的复合触点，目的是为了让电动机正、反转能直接切换，操作方便，并能起到机械互锁的目的。

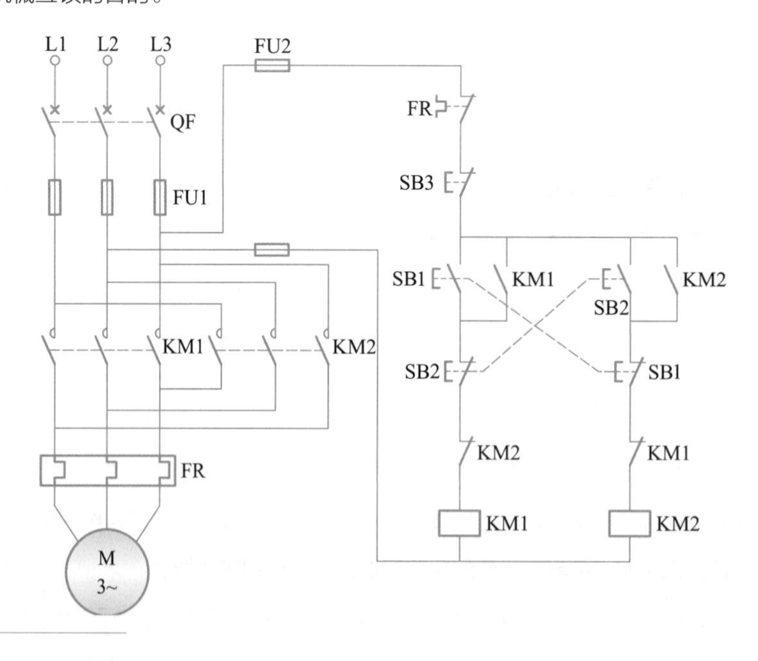

图1-35
电动机正反转运行控制电路

2. S、R指令

(1) S指令

S（Set）指令也称为置位指令。其梯形图如图1-36（a）所示，由置位线圈、置位线圈的位地址（bit）和置位线圈数目（n）构成；语句表如图1-36（b）所示，由置位操作码、

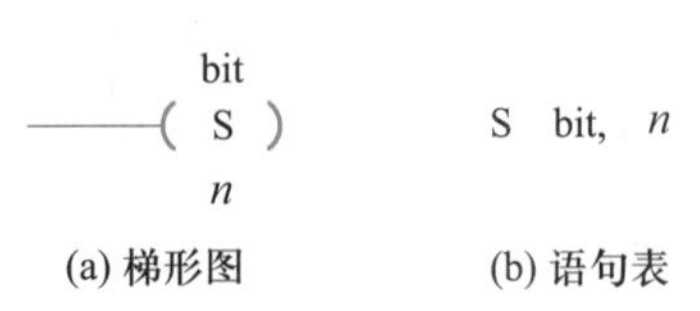

图1-36
置位指令

置位线圈的位地址（bit）和置位线圈数目（n）构成。

微课 1-3-1：
置位复位指令

置位指令的应用如图1-37所示，当图中置位信号I0.0接通时，置位线圈Q0.0有信号流流过。当置位信号I0.0断开以后，置位线圈Q0.0的状态继续保持不变，直到线圈Q0.0的复位信号的到来，线圈Q0.0才恢复初始状态。

置位线圈数目是从指令中指定的位元件开始，共有n个。如在图1-37中位地址为Q0.0，n为3，则置位线圈为Q0.0、Q0.1、Q0.2，即线圈Q0.0、Q0.1、Q0.2中同时有信号流流过。因此，这可用于数台电动机同时起动运行的控制要求，使控制程序大大简化。

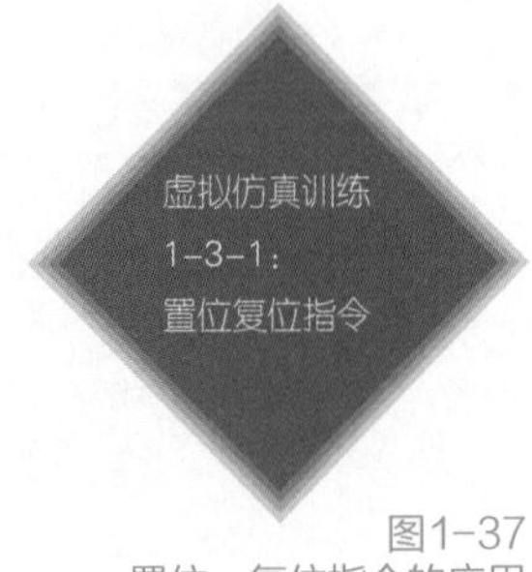

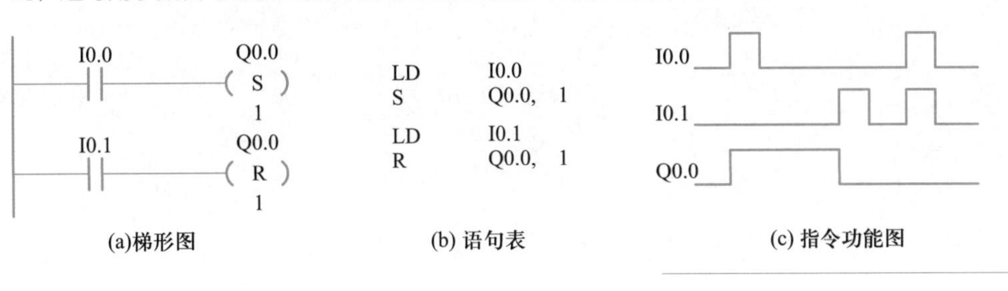

图1-37
置位、复位指令的应用

（2）R指令

R（Reset）指令又称为复位指令。其梯形图如图1-38（a）所示，由复位线圈、复位线圈的位地址（bit）和复位线圈数目（n）构成；语句表如图1-38（b）所示，由复位操作码、复位线圈的位地址（bit）和复位线圈数目（n）构成。

bit
R
n
(a) 梯形图

R bit, n
(b) 语句表

图1-38
复位指令

复位指令的应用如图1-37所示，当图中复位信号I0.1接通时，复位线圈Q0.0恢复初始状态。当复位信号I0.1断开以后，复位线圈Q0.0的状态继续保持不变，直到线圈Q0.0的置位信号到来，线圈Q0.0才有信号流流过。

复位线圈数目是从指令中指定的位元件开始，共有n个。如在图1-37中，若位地址为Q0.3，n为5，则复位线圈为Q0.3、Q0.4、Q0.5、Q0.6、Q0.7，即线圈Q0.3～Q0.7同时恢复为初始状态。因此，这可用于数台电动机同时停止运行以及急停情况的控制要求，使控制程序大大简化。

（3）S、R指令的优先级

在程序中同时使用S和R指令，应注意两条指令的先后顺序，使用不当有可能导致程序控制结果错误。在图1-37中，置位指令在前，复位指令在后，当I0.0和I0.1同时接通时，复位指令优先级高，Q0.0中没有信号流流过。相反，在图1-39中将置位与复位指令的先后顺序对调，当I0.0和I0.1同时接通时，置位优先级高，Q0.0中有信号流流过。因此，使用置位和复位指令编程时，哪条指令在后面，则该指令的优先级高，这一点在编程时应引起注意。

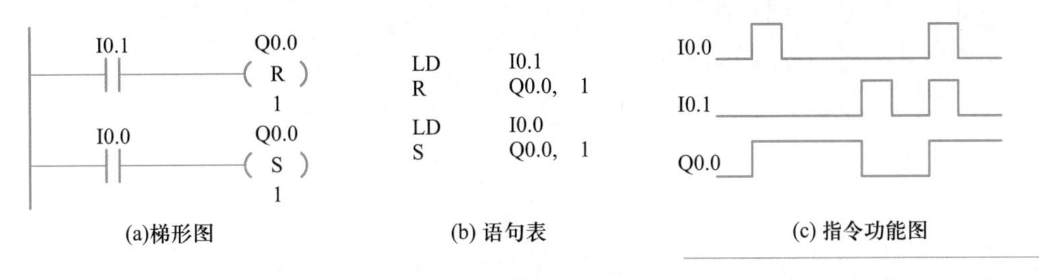

图1-39
置位、复位指令的优先级

微课 1-3-2：
如何实现电动机
正反转运行的 PLC 控制

笔 记

三、项目实施

1. I/O 分配

根据项目分析，对输入量、输出量进行分配，如表1-4所示。

表 1-4　电动机的正反转运行控制 I/O 分配表

输入		输出	
输入继电器	元件	输出继电器	元件
I0.0	正向起动按钮SB1	Q0.0	正转接触器KM1线圈
I0.1	反向起动按钮SB2	Q0.1	反转接触器KM2线圈
I0.2	停止按钮SB3		
I0.3	热继电器FR		

2. PLC 的 I/O 接线图

根据控制要求及表1-4所示的I/O分配表，可绘制电动机的正反转运行控制PLC的I/O接线图，如图1-40所示，其主电路同图1-35的主电路。

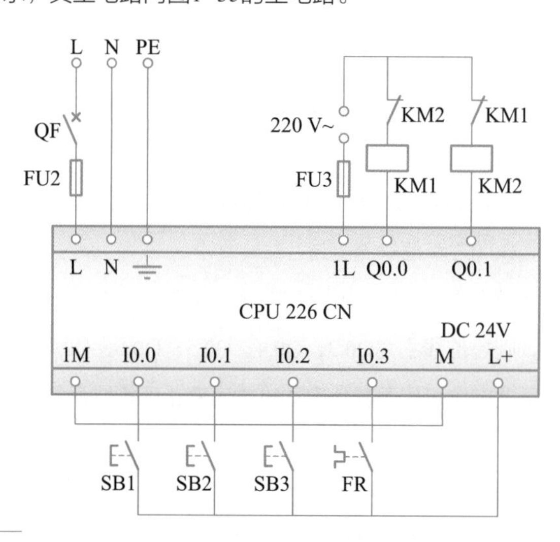

图1-40
电动机正反转控制PLC的I/O接线图

3. 创建工程项目

创建一个工程项目，并命名为电动机的正反转运行控制。

4. 梯形图程序

根据要求，使用S、R指令编写的梯形图如图1-41所示。

5. 调试程序

① 下载程序并运行。

② 分析程序运行的过程和结果，并编写语句表。

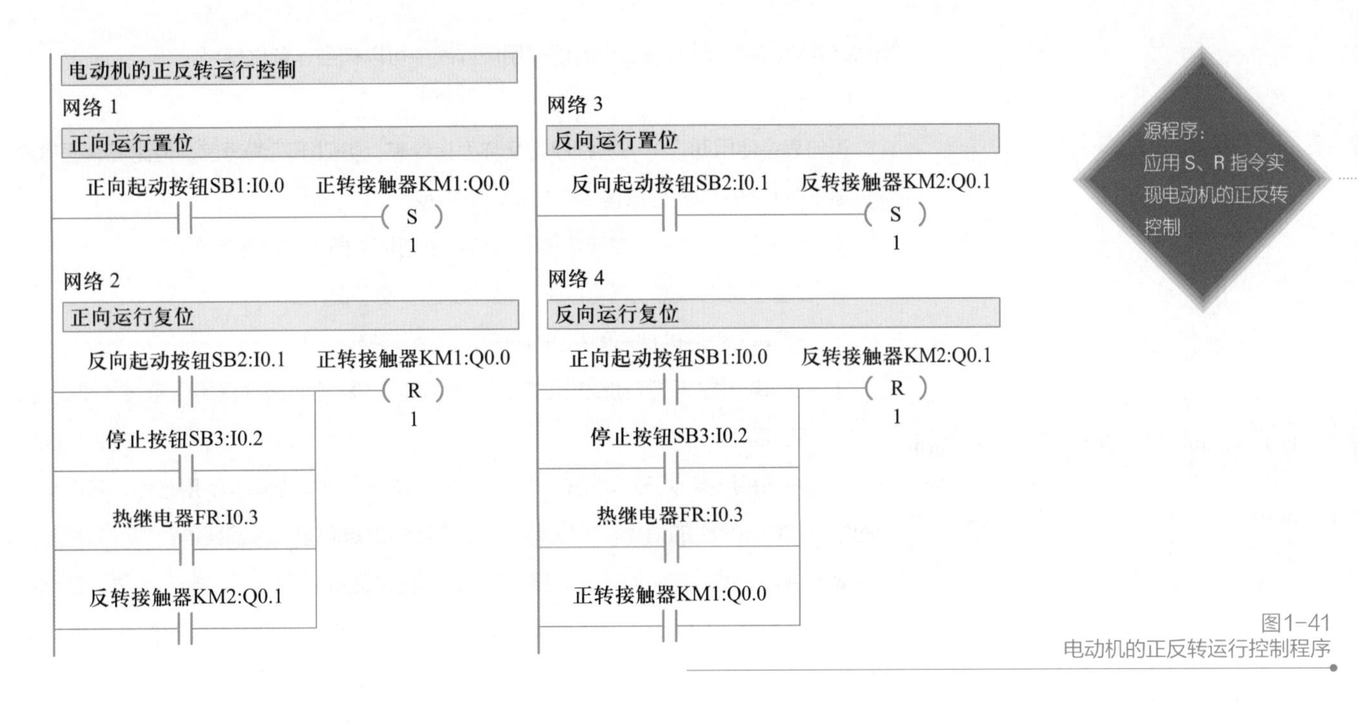

图1-41
电动机的正反转运行控制程序

笔 记

四、知识进阶

1. PLC的主要编程语言

国际电工委员会（IEC）于1994年5月颁布的IEC61131-3（可编程序控制器语言标准）详细地说明了句法、语义和下述5种编程语言：梯形图（Ladder Diagram，LAD）、语句表（Statement List，STL）、功能块图（Function Block Diagram，FBD）、顺序功能表图（Sequential Function Chart，SFC）、结构文本（Structured Text，ST）。几乎每个型号的PLC都有梯形图和语句表。

标准中有两种图形语言——梯形图和功能块图，还有两种文字语言——语句表和结构文本，可以认为顺序功能图是一种结构块控制程序流程图。

（1）梯形图

梯形图是使用最多的PLC图形编程语言。梯形图与继电器-接触器控制系统的电路图相似，具有直观易懂的优点，很容易被工程技术人员熟悉和掌握，特别适用于数字量逻辑控制，有时把梯形图称为电路或程序。梯形图程序设计语言具有以下特点。

① 梯形图由触点、线圈和用方框表示的功能块组成。

② 梯形图中的触点只有常开和常闭，触点可以是在PLC输入点连接的开关，也可以是PLC内部继电器的触点或内部寄存器、计数器等的状态。

③ 梯形图中的触点可以任意串、并联，但线圈只能并联不能串联。

④ 内部继电器、计数器、寄存器等均不能直接控制外部负载，只能作为中间结果供CPU内部使用。

⑤ PLC是按循环扫描事件，沿梯形图先后顺序执行，在同一扫描周期中的结果留在输

出状态寄存器中，所以输出点的值在用户程序中可以被当作条件使用。

（2）语句表

语句表是使用助记符书写程序，又称为指令表，类似于汇编语言，但比汇编语言通俗易懂，属于PLC的基本编程语言。它具有以下特点。

① 利用助记符号表示操作功能，具有容易记忆，便于掌握的特点。

② 在编程器的键盘上就可以进行编程设计，便于操作。

③ 一般PLC程序的梯形图和语句表可以互相转换。

④ 部分梯形图以及其他编程语言无法表达的PLC程序，必须使用语句表才能编程。

（3）功能块图

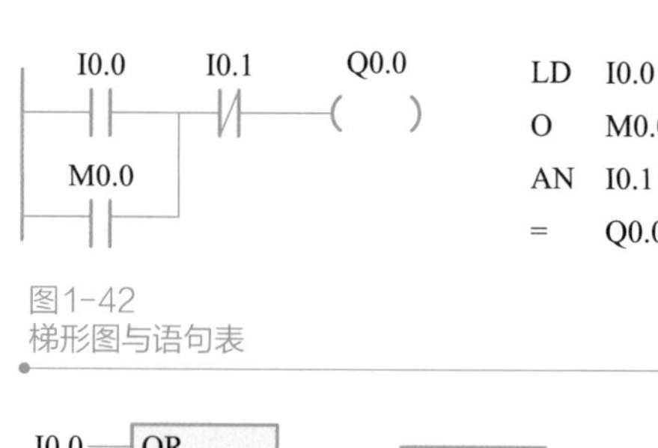

图1-42
梯形图与语句表

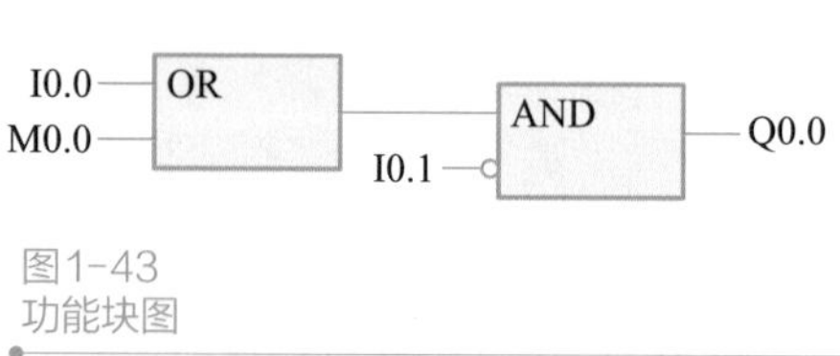

图1-43
功能块图

功能块图采用类似于数学逻辑门电路的图形符号，逻辑直观、使用方便，它有与梯形图中的触点和线圈等价的指令，可以解决范围广泛的逻辑问题。该编程语言中的方框左侧为逻辑运算的输入变量，右侧为输出变量，输入、输出端的小圆圈表示"非"运算，方框被"导线"连接在一起，信号从左向右流动，图1-42所示的梯形图和语句表的控制逻辑与图1-43所示的功能块图控制逻辑相同。功能块图程序设计语言具有如下特点。

① 以功能模块为单位，从控制功能入手，使控制方案的分析和理解变得容易。

② 功能模块用图形化的方法描述功能，它的直观性大大方便了设计人员的编程和组态，有较好的易操作性。

③ 对控制规模较大、控制关系较复杂的系统，由于功能块图可以较清楚地表达控制功能的关系，因此编程和组态时间可以缩短，调试时间也能减少。

笔 记

（4）顺序功能图

顺序功能图也称为流程图或状态转移图，是一种图形化的功能性说明语言，专用于描述工业顺序控制程序，使用它可以对具有并行、选择等复杂结构的系统进行编程。顺序功能图程序设计语言具有如下特点。

① 以功能为主线，条理清楚，便于对程序操作的理解和沟通。

② 对大型的程序，可分工设计，采用较为灵活的程序结构，可节省程序设计时间和调试时间。

③ 常用于系统规模较大、程序关系较复杂的场合。

④ 整个程序的扫描时间较其他程序设计语言编制的程序扫描时间大大缩短。

（5）结构文本

结构文本是一种高级的文本语言，可以用来描述功能、功能块和程序的行为，还可以在顺序功能流程图中描述步、动作和转变的行为。结构文本语言表面上和PASCAL语言很相似，但它是一个专门为工业控制应用开发的编程语言，具有很强的编程能力，用于对变量赋值、回调功能和功能块、创建表达式、编写条件语句和迭代程序等。结构文本程序设计语言具有如下特点。

① 采用高级语言进行编程，可以完成较复杂的控制运算。

② 需要有一定的计算机高级程序设计语言的知识和编程技巧，对编程人员的技能要求较高。

③ 直观性和易操作性等较差。

④ 常用于采用功能模块等其他语言较难实现的一些控制功能的实施。

绝大多数PLC都使用梯形图和语句表进行编程。西门子公司生产的S7-200 PLC支持梯形图、语句表和功能块图编程语言。在STEP 7-Micro/WIN编程软件中，单击相应的菜单命令，可以切换不同的编程语言。

2. 梯形图的编程规则

梯形图与继电器-接触器控制系统电路图相近，结构形式、元件符号及逻辑控制功能是类似的，但梯形图具有自己的编程规则。

① 输入/输出继电器、内部辅助继电器、定时器等元件的触点可多次重复使用，无须用复杂的程序结构来减少触点的使用次数。

② 梯形图按自上而下、从左到右的顺序排列。每个继电器线圈为一个逻辑行，即一层阶梯。每一逻辑行开始于左母线，然后是触点的连接，最后终止于继电器线圈，触点不能放在线圈的右边，如图1-44所示。

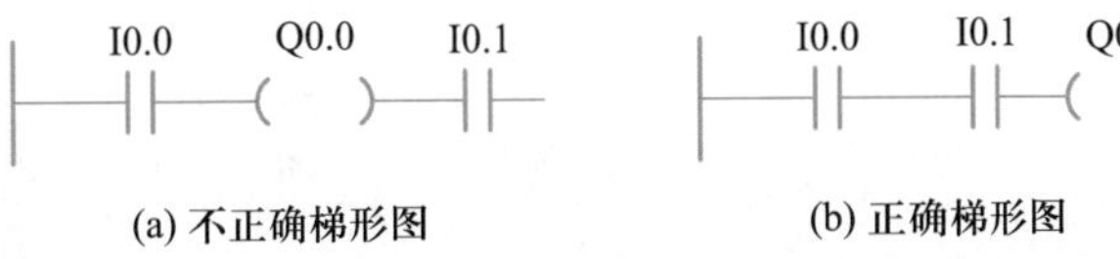

I0.0
Q0.0
I0.1
(a) 不正确梯形图
I0.0
I0.1
Q0.0
(b) 正确梯形图

图1-44
线圈与触点的位置

③ 线圈也不能直接与左母线相连。若需要，可以通过专用内部辅助继电器SM0.0（SM0.0为S7-200 PLC 中常闭辅助继电器）的常开触点连接，如图1-45所示。

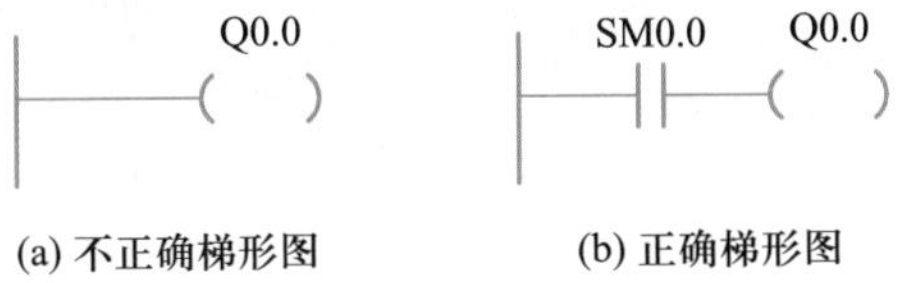

Q0.0
(a) 不正确梯形图
SM0.0
Q0.0
(b) 正确梯形图

图1-45
SM0.0常开触点的应用

④ 同一编号的线圈在一个程序中使用两次及以上，则为双线圈输出。双线圈输出容易引起误操作，应避免线圈的重复使用（前面的线圈输出无效，只有最后一个线圈输出有效），如图1-46所示。

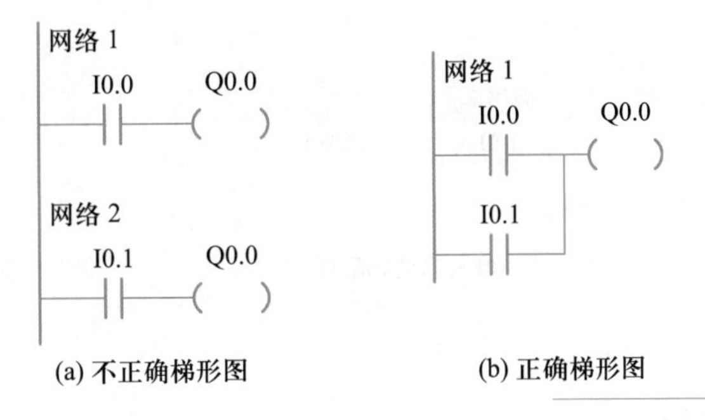

网络 1
I0.0
Q0.0
网络 2
I0.1
Q0.0
(a) 不正确梯形图
网络 1
I0.0
Q0.0
I0.1
(b) 正确梯形图

图1-46
双线圈输出的程序图

⑤ 在梯形图中，串联触点和并联触点可无限制使用。串联触点多的应放在程序的上面，并联触点多的应放在程序的左面，以减少指令条数，缩短扫描周期，如图1-47所示。

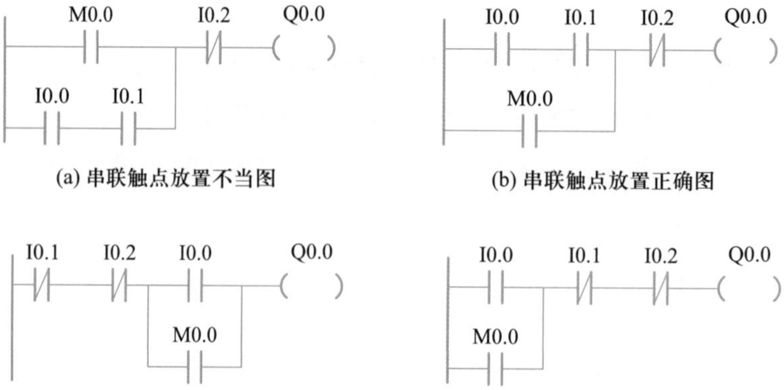

(a) 串联触点放置不当图　　(b) 串联触点放置正确图

(c) 并联触点放置不当图　　(d) 并联触点放置正确图

图1-47
合理化程序设计图

⑥ 遇到不可编程的梯形图时，可根据信号流的流向规则，即自左而右、自上而下，对原梯形图重新设计，以便程序的执行，如图1-48所示。

⑦ 两个或两个以上的线圈可以并联输出，如图1-49所示。

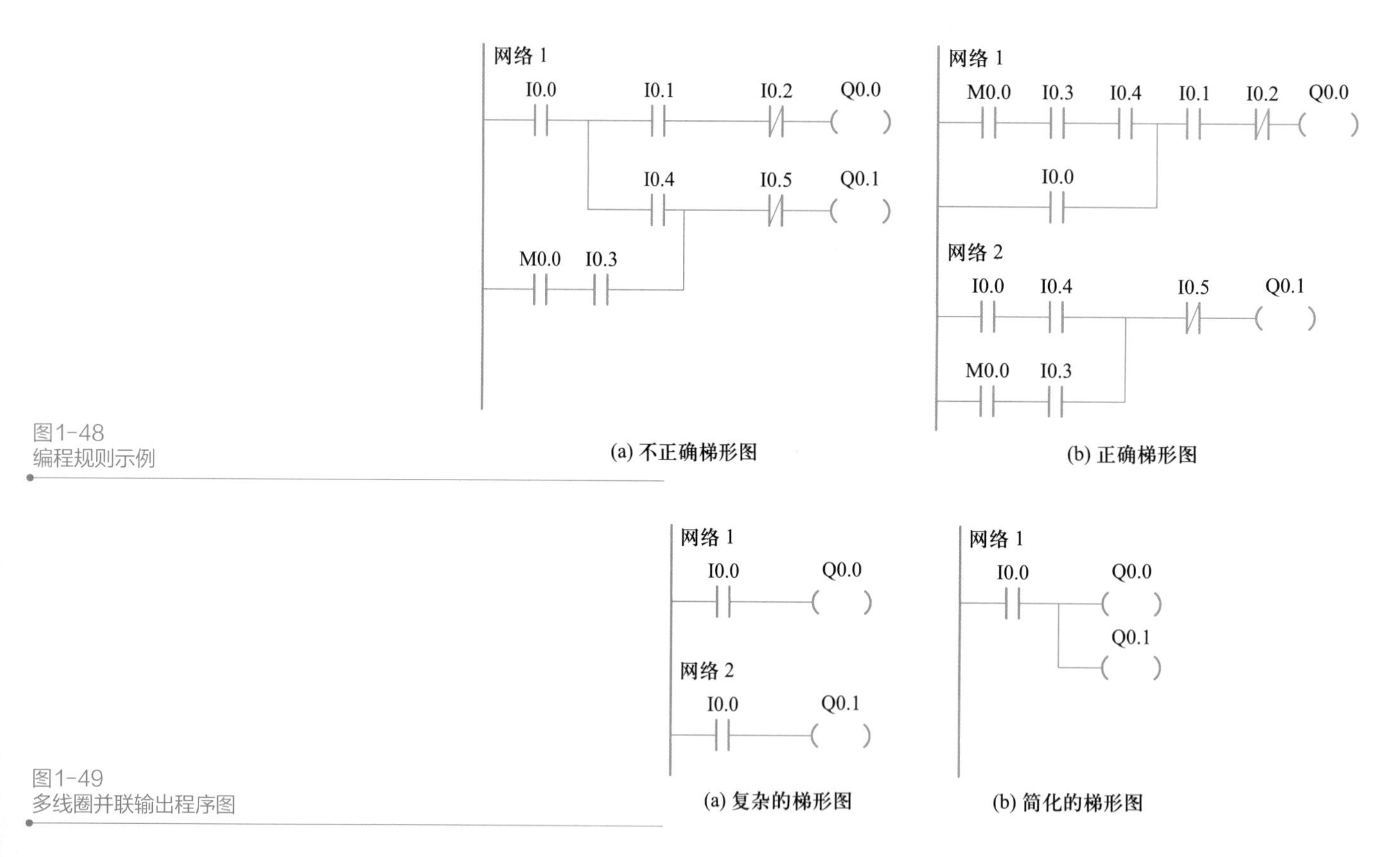

(a) 不正确梯形图　　(b) 正确梯形图

图1-48
编程规则示例

(a) 复杂的梯形图　　(b) 简化的梯形图

图1-49
多线圈并联输出程序图

3. SR、RS 指令

（1）SR指令

SR指令也称为置位/复位触发器（SR）指令。其梯形图如图1-50所示，由置位/复位触发器助记符SR、置位信号输入端S1、复位信号输入端R、输出端OUT和线圈的位地址bit构成。

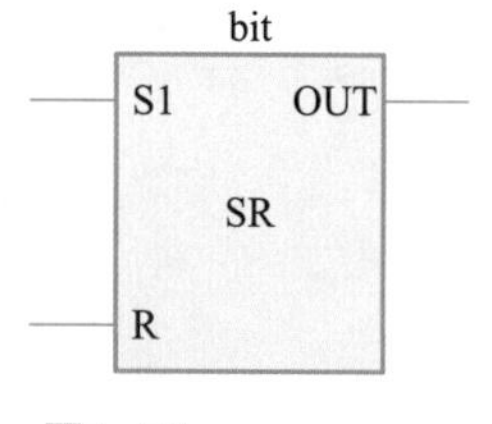

图1-50
SR 指令梯形图

置位/复位触发器指令的应用如图1-51所示，当置位信号I0.0接通时，线圈Q0.0有信号流流过。当置位信号I0.0断开时，线圈Q0.0的状态继续保持不变，直到复位信号I0.1接通时，线圈Q0.0没有信号流流过。

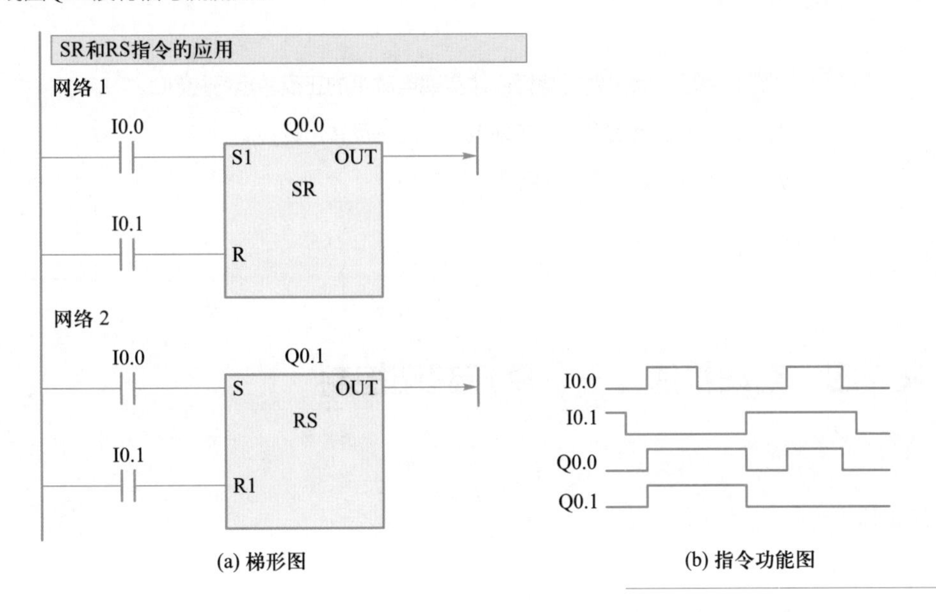

图1-51 SR和RS指令的应用

如果置位信号I0.0和复位信号I0.1同时接通，则置位信号优先，线圈Q0.0有信号流流过。

（2）RS指令

RS指令也称复位/置位触发器指令。其梯形图如图1-52所示，由复位/置位触发器助记符RS、置位信号输入端S、复位信号输入端R1、输出端OUT和线圈的位地址bit构成。

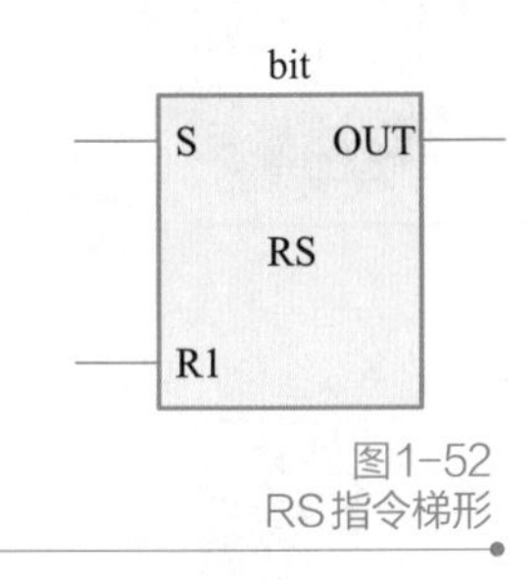

图1-52 RS指令梯形

置位/复位触发器指令的应用如图1-51所示，当置位信号I0.0接通时，线圈Q0.0有信号流流过。当置位信号I0.0断开时，线圈Q0.0的状态继续保持不变，直到复位信号I0.1接通时，线圈Q0.0没有信号流流过。

如果置位信号I0.0和复位信号I0.1同时接通，则复位信号优先，线圈Q0.0无信号流。

笔 记

五、问题研讨

1. 电气互锁

在很多工程应用中，经常需要电动机可逆运行，即正、反转，这则需要正转时不能反转，反转时不能正转，否则会造成电源短路。在继电器-接触器控制系统中通过使用机械和电气互锁来解决此问题。在PLC控制系统中，虽然可通过软件实现互锁，即正反两输出线圈不能同时得电，但不能从根本上杜绝电源短路现象的发生（如一个接触器线圈虽失电，若其触点因熔焊不能分离，此时另一个接触器线圈再得电，就会发生电源短路现象），所以必须在接触器的线圈回路中串联对方的辅助常闭触点，如图1-40所示。

2. S、R 指令使用注意事项

在使用S指令或R指令时，数值*n*是不是无限制的呢？答案是否定的，其数据*n*的范围为1～255，置位或复位的所有线圈编号必须连续，否则必须多次使用S指令或R指令。

六、拓展训练

训练1. 用起—保—停的编程方法实现电动机的正反转运行控制。

训练2. 用触发器指令编程实现电动机的正反转运行控制。

训练3. 用PLC实现工作台自动往复控制。

项目四　电动机的 Y- △降压起动控制

知识目标

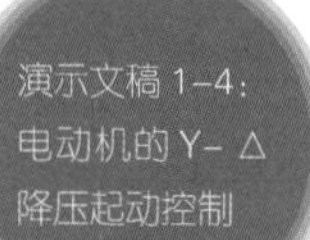

- 掌握定时器指令
- 了解堆栈的作用及堆栈指令

能力目标

大国工匠：国产大飞机的首席钳工——胡双钱

- 能正确选用定时器指令编写控制程序
- 能进行定时范围的扩展
- 能进行Y－△降压起动电路的连接、编程及调试

一、要求与分析

动画 1-4：Y- △降压起动控制要求

要求：用PLC实现电动机的Y－△降压起动控制，即按下起动按钮，电动机星形（Y）起动；起动结束后（起动时间为 5s），电动机切换成三角形（△）运行；若按下停止按钮，电动机停止运转。系统要求起动和运行时有相应指示，同时电路还必须具有必要的短路保护、过载保护等功能。

分析：根据上述控制要求可知，发出命令的元器件分别为起动按钮、停止按钮和热继电器的触点，它们作为PLC的输入量；执行命令的元器件是3个交流接触器，通过电源接触器与星形联结接触器及三角形联结接触器的不同组合实现电动机的星形起动和三角形运行。在继电器-接触器控制系统采用的是时间继电器实现起动时间的延时，用PLC控制电动机的降压起动控制，是否还需要时间继电器呢？在各种型号的PLC中都有类似时间继电器功能的软元件——定时器。它能实现不同时间分辨率的定时，而且定时时间范围较大，能满足不同场合下定时之用。

二、知识学习

微课 1-4-1：
定时器存储区

1. Y- △降压起动接触器线路

图1-53所示为三相异步电动机Y-△降压起动原理图。KM1为电源接触器，KM2为三角形接触器，KM3为星形接触器，KT为起动时间继电器。其工作原理是：起动时闭合低压断路器QF，按下起动按钮SB1，则KM1、KM3和KT线圈同时得电并自锁，这时电动机定子绕组接成星形起动。随着转速的提高，电动机定子电流下降，KT延时达到设定值，其延时断开的常闭触点断开，延时闭合的常开触点闭合，从而使接触器KM3线圈断电释放，接触器KM2线圈得电吸合并自锁，这时电动机切换成三角形运行。停止时只要按下停止按钮SB2，KM1和KM2线圈同时断电，电动机停止运行。为了防止电源短路，接触器KM2和KM3线圈不能同时得电，在电路中设置了电气互锁。

虚拟仿真训练
1-4-1：
定时器存储区

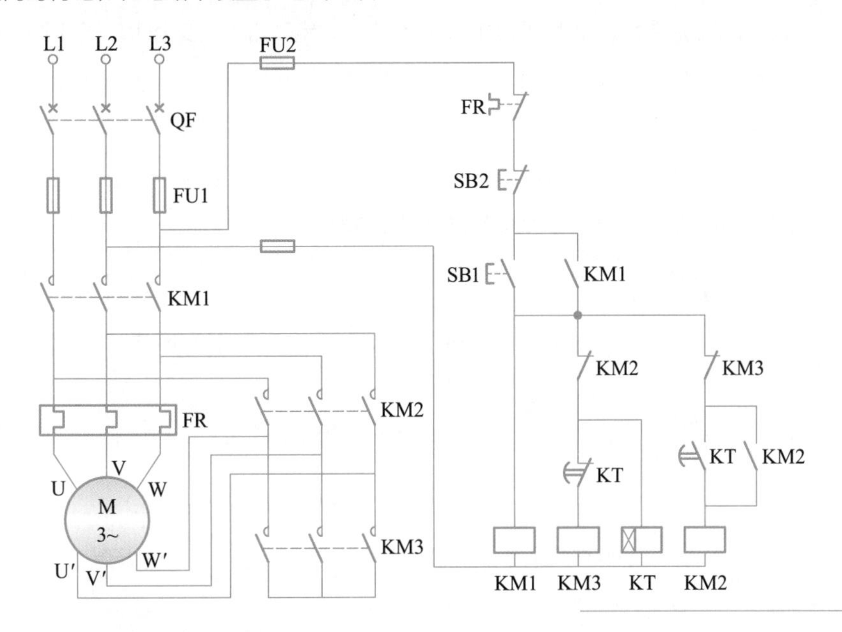

图1-53
Y-△降压起动控制电路

2. 接通延时定时器指令

微课 1-4-2：
接通延时定时器

定时器指令是PLC的重要基本指令。S7-200 PLC 共有3种定时器指令，即接通延时定时器指令（TON）、断开延时定时器指令（TOF）和带有记忆接通延时定时器指令（TONR）。S7-200 PLC 提供了256个定时器，定时器编号为T0～T255，各定时器的分类及特性见表1-5。

虚拟仿真训练
1-4-2：
接通延时定时器

表 1-5　定时器的分类

指令类型	分辨率/ms	定时范围/s	定时器编号
TONR	1	32.767（0.546min）	T0、T64
	10	327.67（5.46min）	T1～T4、T65～T68
	100	3276.7（54.6min）	T5～T31、T69～T95
TON、TOF	1	32.767（0.546min）	T32、T96
	10	327.67（5.46min）	T33～T36、T97～T100
	100	3276.7（54.6min）	T37～T63、T101～T255

TON指令（On-Delay Timer）的梯形图如图1-54（a）所示。它由定时器助记符TON、定时器的起动信号输入端IN、时间设定值输入端PT和TON定时器编号Tn构成。其语句表如图1-54（b）所示，由定时器助记符TON、定时器编号Tn和时间设定值PT构成。

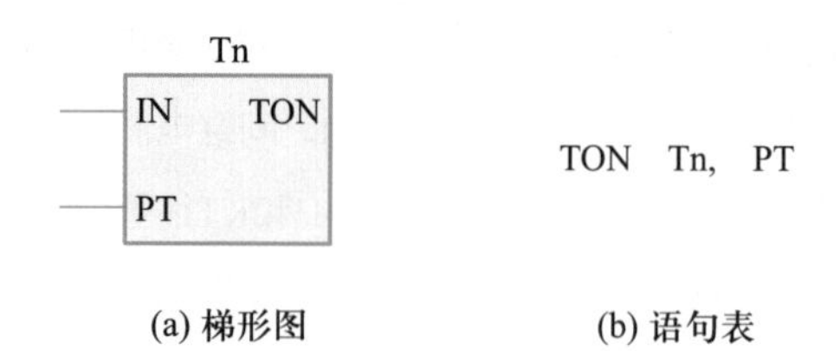

图1-54
接通延时定时器指令

接通延时定时器指令应用如图1-55所示。定时器的设定值为16位有符号整数（INT），允许的最大值为32 767。延时定时器的输入端I0.0接通时开始定时，每过一个时基时间（如100ms），定时器的当前值SV=SV+1，当定时器的当前值大于或等于预置时间（Preset Time，PT）端指定的设定值（1～32 767）时，定时器的位变为ON，梯形图中该定时器的常开触点闭合，常闭触点断开，这时线圈Q0.0中就有信号流流过。达到设定值后，当前值仍然继续增大，直到最大值32 767。输入端I0.0断开时，定时器自动复位，当前值被清零，定时器的位变为OFF，这时线圈Q0.0中就没有信号流流过。CPU第一次扫描时，定时器位清零。定时器的设定时间等于设定值与分辨率的乘积。

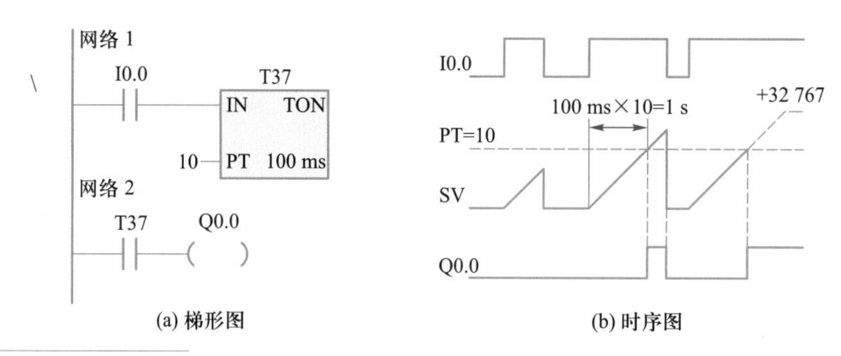

图1-55
接通延时定时器指令应用

三、项目实施

1. I/O 分配

根据项目分析，对输入量、输出量进行分配，如表1-6所示。

表 1-6　电动机 Y-△降压起动控制 I/O 分配表

输入		输出	
输入继电器	元件	输出继电器	元件
I0.0	起动按钮SB1	Q0.0	电源接触器KM1
I0.1	停止按钮SB2	Q0.1	三角形接触器KM2
I0.2	热继电器FR	Q0.2	星形接触器KM3
		Q0.3	星形起动指示HL1
		Q0.4	三角形运行指示HL2

微课 1-4-3：
如何实现电动机
Y-△降压起动的 PLC 控制

2. PLC 的 I/O 接线图

根据控制要求及表1-6所示的I/O分配表，可绘制电动机Y－△降压起动控制PLC的I/O接线图，如图1-56所示。

源程序：Y－△降压起动控制

3. 创建工程项目

创建一个工程项目，并命名为电动机的Y－△降压起动控制。

4. 梯形图程序

根据要求，使用起—保—停方法编写的梯形图如图1-57所示。

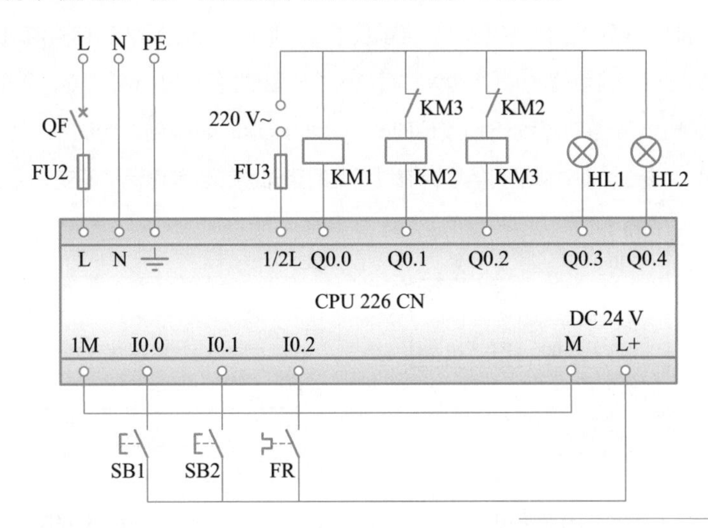

图1-56
电动机Y－△降压起动控制PLC的I/O接线图

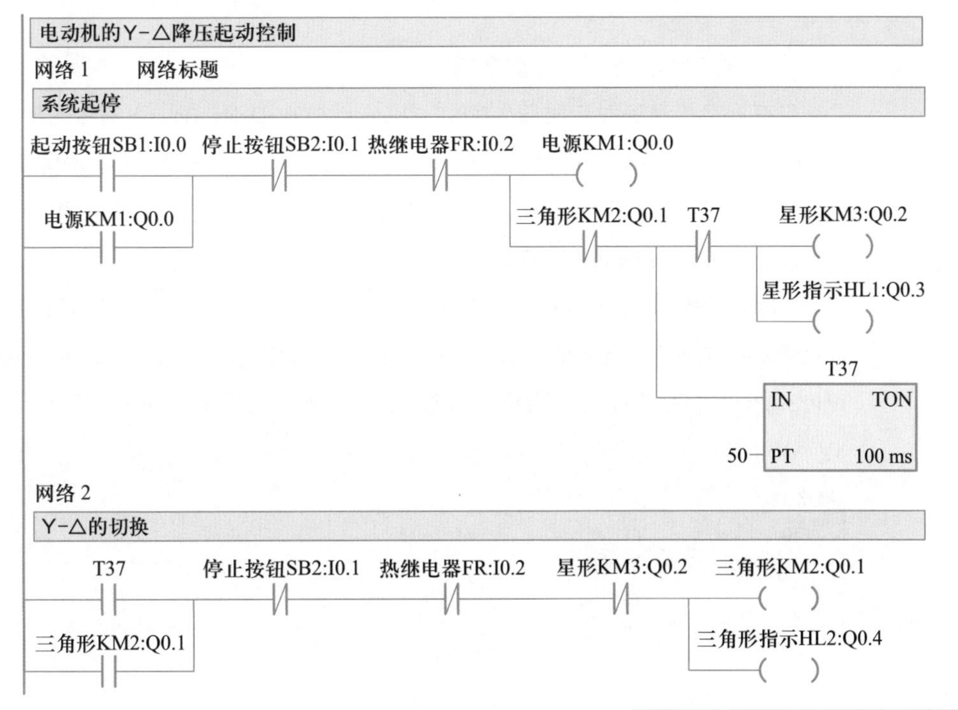

图1-57
电动机的Y－△降压起动控制程序

5. 调试程序

（1）下载程序并运行。

（2）分析程序运行的过程和结果，并编写语句表。

四、知识进阶

微课 1-4-4：
断电延时定时器

1. 断开延时定时器指令

断开延时定时器（TOF，OFF-Delay Timer）指令的梯形图如图1-58（a）所示。它由定时器助记符TOF、定时器的起动信号输入端IN、时间设定值输入端PT和定时器编号Tn构成。其语句表如图1-58（b）所示，由定时器助记符TOF、定时器编号Tn和时间设定值PT构成。

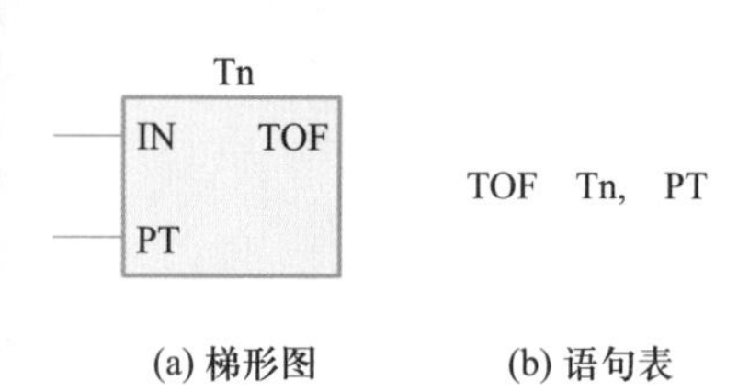

图1-58
断开延时定时器指令

断开延时定时器指令应用如图1-59所示，当接在断开延时定时器的输入端起动信号I0.0接通时，定时器的位变成ON，当前值清零，此时线圈Q0.0中有信号流流过。当I0.0断开后，开始定时，当前值从0开始增大，每过一个时基时间（如10ms），定时器的当前值SV=SV+1，当定时器的当前值等于预置值PT时，定时器延时时间到，定时器停止计时，输出位变为OFF，线圈Q0.0中则没有信号流流过，此时定时器的当前值保持不变，直到输入端再次接通。

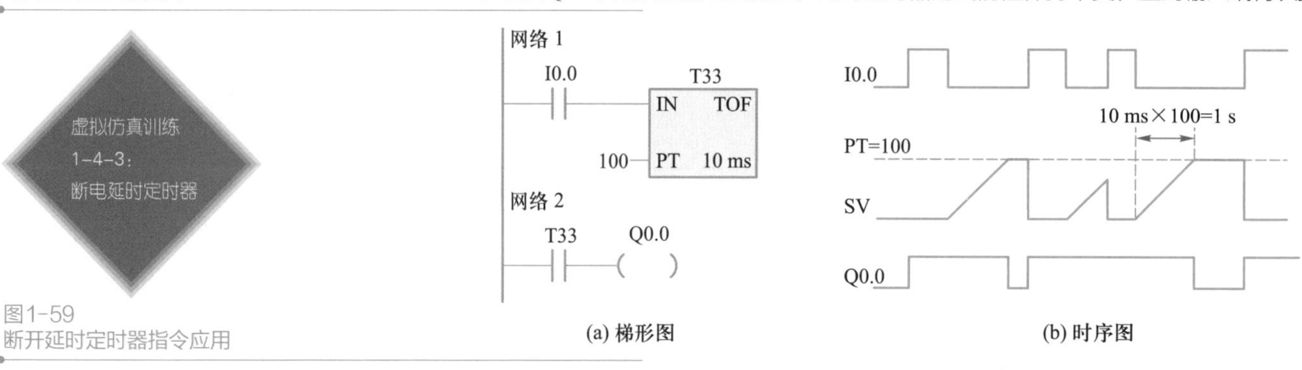

图1-59
断开延时定时器指令应用

2. 带有记忆接通延时定时器指令

带有记忆接通延时定时器（TONR，Retentive On-Delay Timer）指令的梯形图如图1-60（a）所示。它由定时器助记符TONR、定时器的起动信号输入端IN、时间设定值输入端PT和TONR定时器编号Tn构成。其语句表如图1-60（b）所示，由定时器助记符TONR、定时器编号Tn和时间设定值PT构成。

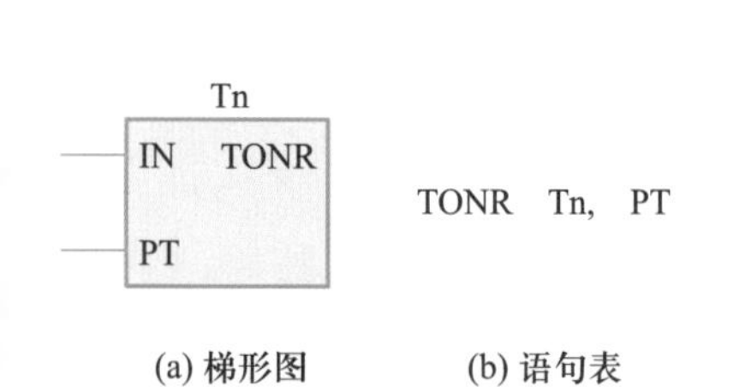

图1-60
带有记忆接通延时定时器指令

TONR指令应用如图1-61所示，其工作原理与接通延时定时器大致相同。当定时器的起动信号I0.0断开时，定时器的当前值SV=0，定时器没有信号流流过，不工作。当起动信号I0.0由断开变为接通时，定时器开始定时，每过一个时基时间（如10ms），定时器的当前值SV=SV+1。

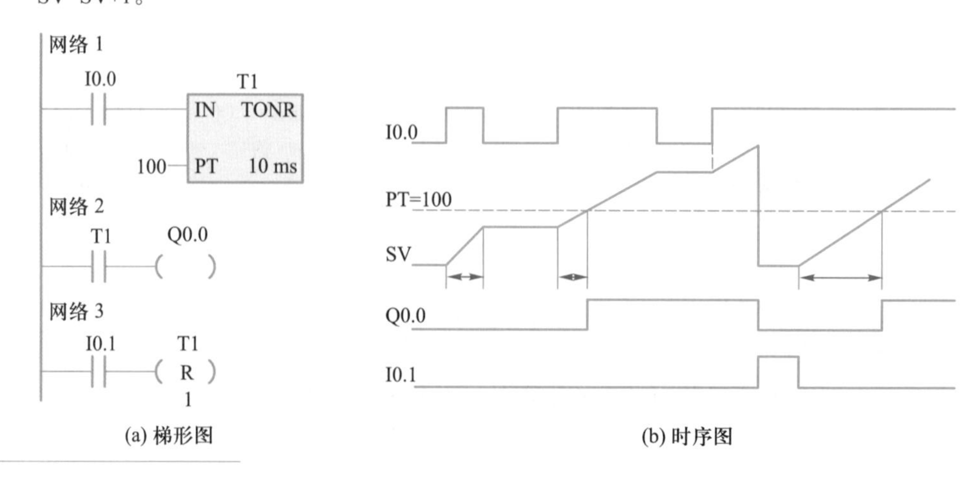

图1-61
带有记忆接通延时定时器指令应用

笔 记

当定时器的当前值等于其设定值PT时，定时器的延时时间到，这时定时器的输出位变为ON，线圈Q0.0中有信号流流过。达到设定值PT后，当前值仍然继续计时，直到最大值32 767才停止计时。只要SV≥PT值，定时器的常开触点就接通，如果不满足这个条件，定时器的常开触点应断开。

带有记忆接通延时定时器与接通延时定时器的不同之处在于，带有记忆接通延时定时器的SV值是可以记忆的。当I0.0从断开变为接通后，维持的时间不足以使SV达到PT值时，I0.0又从接通变为断开，这时SV可以保持当前值不变；当I0.0再次接通时，SV在保持值的基础上累计，当SV=PT值时，定时器输出位变为ON。

只有复位信号 I0.1接通时，带有记忆接通延时定时器才能停止计时，其当前值SV被复位清零，常开触点复位断开，线圈Q0.0中没有信号流流过。

3. 堆栈指令

堆栈在计算机中的使用较为广泛。堆栈是一个特殊的数据存储区，底部的数据叫栈底数据，顶部的数据叫栈顶数据。PLC有些操作往往需要把当前的一些数据送到堆栈中保存，待需要的时候再把存入的数据取出来，这就是常说的入栈和出栈（也叫压栈和弹栈）。S7-200 PLC 在语句表编程时就可能会用到堆栈指令，比如逻辑操作中的“块与”和“块或”操作、子程序操作、高速计数器操作和中断操作等都会接触到堆栈。堆栈操作指令只能用语句表表示，且没有操作数。S7-200 PLC 堆栈有9层，其操作原理如图1-62所示，其中IV1～IV8用于存放中间运算结果，IV0为栈顶数据，用于存放逻辑运算的结果。

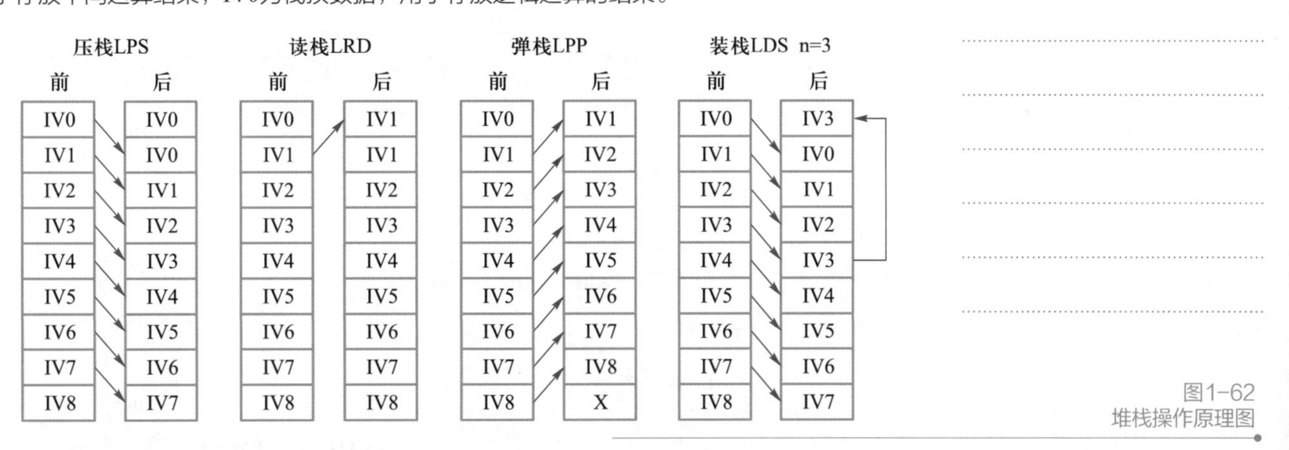

图1-62 堆栈操作原理图

（1）LPS指令

LPS（Logic Push）为压栈指令，用压栈指令助记符LPS表示。

LPS指令的功能：复制堆栈顶部的数据并将其入栈。堆栈底部的值被推出丢掉。

（2）LRD指令

LRD（Logic Read）为读栈指令，用读栈指令助记符LRD表示。

LRD指令的功能：使堆栈顶部的数据被推出。堆栈第1层数据成为堆栈新栈顶值。堆栈没有入栈或出栈的操作，但是旧的栈顶值被新的复制值取代。

（3）LPP指令

LPP（Logic Pop）为弹栈指令，用弹栈指令助记符LPP表示。

LPP指令的功能：弹出堆栈顶部的数据，堆栈第1层数值成为新堆栈新顶值。

（4）LDS指令

LDS（Load Stack）为装栈指令，用装栈指令助记符LDS和操作数n构成。该指令的操作数n只能取1～8。

LDS指令的功能：复制堆栈上的堆栈位n，并将此数值置于堆栈顶部。堆栈底值被推出丢掉。

五、问题研讨

知识拓展：
嫦娥五号卫星

1. 指示灯的连接

在较大型工程应用中，经常要求设备有运行状态指示。在PLC控制系统中，如果合理连接各种指示灯，则可节省很多输出点，减少系统扩展模块的数量，从而可提高系统运行的可靠性并节约系统硬件成本。如本项目中两个状态指示灯可并联在星形和三角形的接触器线圈上，如图1-63所示，也可以通过接触器的常开触点点亮，如图1-64所示。

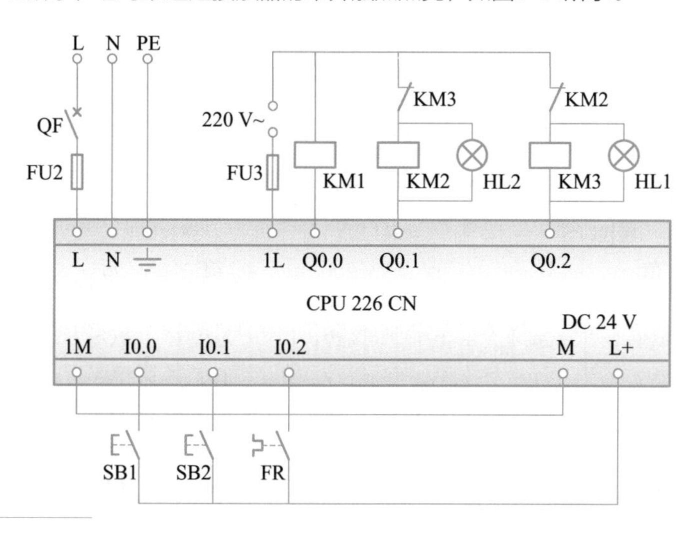

图1-63
指示灯的连接方法之一

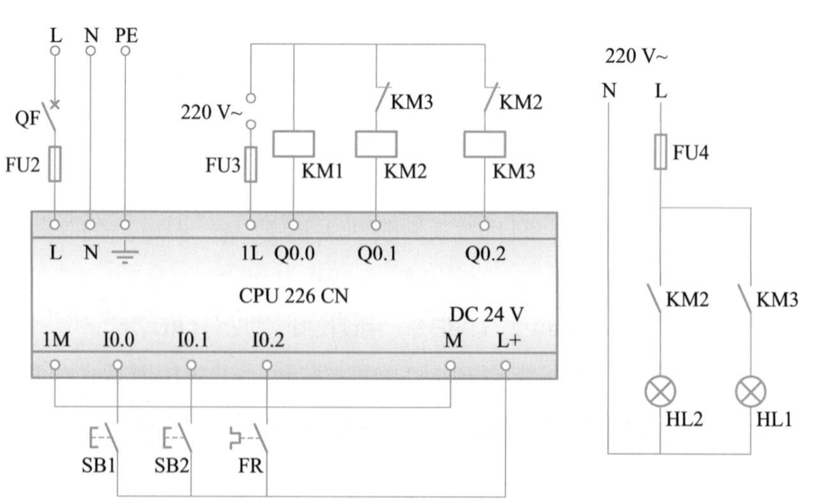

图1-64
指示灯的连接方法之二

2．不同电压等级的输出

在很多控制系统中，经常遇到有多种不同的电压等级负载。这就要求PLC的输出点不能任意安排，必须做到同一电源使用一组PLC的输出，不能混用，否则会有事故发生。如本项目中，接触器线圈电压为AC220V，而从安全用电角度考虑，作为指示或监控用的指示灯电压大多数情况下取AC6.3V或直流DC24V，所以本项目的PLC硬件接线可如图1-65所示。对于西门子CPU 226型的PLC输出端子来说，Q0.0～Q0.3为一组、Q0.4～Q1.0为一组、Q1.1～Q1.7为一组，使用时应特别注意。

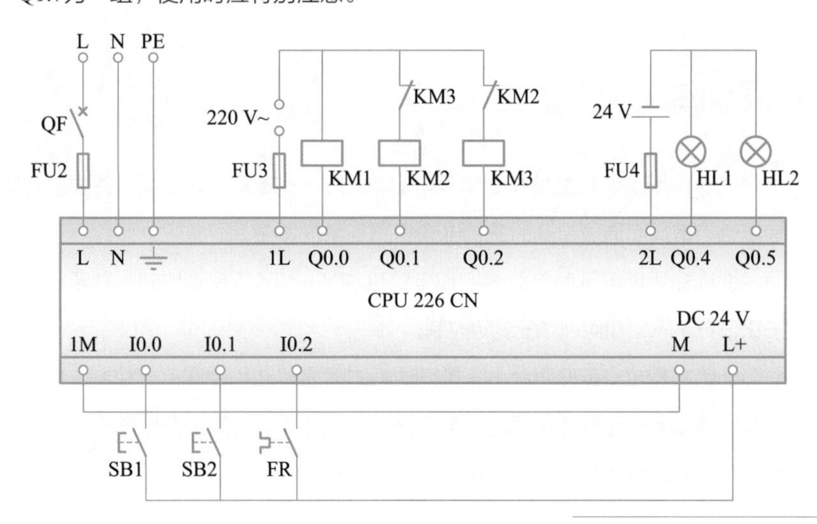

图1-65
不同电压等级输出的PLC硬件接线图

3．定时范围扩展

在工业现场应用，设备动作延时的时间可能比较长，而S7-200 PLC 中定时器的最长定时时间为3276.7s。如果需要更长的定时时间，可以采用多个定时器串联来延长定时范围。

如图1-66所示，当I0.0接通时，定时器T37中有信号流流过，定时器开始定时。当SV=18 000时，定时器T37的延时时间0.5h到，T37的常开触点由断开变为接通，定时器T38中有信号流流过，开始计时；当SV=18 000时，定时器T38延时时间0.5h到，T38的常开触点由断开变为接通，线圈Q0.0有信号流流过；当I0.0断开时，T37、T38的常开触点立即复位断开。这种延长定时范围的方法形象地称为接力定时法。

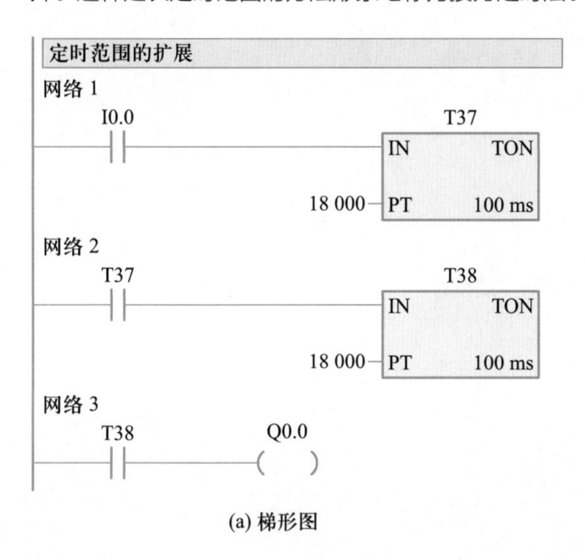

(a) 梯形图

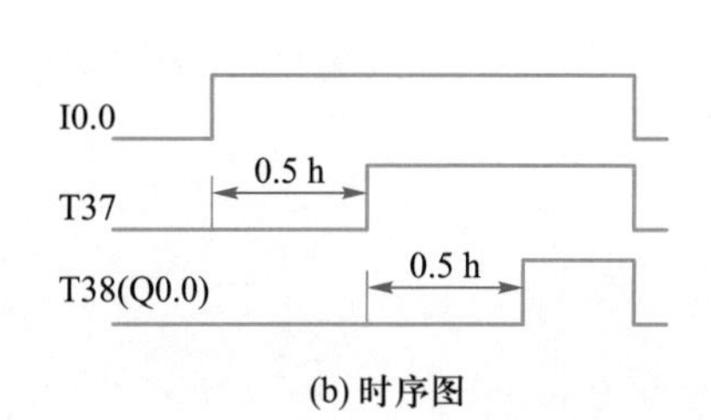

(b) 时序图

图1-66
用两个定时器延长定时范围

4. Y-△降压起动切换时发生短路现象

在工业应用现场，电动机Y-△降压起动切换时偶有发生电源短路现象。经检查电气线路和程序均正确。究其原因，是因为Y-△切换时，星形和三角形接触器主触点的动作几乎是同时进行，可能由于接触器使用时间较长触点动作不迅速或接触器主触点断开时产生的电弧原因导致主电路的三相电源短路。这种问题该如何解决呢？一是更新接触器；二是优化程序设计，在星形向三角形切换时，先断开星形接触器数百毫秒后再接通三角形接触器。

六、拓展训练

源程序：
拓展训练 1-4

训练1. 用置位和复位指令实现电动机的Y-△降压起动控制，并要求有防止因三角形接触器触点熔焊而造成起动时三相电源短路现象的发生。

训练2. 用断电延时定时器实现电动机的Y-△降压起动控制，并要求有可通过提前切换按钮进行Y-△切换的降压起动控制。

训练3. 用PLC实现两台小容量电动机的顺序起动和逆序停止控制，要求第一台电动机起动5s后第二台电动机才能起动；第二台电动机停止5s后第一台电动机方能停止。若有任一台电动机过载，两台均立即停止运行。

项目五　电动机的循环起停控制

知识目标

- 掌握计数器指令
- 掌握边沿触发指令
- 掌握电路块连接指令

能力目标

大国工匠：
深海钳工——管延安

- 能正确选用计数器指令编写控制程序
- 能进行计数范围的扩展

一、要求与分析

动画 1-5：电动机的循环起停控制

要求：用PLC实现三相异步电动机的循环起停控制，即按下起动按钮，电动机起动并正向运转5s，停止3s，再反向运转5s，停止3s，然后再正向运转，如此循环5次后停止运转；当按下停止按钮并松开时，电动机才停止运行。该电路必须具有必要的短路保护、过载保护等功能。

微课 1-5-1：计数器存储区

分析：根据上述控制要求可知，发出命令的元器件分别为起动按钮、停止按钮和热继电器的触点，它作为PLC的输入量；执行命令的元器件是正反向交流接触器，通过它俩的主触点可将三相异步电动机接通正负序三相交流电源，从而实现电动机的正向或反向运行控制，它们的线圈作为PLC的输出量。在工业现场应用中，常需要电动机的正反向断续运行，如工业洗衣机、物料搅拌器等。按下起动按钮电动机正向起动并运转至第二次停止，16s为一个工作循环周期，控制系统要求循环5次结束。那如何对此工作循环进行计数呢？可通过本项目中计数器指令来实现对其计数。

虚拟仿真训练 1-5-1：计数器存储区

二、知识学习

1. 增计数器指令

增计数器（CTU，Counter Up）指令的梯形图如图1-67（a）所示，由增计数器助记符CTU、计数脉冲输入端CU、复位信号输入端R、设定值PV和计数器编号Cn构成，编号范围为0～255。增计数器指令的语句表如图1-67（b）所示，由增计数器操作码CTU、计数器编号Cn和设定值PV构成。

微课 1-5-2：增计数器

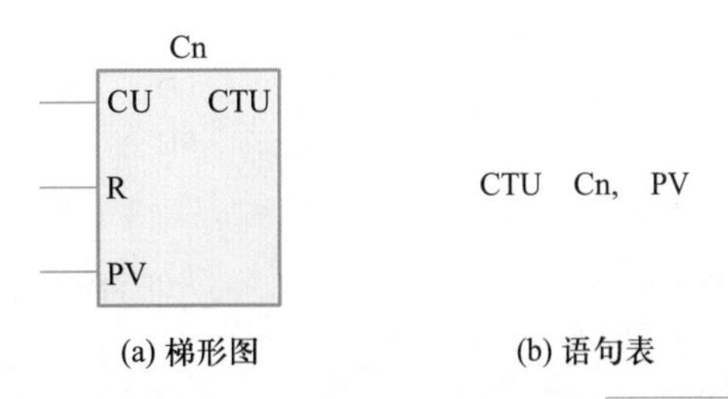

图1-67 增计数器指令

增计数器指令应用如图1-68所示。增计数器的复位信号I0.1接通时，计数器C0的当前值SV=0，计数器不工作。当复位信号I0.1断开时，计数器C0可以工作。每当一个计数脉冲的上升沿到来时（I0.0接通一次），计数器的当前值SV=SV+1。当SV等于设定值PV时，计数器的输出位变为ON，线圈Q0.0中有信号流流过。若计数脉冲仍然继续，计数器的当前值仍不断累加，直到SV=32 767（最大）时，才停止计数。只要SV≥PV，则计数器的常开触点接通，常闭触点则断开。直到复位信号I0.1接通时，计数器的SV复位清零，计数器停止工作，其常开触点断开，线圈Q0.0没有信号流流过。

虚拟仿真训练 1-5-2：增计数器

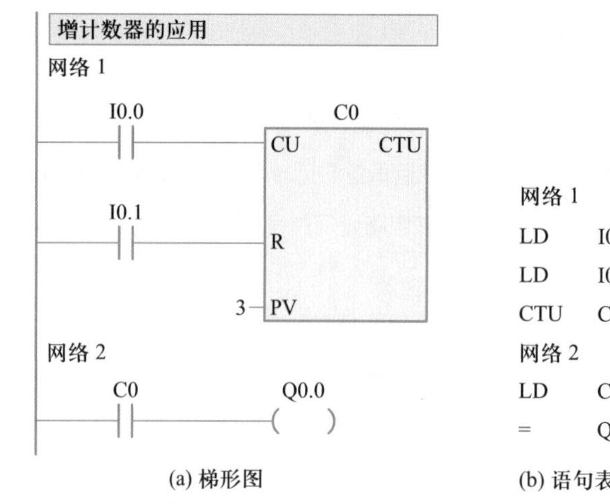

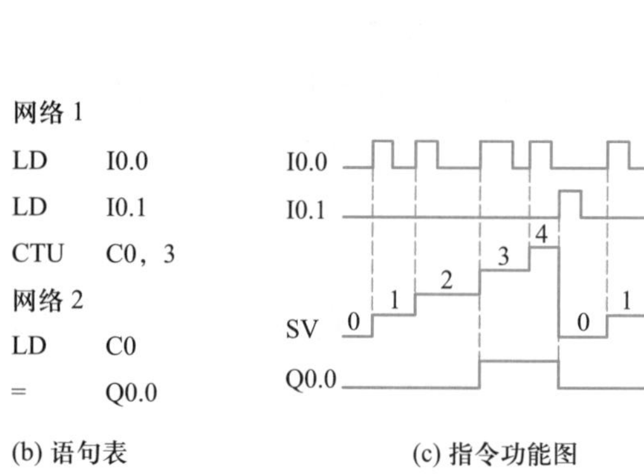

图1-68
增计数器指令应用

微课 1-5-3：
边沿触发指令

2. 边沿触发指令

（1）EU指令

EU（Edge Up）指令也称为上升沿检测指令或称为正跳变指令，其梯形图如图1-69（a）所示，由常开触点加上升沿检测指令助记符P构成。其语句表如图1-69（b）所示，由上升沿检测指令操作码EU构成。

图1-69
上升沿检测指令

上升沿检测指令的应用如图1-70所示。所谓上升沿检测指令是指当I0.0的状态由断开变为接通时（即出现上升沿的过程），上升沿检测指令对应的常开触点接通一个扫描周期（T），使得线圈Q0.1仅得电一个扫描周期。若I0.0的状态一直接通或断开，则线圈Q0.1也不得电。

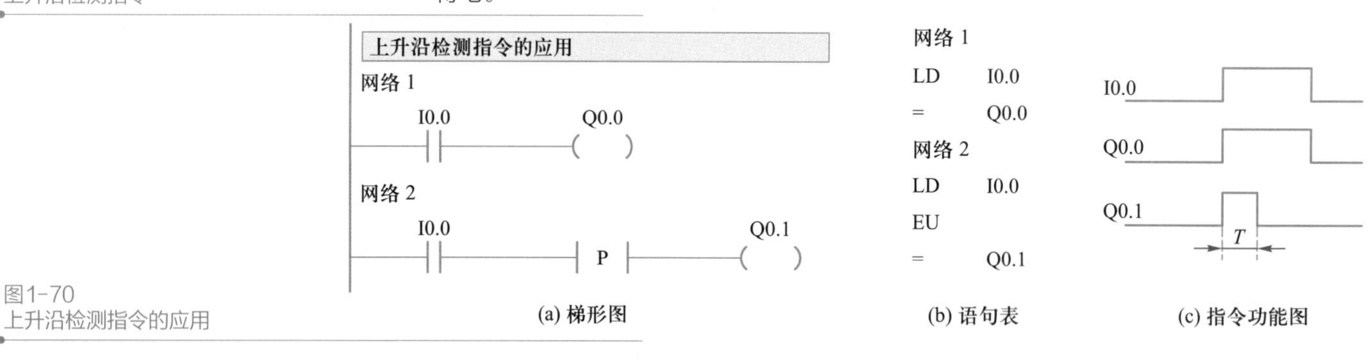

图1-70
上升沿检测指令的应用

（2）ED指令

虚拟仿真训练
1-5-3：
边沿触发指令

ED（Edge Down）指令也称为下降沿检测指令或称为负跳变指令，其梯形图如图1-71（a）所示，由常开触点加下降沿检测指令助记符N构成。其语句表如图1-71（b）所示，由下降沿检测指令操作码ED构成。

下降沿检测指令的应用如图1-72所示。所谓下降沿检测指令是指当I0.0的状态由接通变为断开时（即出现下降沿的过程），下降沿检测指令对应的常开触点接通一个扫描周期，使得线圈Q0.1仅得电一个扫描周期。

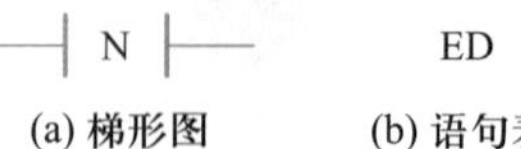

图1-71
下降沿检测指令

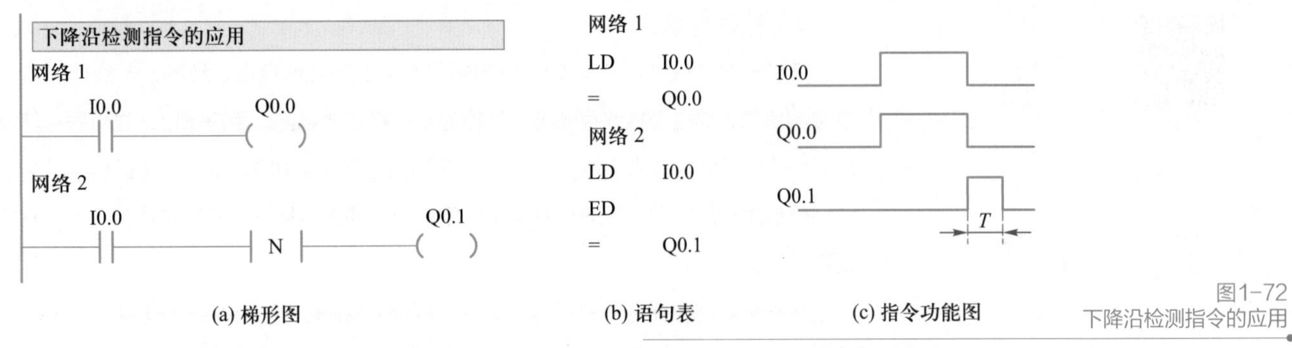

图1-72
下降沿检测指令的应用

上升沿和下降沿检测指令用来检测状态的变化，可以用来起动一个控制程序、起动一个运算过程、结束一段控制等。

（3）使用注意事项

① EU、ED指令后无操作数。

② 上升沿和下降沿检测指令不能直接与左母线相连，必须接在常开或常闭触点之后。

③ 当条件满足时，上升沿和下降沿检测指令的常开触点只接通一个扫描周期，接受控制的元件应接在这一触点之后。

3. 电路块连接指令

触点的串联或并联指令只能用于单个触点的串联或并联，若想将多个触点并联后进行串联或将多个触点串联后进行并联则需要用逻辑电路块的连接指令。

（1）OLD指令

OLD（Or Load）指令又称为串联电路块并联指令，由助记符OLD表示。

OLD指令的功能：将多个触点串联后形成的电路块并联起来。

串联电路块并联指令梯形图符号（示意）如图1-73所示，其应用如图1-74所示。

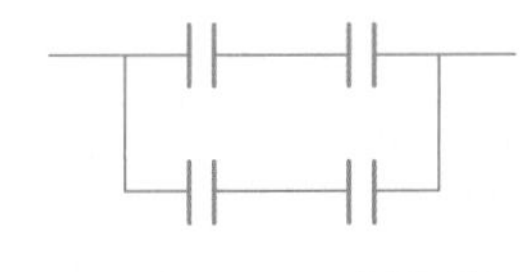

图1-73
串联电路块并联指令梯形图符号（示意）

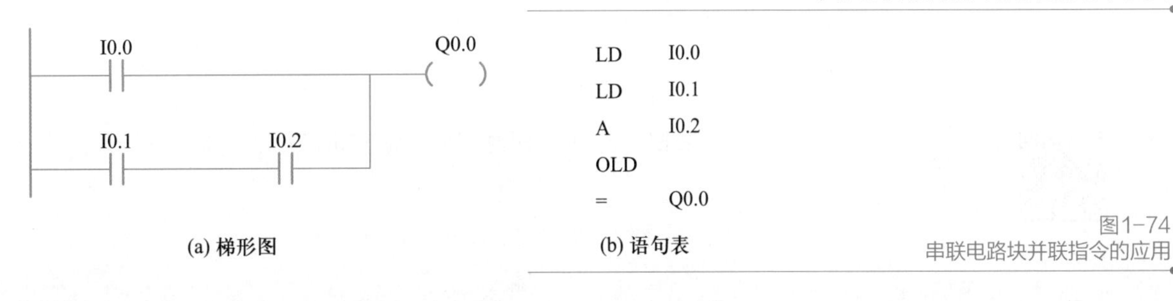

图1-74
串联电路块并联指令的应用

（2）ALD指令

ALD（And Load）指令又称为并联电路块串联指令，由助记符ALD表示。

ALD指令的功能：将多个触点并联后形成的电路块串联起来。

并联电路块串联指令梯形图符号（示意）如图1-75所示，其应用如图1-76所示。

图1-75
并联电路块串联指令梯形图符号（示意）

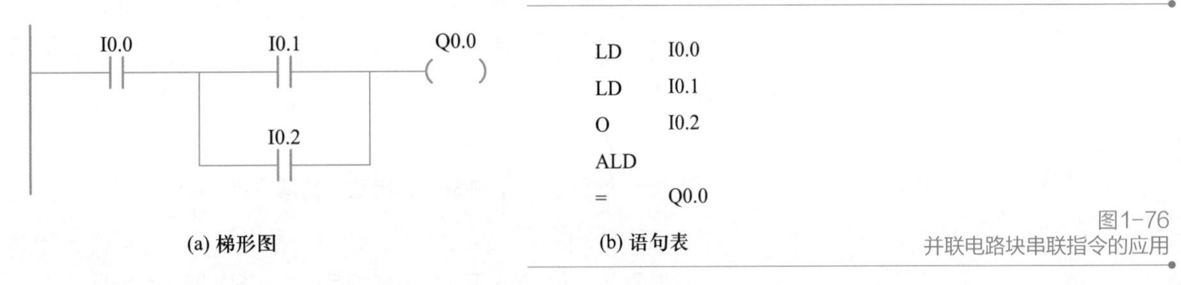

图1-76
并联电路块串联指令的应用

微课 1-5-4：
特殊存储器

4. 特殊存储器

在S7-200 PLC中，有些辅助继电器具有特殊功能或存储系统的状态变量、有关的控制参数和信息，称之为特殊存储器，又称为特殊标志继电器。用户可以通过特殊存储器来沟通PLC与被控对象之间的信息，如可以读取程序运行过程中的设备状态和运算结果信息，利用这些信息用程序实现一定的控制动作。用户也可通过直接设置某些特殊存储器位来使设备实现某种功能。

特殊标志继电器用“SM”表示，特殊存储器根据功能和性质不同具有多种操作方式。其中，SM0.0～SM1.7为系统状态位，只能读取其中的状态数据，不能改写，标志位说明如表1-7所示。

表 1-7 特殊存储器标志位及含义

位号	含义	位号	含义
SM0.0	该位始终为1	SM1.0	操作结果为0时置1
SM0.1	首次扫描时为1，以后为0	SM1.1	结果溢出或非法数值时置1
SM0.2	保持数据丢失时为1	SM1.2	结果为负数时置1
SM0.3	开机上电进行RUN时为1个扫描周期	SM1.3	被0除时置1
SM0.4	时钟脉冲：周期为1min，30s闭合/30s断开	SM1.4	超出表范围时置1
SM0.5	时钟脉冲：周期为1s，0.5s闭合/0.5s断开	SM1.5	空表时置1
SM0.6	时钟脉冲：闭合一个扫描周期，断开一个扫描周期	SM1.6	BCD到二进制转换出错时置1
SM0.7	开关放置在RUN位置时为1	SM1.7	ASCII到十六进制转换出错时置1

三、项目实施

1. I/O 分配

根据项目分析，对输入量、输出量进行分配，如表1-8所示。

微课 1-5-5：
如何实现电动机的循环起停控制

表 1-8 电动机的循环起停控制 I/O 分配表

输入		输出	
输入继电器	元件	输出继电器	元件
I0.0	起动按钮SB1	Q0.0	正转接触器KM1
I0.1	停止按钮SB2	Q0.1	反转接触器KM2
I0.2	热继电器FR		

2. PLC 的 I/O 接线图

根据控制要求及表1-8所示的I/O分配表，可绘制电动机的循环起停止控制PLC的I/O接线图，如图1-77所示。

3. 创建工程项目

创建一个工程项目，并命名为电动机的循环起停控制。

4. 梯形图程序

根据要求，使用起—保—停方式编写的梯形图如图1-78所示。

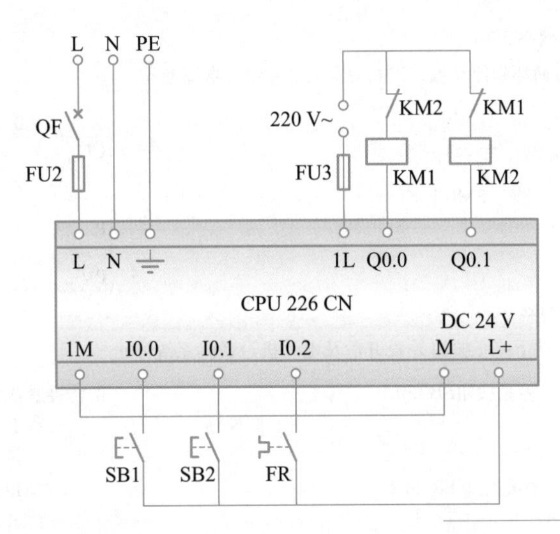

图1-77
电动机的循环起停控制PLC的I/O接线图

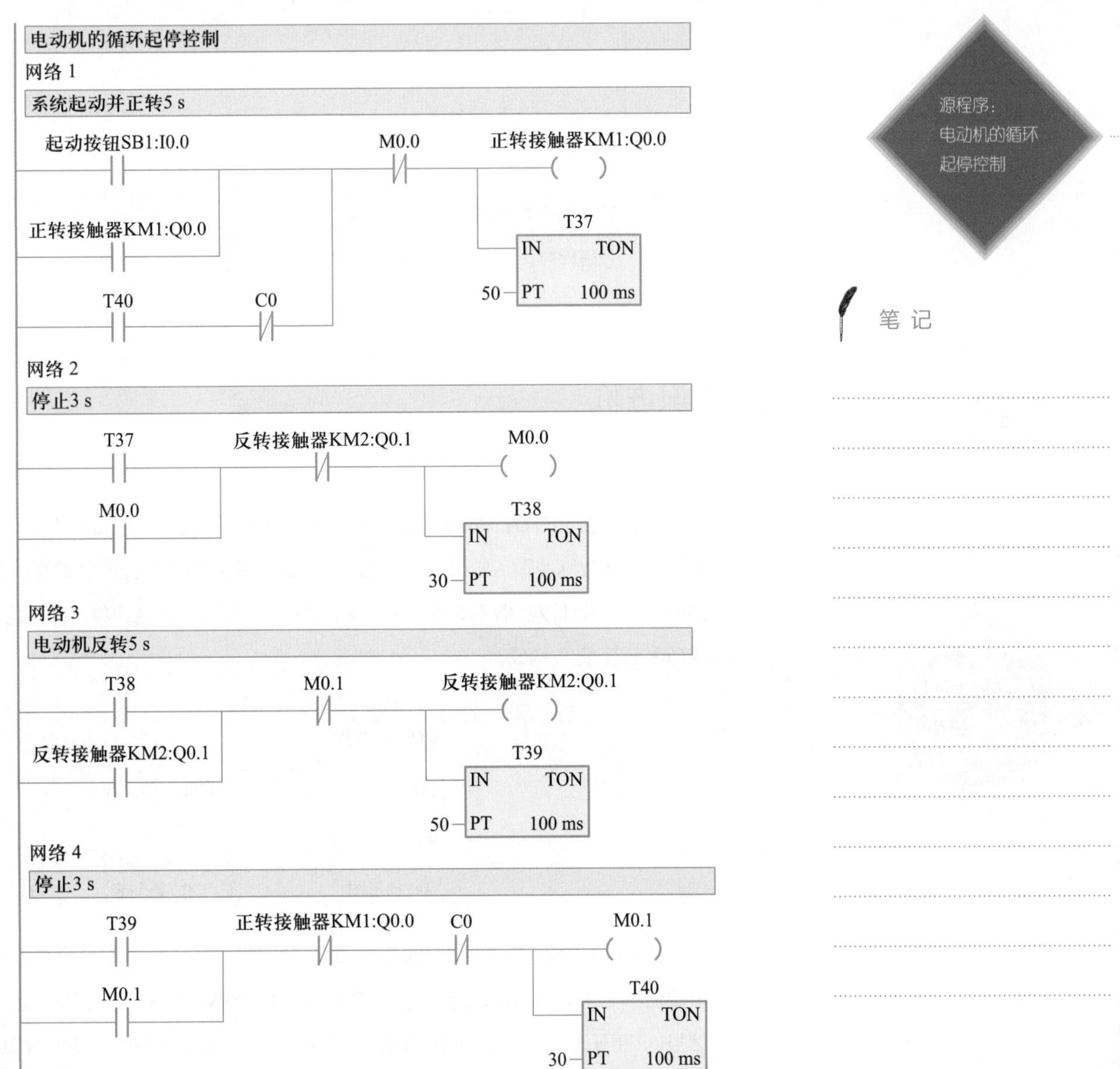

源程序：电动机的循环起停控制

笔 记

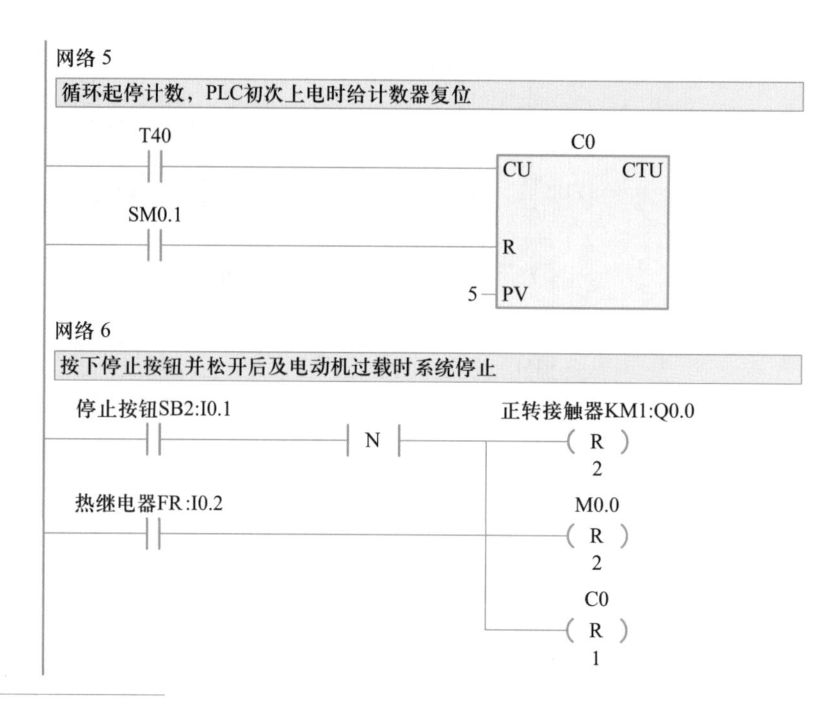

图1-78
电动机的循环起停控制程序

5. 调试程序

（1）下载程序并运行。

（2）分析程序运行的过程和结果，并编写语句表。

四、知识进阶

微课 1-5-6：
减计数器

1. 减计数器指令

减计数器（CTD，Counter Down）指令的梯形图如图1-79（a）所示，由减计数器助记符CTD、计数脉冲输入端CD、装载输入端LD、设定值PV和计数器编号Cn构成，编号范围为0～255。减计数器指令的语句表如图1-79（b）所示，由减计数器操作码CTD、计数器编号Cn和设定值PV构成。

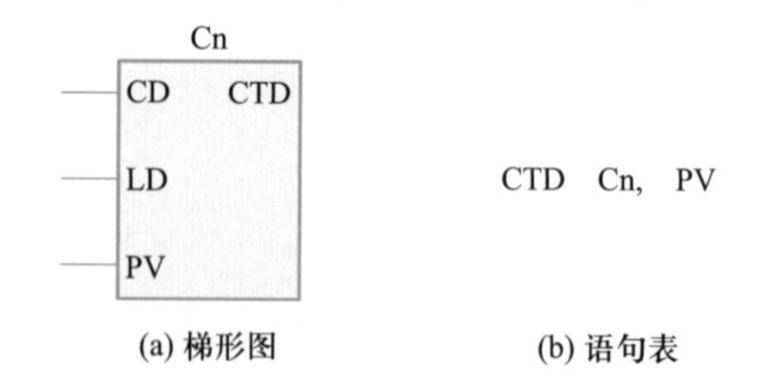

图1-79
减计数器指令

减计数器指令应用如图1-80所示。减计数器的装载输入端信号I0.1接通时，计数器C0的设定值PV被装入计数器的当前值寄存器，此时SV=PV，计数器不工作。当装载输入信号端信号I0.1断开时，计数器C0可以工作。每当一个计数脉冲到来时（即I0.0接通一次），计数器的当前值SV=SV-1。当SV=0时，计数器的位变为ON，线圈Q0.0有信号流流过。若计数脉冲仍然继续，计数器的当前值仍保持0。这种状态一直保持到装载输入端信号I0.1接通，再一次装入PV值之后，计数器的常开触点复位断开，线圈Q0.0没有信号流流过，计数器才能重新开始计数。只有在当前值SV=0时，减计数的常开触点接通，线圈Q0.0有信号流流过。

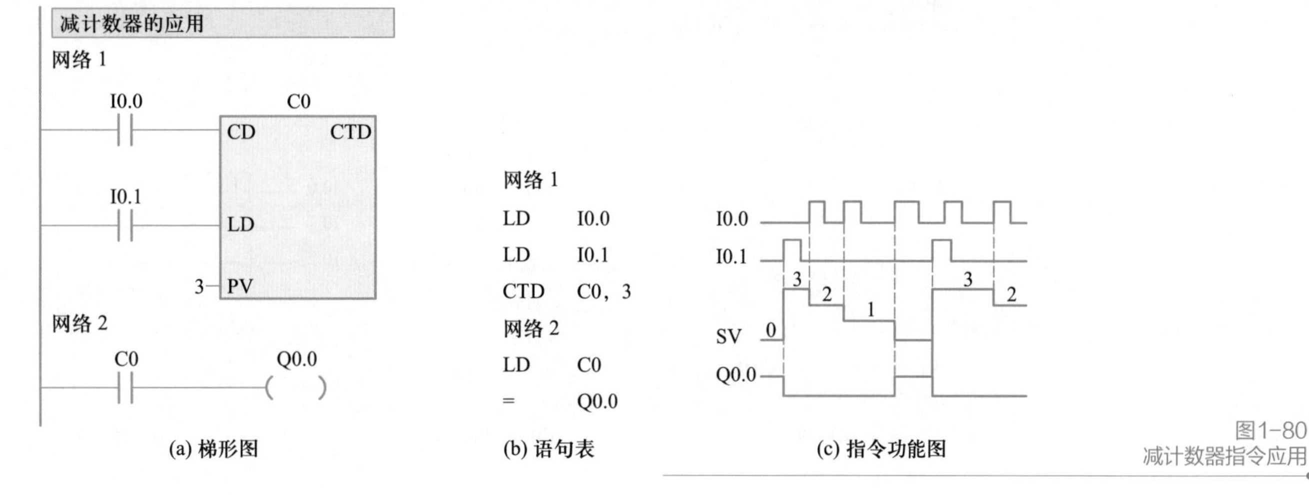

图1-80
减计数器指令应用

2. 增减计数器指令

增减计数器（CTUD，Counter Up/Down）指令的梯形图如图1-81（a）所示，由增减计数器助记符CTUD、增计数脉冲输入端CU、减计数脉冲输入端CD、复位端R、设定值PV和计数器编号Cn构成，编号范围为0～255。增减计数器指令的语句表如图1-81（b）所示，由增减计数器操作码CTUD、计数器编号Cn和设定值PV构成。

微课 1-5-7：
增减计数器

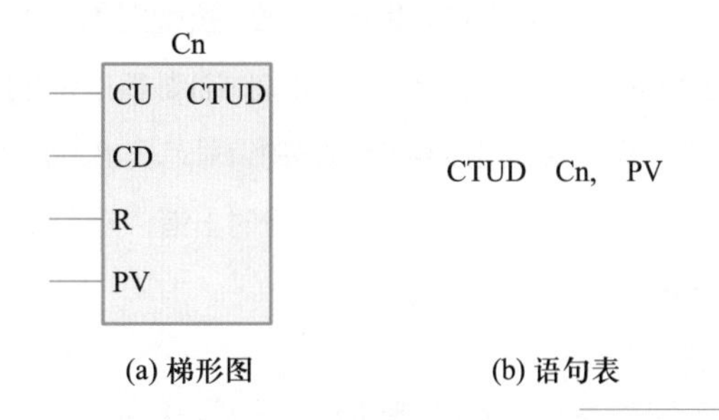

CTUD　Cn,　PV

(b) 语句表

图1-81
增减计数器指令

增减计数器指令应用如图1-82所示。增减计数器的复位信号I0.2接通时，计数器C0的当前值SV=0，计数器不工作。当复位信号断开时，计数器C0可以工作。

虚拟仿真训练
1-5-6：
增减计数器

每当一个增计数脉冲到来时，计数器的当前值SV=SV+1。当SV≥PV时，计数器的常开触点接通，线圈Q0.0有信号流流过。这时若再来增计数器脉冲，计数器的当前值仍不断地累加，直到SV=+32 767（最大值），如果再有增计数脉冲到来，当前值变为-32768，再继续进行加计数。

每当一个减计数脉冲到来时，计数器的当前值SV=SV-1。当SV<PV时，计数器的常开触点复位断开，线圈Q0.0没有信号流流过。这时若再来减计数器脉冲，计数器的当前值仍不断地递减，直到SV=-32 768（最小值），如果再有减计数脉冲到来，当前值变为+32 767，再继续进行减计数。

复位信号I0.2接通时，计数器的SV复位清零，计数器停止工作，其常开触点复位断开，线圈Q0.0没有信号流流过。

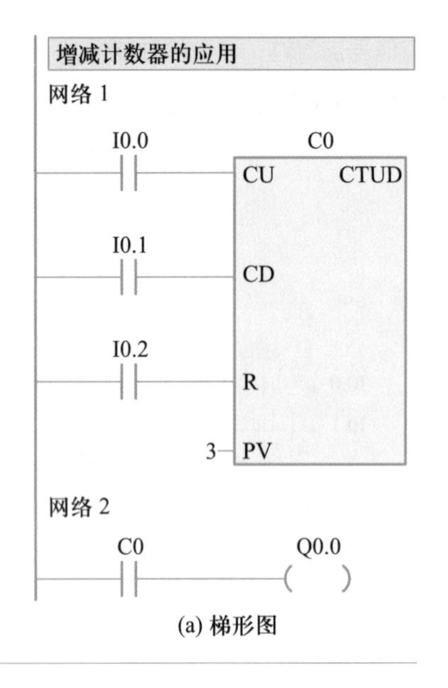

(a) 梯形图

网络 1
LD I0.0
LD I0.1
LD I0.2
CTUD C0，3
网络 2
LD C0
= Q0.0

(b) 语句表

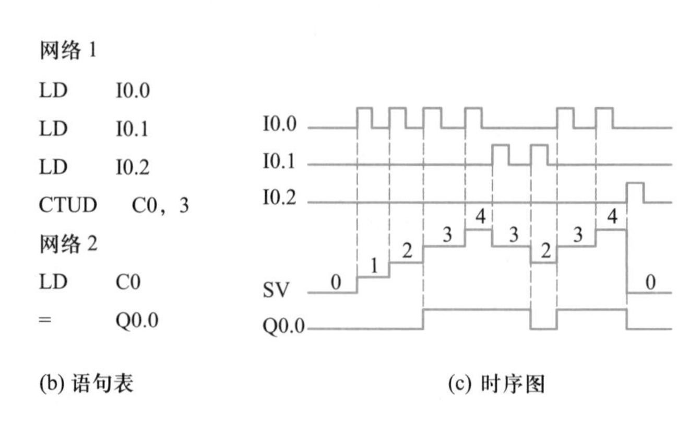

(c) 时序图

图1-82
增减计数器指令应用

笔 记

使用计数器指令的注意：

① 增计数器指令用语句表表示时，要注意计数输入（第一个LD）、复位信号输入（第二个LD）和增计数器指令的先后顺序不能颠倒。

② 减计数器指令用语句表表示时，要注意计数输入（第一个LD）、装载信号输入（第二个LD）和减计数器指令的先后顺序不能颠倒。

③ 增减计数器指令用语句表表示时，要注意增计数输入（第一个LD）、减计数输入（第二个LD）、复位信号输入（第三个LD）和增减计数器指令的先后顺序不能颠倒。

④ 在同一个程序中，虽然3种计数器的编号范围都为0～255，但不同计数器不能使用两个相同的计数器编号，否则会导致程序执行时出错，无法实现控制目的。

⑤ 计数器的输入端为上升沿有效。

3. 立即指令

立即指令允许对输入和输出点进行快速和直接存取。当用立即指令读取输入点的状态时，相应的输入映像寄存器中的值并未发生更新；用立即指令访问输出点时，访问的同时，相应的输出寄存器的内容也被刷新。只有输入继电器I和输出继电器Q可以使用立即指令。

（1）立即触点指令

在每个标准触点指令的后面加“I（Immediate）”即为立即触点指令。该指令执行时，将立即读取物理输入点的值，但是不刷新对应映像寄存器的值。

这类指令包括：LDI、LDNI、AI、ANI、OI、ONI。下面以LDI指令为例说明。

用法：LDI bit

例如：LDI I0.1

（2）=I 立即输出指令

用立即指令访问输出点时，把栈顶值立即复制到指令所指的物理输出点，同时，相应的输出映像寄存器的内容也被刷新。

用法：=I bit

笔 记

例如：=I Q0.0（bit只能为Q类型）

（3）SI 立即置位指令

用立即置位指令访问输出点时，从指令所指出的位（bit）开始的*N*个（最多128个）物理输出点被立即置位，同时，相应的输出映像寄存器的内容也被刷新。

用法：SI bit，*N*

例如：SI Q0.0，2（bit只能为Q类型）

N可以为VB、IB、QB、MB、SMB、LB、SB、AC、*VD、*AC、*LD或常数。

（4）RI 立即复位指令

用立即复位指令访问输出点时，从指令所指出的位（bit）开始的*N*个（最多128个）物理输出点被立即复位，同时，相应的输出映像寄存器的内容也被刷新。

用法：RI bit，*N*

例如：RI Q0.0，2（bit只能为Q类型）

N可以为VB、IB、QB、MB、SMB、LB、SB、AC、*VD、*AC、*LD或常数。

4. 触点取反指令

触点取反（NOT）指令（输出反相），在梯形图中用来改变能流的状态。取反触点左端逻辑运算结果为1时（即有能流），触点断开能流，反之能流可以通过。

用法：NOT （NOT指令无操作数）

五、问题研讨

1. 计数范围扩展

在工业生产中，常需要对加工零件进行计数，若采用S7-200 PLC中的计数器进行计数，只能计32767个零件，远远达不到计数要求，那如何拓展计数范围呢？只需要将多个计数器进行串联即可解决计数器范围拓展问题，即第一个计数器计到某个数（如30 000），再触发第二个计数器，将其当前值加1，当其计数到30 000时，计数范围已扩大到9亿。如若不够可再触发第三个计数器，这样串联使用，可将计数范围拓展到无限大。

知识拓展：
北斗卫星导航系统

2. 计数器的计数频率

普通计数器能对高速连续不断的零件进行计数吗，即它的计数脉冲的频率为多少呢？这与控制系统程序量有关系，即与PLC的扫描周期有关。一般情况下计数脉冲频率在百赫兹以上，建议对高速连续不断的零件计数使用后续内容中所讲的高速计数器，此计数器最高计数脉冲频率可达100kHz。

六、拓展训练

训练1. 用PLC实现组合吊灯三档亮度控制，即第1次按下按钮时只有1盏灯点亮，第2次

按下按钮时有2盏灯点亮，第3次按下按钮时有3盏灯点亮，第4次按下按钮时3盏灯全熄灭。

训练2. 用PLC实现电动机延时起动控制，要求使用计数器和定时器实现按下起动按钮5h后电动机起动并运行。

训练3. 用PLC实现地下车库有无空余车位显示控制，设地下车库共有100个停车位。要求有车辆入库时，空余车位数减1，有车辆出库时，空余车位数加1，当有空余车位时绿灯亮，无空余车位时红灯亮并以秒级闪烁，以提示车库已无空余车位。

模块二
数据处理指令及其应用

在 PLC 控制系统中常涉及数据的运算处理，本模块以抢答器、跑马灯、九秒钟倒计时和交通灯为控制对象，共设有 4 个项目。本模块的主要目标是掌握传送指令、移位指令、运算指令、比较指令、时钟指令、转换指令等数据处理类指令的应用。在问题研讨中拓展数据显示及数码管的驱动方法、实时时钟应用及时间同步解决方法等。

项目一　抢答器控制

演示文稿 2-1：抢答器控制

知识目标

- 掌握数据类型
- 掌握传送指令
- 掌握段译码指令

大国工匠：捞纸大师——周东红

能力目标

- 能使用MOV指令编写应用程序
- 能使用SEG指令编写数字显示的程序
- 能灵活运用七段数码管的三种驱动方法

一、要求与分析

动画 2-1：抢答器控制要求

要求：用PLC实现一个3组优先抢答器的控制，要求在主持人按下开始按钮后，3组抢答按钮按下任意一个按钮后，主持人前面的显示器能实时显示该组的组号，抢答成功组台前的指示灯亮起，同时锁住抢答器，使其他组按下抢答按钮无效。若主持人按下停止按钮，则不能进行抢答，且显示器无显示。其控制要求示意图如图2-1所示。

笔 记

分析：根据上述控制要求可知，输入量有3个抢答按钮，1个主持人开始按钮和1个停止按钮；输出量包括显示器和指示灯。抢答成功指示可通过传送指令传输到显示寄存器中，而抢答成功组号可通过1位七段数码管来显示，简洁明了。七段数码管的每一段都需占用PLC的一个输出端子，而数码管的显示可以用PLC中的段译码指令进行驱动。在进行抢答过程中，各抢答组之间应采用互锁，以保证某一组抢答成功时，其他组抢答无效。

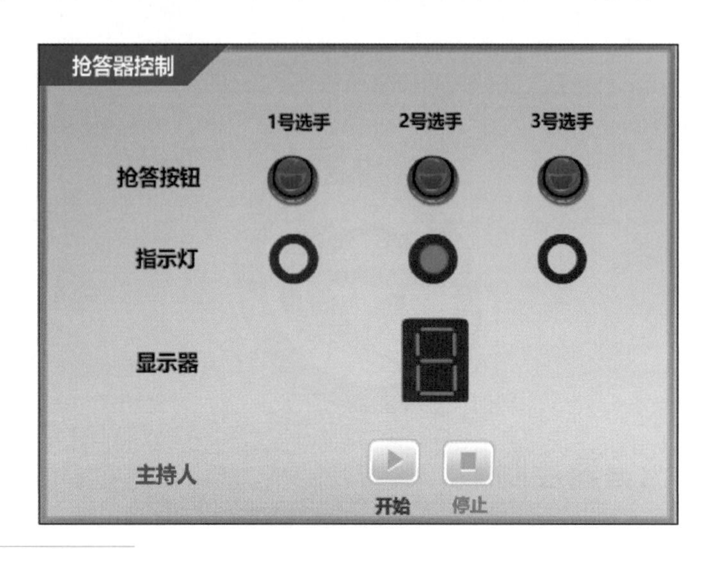

图 2-1
抢答器控制要求示意图

二、知识学习

1. S7-200 PLC 的基本数据类型

微课 2-1-1：
存储器的数据类型

在S7-200 PLC 的编程语言中，大多数指令要同具有一定大小的数据对象一起进行操作。不同的数据对象具有不同的数据类型，不同的数据类型具有不同的数制和格式选择。程序中所用的数据可指定一种数据类型。在指定数据类型时，要确定数据大小和数据位结构。

S7-200 PLC 的数据类型有字符串、布尔型（0或1）、整型和实型（浮点数）等。任何类型的数据都是以一定格式采用二进制的形式保存在存储器内。一位二进制数称为1位（bit），包括“0”或“1”两种状态，表示处理数据的最小单位。可以用一位二进制数的两种不同取值（“0”或“1”）来表示开关量的两种不同状态。对应于PLC中的编程元件，如果该位为“1”，则表示梯形图中对应编程元件的线圈有信号流流过，其常开触点接通，常闭触点断开。如果该位为“0”，则表示梯形图中对应编程元件的线圈没有信号流流过，其常开触点断开，常闭触点接通。

虚拟仿真训练
2-1-1：
存储器的数据类型

数据从数据长度上可分为位、字节、字或双字等。8位二进制数组成1个字节（Byte），其中第0位为最低位（LSB），第7位为最高位（MSB）。两个字节组成1个字（Word），两个字组成1个双字（Double Word）。一般用二进制补码形式表示有符号数，其最高位为符号位。最高位为0时表示正数，为1时表示负数，最大的16位正数为16#7FFF，16#表示十六进制数。

S7-200 PLC 的基本数据类型及范围如表2-1所示。

表 2-1　S7-200 PLC 的基本数据类型及范围

基本数据类型	位数	范围
布尔型 (Bool)	1	0或1
字节型 (Byte)	8	0 ~ 255
字型 (Word)	16	0 ~ 65535
双字型 (Dword)	32	0 ~ （2^{32}−1）
整型 (Int)	16	−32768 ~ +32767
双整型 (Dint)	32	−2^{31} ~ （2^{31}−1）
实数型 (Real)	32	IEEE浮点数

微课 2-1-2：
数据传送指令

2. 数据传送指令

（1）数据传送指令的梯形图及语句表

数据传送指令包括字节、字、双字和实数传送指令，其梯形图及语句表如表2-2所示。

虚拟仿真训练
2-1-2：
数据传送指令

表 2-2　数据传送指令的梯形图及语句表

梯形图	语句表	指令名称
MOV_B EN ENO IN OUT	MOVB IN, OUT	字节传送指令
MOV_W EN ENO IN OUT	MOVW IN, OUT	字传送指令
MOV_DW EN ENO IN OUT	MOVD IN, OUT	双字传送指令
MOV_R EN ENO IN OUT	MOVR IN, OUT	实数传送指令

笔 记

字节传送（MOVB）、字传送（MOVW）、双字传送（MOVD）和实数传送（MOVR）指令在不改变原值的情况下，将IN中的值传送到OUT中。

其中字传送指令的应用如图2-2所示，当常开触点I0.0接通时，有信号流流入MOVW指令的使用输入端EN，字传送指令将十六进制数C0F2，不经过任何改变传送到输出过程映像寄存器QW0中。

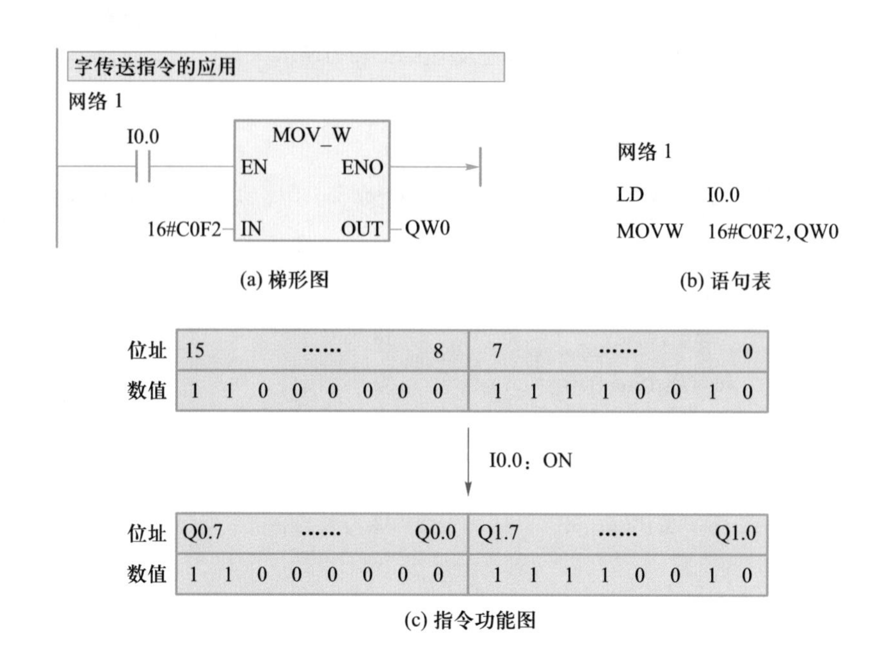

图 2-2
字传送指令的应用

（2）数据传送指令的操作数范围

数据传送指令的操作数范围如表2-3所示。

表 2-3 数据传送指令的操作数范围

指令	输入或输出	操作数
字节传送指令	IN	IB、QB、VB、MB、SMB、SB、LB、AC、*VD、*LD、*AC、常数
	OUT	IB、QB、VB、MB、SMB、SB、LB、AC、*VD、*LD、*AC
字传送指令	IN	IW、QW、VW、MW、SMW、SW、T、C、LW、AC、AIW、*VD、*AC、*LD、常数
	OUT	IW、QW、VW、MW、SMW、SW、T、C、LW、AC、AQW、*VD、*AC、*LD
双字传送指令	IN	ID、QD、VD、MD、SMD、SD、LD、HC、&IB、&QB、&VB、&MB、&SMB、&SB、&T、&C、&AIW、&AQW、AC、*VD、*AC、*LD、常数
	OUT	ID、QD、SD、MD、SMD、VD、LD、AC、*VD、*LD、*AC
实数传送指令	IN	ID、QD、SD、MD、SMD、VD、LD、AC、*VD、*LD、*AC、常数
	OUT	ID、QD、SD、MD、SMD、VD、LD、AC、*VD、*LD、*AC

微课 2-1-3：
段译码指令

3. 段译码指令

虚拟仿真训练
2-1-3：
段译码指令

段（Segment）译码指令SEG将输入字节（IN）的低4位确定的十六进制数（16#0～16#F）转换，生成点亮七段数码管各段的代码，并送到输出字节（OUT）指定的变量中。七段数码管上的a～g段分别对应于输出字节的最低位（第0位）～第6位，某段应点亮时输出字节中对应的位为1，反之为0。段译码指令的梯形图和语句表如表2-4所示，七段译码转换如表2-5所示。

笔 记

表 2-4　段译码指令的梯形图和语句表

梯形图	语句表	指令名称
SEG EN　ENO IN　OUT	SEG IN, OUT	段译码指令

表 2-5　七段译码转换表

输入的数据		七段码组成	输出的数据							七段码显示
十六进制	二进制		a	b	c	d	e	f	g	
16#00	2#0000 0000	a f　b g e　c d	1	1	1	1	1	1	0	0
16#01	2#0000 0001		0	1	1	0	0	0	0	1
16#02	2#0000 0010		1	1	0	1	1	0	1	2
16#03	2#0000 0011		1	1	1	1	0	0	1	3
16#04	2#0000 0100		0	1	1	0	0	1	1	4
16#05	2#0000 0101		1	0	1	1	0	1	1	5
16#06	2#0000 0110		1	0	1	1	1	1	1	6
16#07	2#0000 0111		1	1	1	0	0	0	0	7
16#08	2#0000 1000		1	1	1	1	1	1	1	8
16#09	2#0000 1001		1	1	1	0	0	1	1	9
16#0A	2#0000 1010		1	1	1	0	1	1	1	A
16#0B	2#0000 1011		0	0	1	1	1	1	1	b
16#0C	2#0000 1100		1	0	0	1	1	1	0	C
16#0D	2#0000 1101		0	1	1	1	1	0	1	d
16#0E	2#0000 1110		1	0	0	1	1	1	1	E
16#0F	2#0000 1111		1	0	0	0	1	1	1	F

段译码指令的应用如图2-3所示。

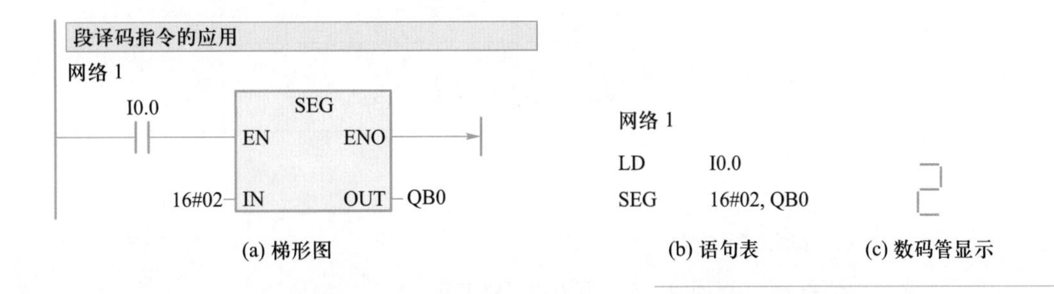

(a) 梯形图　(b) 语句表　(c) 数码管显示

图 2-3
段译码指令的应用

三、项目实施

微课 2-1-4：
如何实现抢答器
PLC 控制

笔 记

1. I/O 分配

根据项目分析，对输入量、输出量进行分配，如表2-6所示。

表 2-6 抢答器控制 I/O 分配表

输入		输出	
输入继电器	元件	输出继电器	元件
I0.0	开始按钮SB1	Q0.0	数码管a段
I0.1	停止按钮SB2	Q0.1	数码管b段
I0.2	第一组抢答按钮SB3	Q0.2	数码管c段
I0.3	第二组抢答按钮SB4	Q0.3	数码管d段
I0.4	第三组抢答按钮SB5	Q0.4	数码管e段
		Q0.5	数码管f段
		Q0.6	数码管g段
		Q1.1	第一组抢答指示HL1
		Q1.2	第二组抢答指示HL2
		Q1.3	第三组抢答指示HL3

2. PLC 的 I/O 接线图

根据控制要求及表2-6所示的I/O分配表，可绘制抢答器控制PLC的I/O接线图，如图2-4所示。

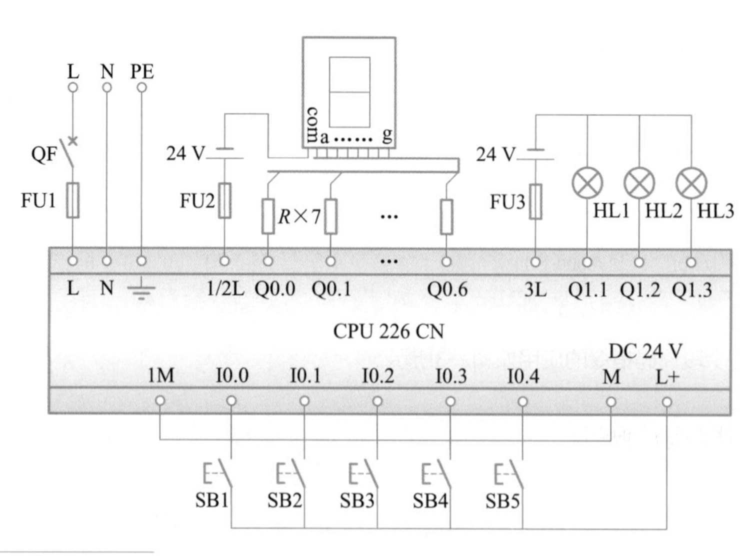

图 2-4
抢答器控制 PLC 的 I/O 接线图

3. 创建工程项目

创建一个工程项目，并命名为抢答器控制。

4. 梯形图程序

根据要求，并使用段译码指令编写的梯形图如图2-5所示。

5. 调试程序

（1）下载程序并运行。

（2）分析程序运行的过程和结果，并编写语句表。

源程序：应用传送指令和段译码指令实现三组抢答

笔 记

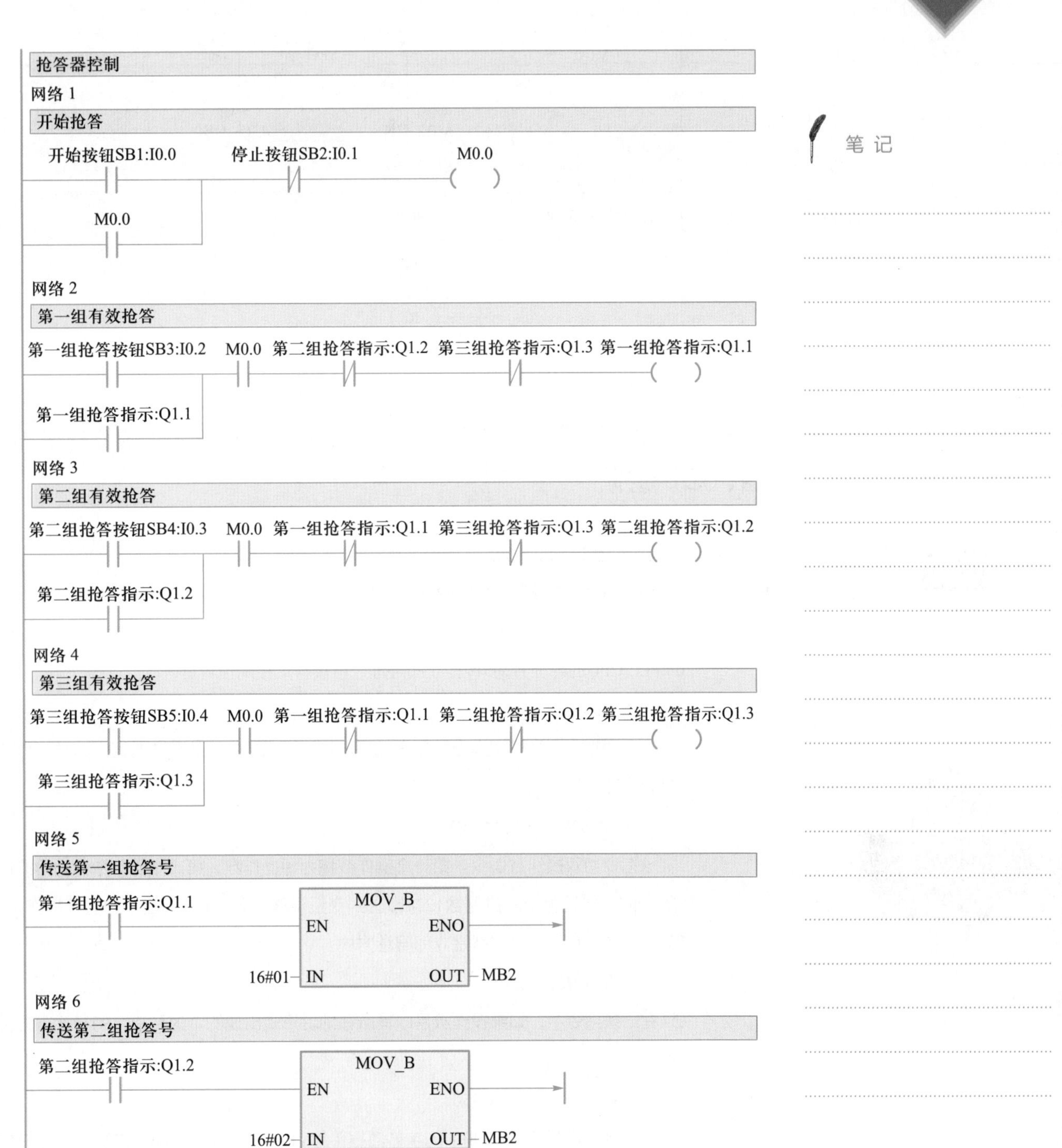

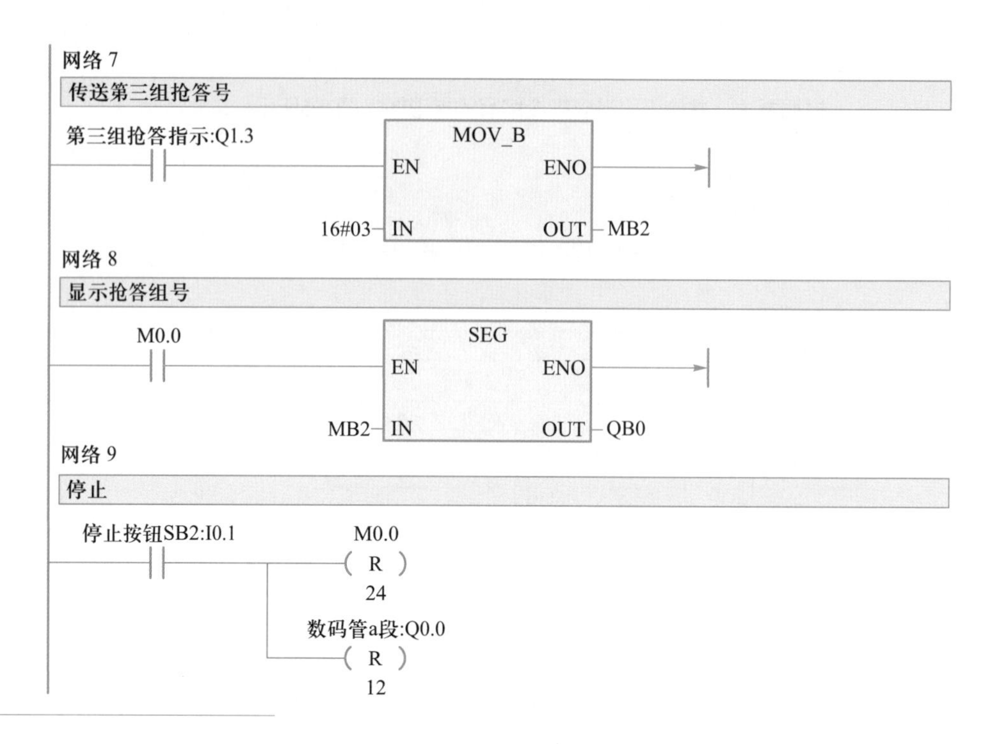

图 2-5
抢答器控制程序

四、知识进阶

微课 2-1-5：
存储器的存取方式

虚拟仿真训练
2-1-4：
存储器的存取
方式

1. PLC 寻址方式

S7-200 PLC 每条指令由两部分组成：一部分为操作码，另一部分为操作数。操作码指出指令的功能，操作数则指明操作码操作的对象。所谓寻址，就是寻找操作数的过程。S7-200 PLC CPU的寻址分为3种：立即寻址、直接寻址和间接寻址。

（1）立即寻址

在一条指令中，如果操作数本身就是操作码所需要处理的具体数据，这种操作的寻址方式就是立即寻址。

如：MOVW 16#1234，VW10

该指令为双操作数指令，第一个操作数称为源操作数，第二个操作数称为目的操作数。该指令的功能是将十六进制数1234传送到变量存储器VW10中，指令中的源操作数16#1234即为立即数，其寻址方式就是立即寻址方式。

（2）直接寻址

在一条指令中，如果操作数是以其所在地址形式出现的，这种指令的寻址方式就叫做直接寻址。

如：MOVB VB40，VB50

该指令的功能是将VB40中的字节数据传给VB50，指令中的源操作数的数值在指令中并未给出，只给出了存储操作数的地址VB40，寻址时要到该地址中寻找操作数，这种以给出操作数地址形式的寻址方式是直接寻址。

① 位寻址方式

位存储单元的地址由字节地址和位地址组成，如I1.2，其中区域标识符“I”表示输入，字节地址为1，位地址为2，如图2-6所示。这种存取方式也称为“字节.位”寻址方式。

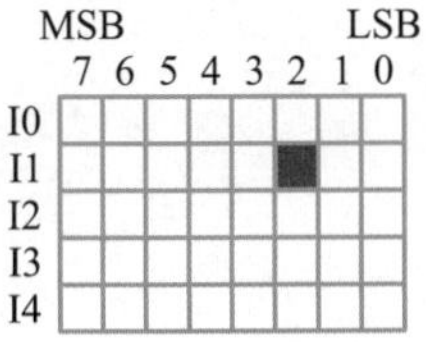

图2-6
位数据的存放

② 字节、字和双字寻址方式

对字节、字和双字数据，直接寻址时需指明区域标识符、数据类型和存储区域内的首字节地址。例如，输入字节VB10，B表示字节（B是Byte的缩写），10为起始字节地址。相邻的两个字节组成一个字。VW10表示由VB10和VB11组成的1个字，VW10中的V为变量存储区域标识符，W表示字（W是Word的缩写），10为起始字的地址。VD10表示由VB10～VB13组成的双字，V为变量存储区域助记符，D表示存取双字（D是Double Word的缩写），10为起始字节的地址。同一地址的字节、字和双字存取操作的比较如图2-7所示。

可以用直接方式进行寻址的存储区包括：输入映像存储器I、输出映像存储器Q、变量存储器V、位存储器M、定时器T、计数器C、高速计数器HC、累加器AC、特殊存储器SM、局部存储器L、模拟量输入映像寄存器AI、模拟量输出映像寄存器AQ、顺序控制继电器S。

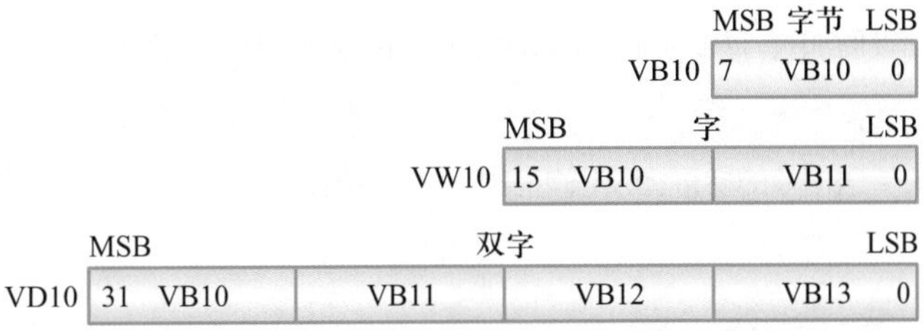

图 2-7
对同一地址进行字节、字和双字存取操作的比较

（3）间接寻址

在一条指令中，如果操作数是以操作数所在地址的地址形式出现的，这种指令的寻址方式就是间接寻址。操作数地址的地址也称为地址指针。地址指针前加“*”。

如：MOVW 2010, *VD20

该指令中，*VD20就是地址指针，在VD20中存放的是一个地址值，而该地址值是源操作数2010存储的地址。如VD20中存入的是VW0，则该指令的功能是将十进制数2010传送到VW0地址中。

可以用间接方式进行寻址的存储区包括：输入映像寄存器I、输出映像寄存器Q、变量存储器V、位存储器M、顺序控制继电器S、定时器T、计数器C，其中T和C仅仅是对于当前值进行间接寻址，而对独立的位值和模拟量值是不能进行间接寻址的。

使用间接寻址对某个存储器单元读、写时，首先要建立地址指针。指针为双字长，用来存入另一个存储器的地址，只能用V、L或累加器AC做指针。建立指针必须用双字传送指令（MOVD）将需要间接寻址的存储器地址送到指针中，例如：MOVD &VB200，AC1。指针也可以为子程序传递参数。&VB200表示VB200的地址，而不是VB200中的值。

① 用指针存取数据

笔 记

用指针存取数据时，操作数前加“*”号，表示该操作数为一个指针。图2-8中的*AC1表示AC1是一个指针，AC1是AC1所指的地址中的数据。此例中，存于VB200和VB201的数据被传送到累加器AC0的低16位。

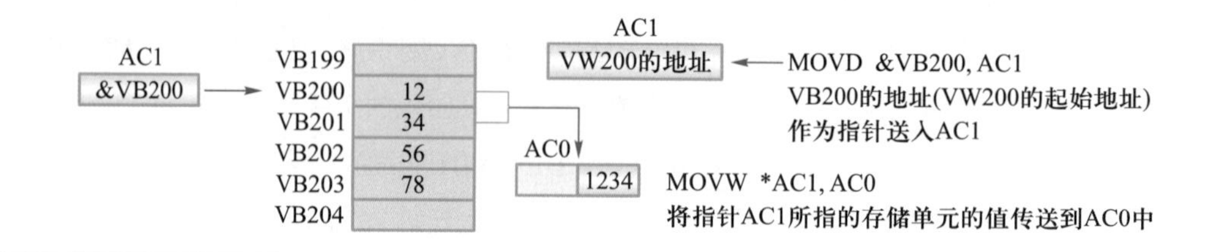

图 2-8
使用指针的间接寻址

笔 记

② 修改指针

在间接寻址方式中，指针指示了当前存取数据的地址。连续存取指针所指的数据时，当一个数据已经存入或取出，如果不及时修改指针会出现以后的存取仍使用已用过的地址，为了使存取地址不重复，必须修改指针。因为指针是32位的数据，应使用双字指令来修改指针值，例如双字加法或双字加1指令。修改时记住需要调整的存储器地址的字节数：存取字节时，指针值加1；存取字时，指针值加2；存取双字时，指针值加4。

2. 块传送指令

块传送指令的梯形图及语句表如表2-7所示。

微课 2-1-6：
块传送指令

虚拟仿真训练
2-1-5：
块传送指令

表 2-7　块传送指令的梯形图及语句表

梯形图	语句表	指令名称
BLKMOV_B EN ENO IN OUT N	BMB IN, OUT, N	字节块传送指令
BLKMOV_W EN ENO IN OUT N	BMW IN, OUT, N	字块传送指令
BLKMOV_D EN ENO IN OUT N	BMD IN, OUT, N	双字块传送指令

字节块传送指令、字块传送指令和双字块传送指令传送指定数量的数据到一个新的存储区，IN为数据的起始地址，数据的长度为N个字节、字或双字，OUT为新存储区的起始地址。

块传送指令的操作数范围如表2-8所示。

笔 记

表 2-8　块传送指令的操作数范围

指令	输入或输出	操作数
字节块传送指令	IN	IB、QB、VB、MB、SMB、SB、LB、AC、*VD、*LD、*AC
	OUT	
	N	IB、QB、VB、MB、SMB、SB、LB、AC、*VD、*LD、*AC、常数
字块传送指令	IN	IW、QW、VW、MW、SMW、SW、LW、AIW、AQW、AC、HC、T、C、*VD、*LD、*AC
	OUT	
	N	IB、QB、VB、MB、SMB、SB、LB、AC、*VD、*LD、*AC、常数
双字块传送指令	IN	ID、QD、VD、MD、SMD、SD、LD、AC、*VD、*LD、*AC
	OUT	
	N	IB、QB、VB、MB、SMB、SB、LB、AC、*VD、*LD、*AC、常数

五、问题研讨

不是所有PLC都有段译码指令，那又该如何驱动数码管呢？这时可以采用按字符方式或按段方式来驱动数码管来显示相应数字。

1. 字符驱动数码管显示

数码管的字符驱动顾名思义就是需要显示什么数字，就点亮数码管对应的段，以二进制数的形式用MOV指令直接传送给输出端即可。如I0.3接通时显示数字3，则数码管的a、b、c、d和g段被点亮，它所对应的二进制数为2#01001111；如I1.1接通时显示数字9，则数码管的a、b、c、f和g段被点亮，它所对应的二进制数为2#01100111，程序如图2-9所示。

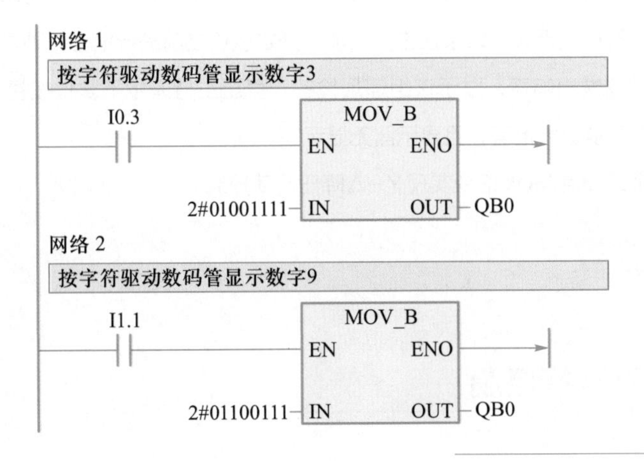

图 2-9
字符驱动数码管显示程序

2. 段驱动数码管显示

按段驱动数码管就是待显示的数字需要点亮数码管的哪几段，就直接以点动的形式驱动相应的数码管所连接的PLC输出端，如M0.2接通时显示2，即需要点亮数码管的a、b、d、e和g段，即需驱动Q0.0、Q0.1、Q0.3、Q0.4和Q0.6（假如数码管连接在QB0端口）；如M0.5

接通时显示5，即需要点亮数码管的a、c、d、f和g段，即需驱动Q0.0、Q0.2、Q0.3、Q0.5和Q0.6（假如数码管连接在QB0端口），程序如图2-10所示。

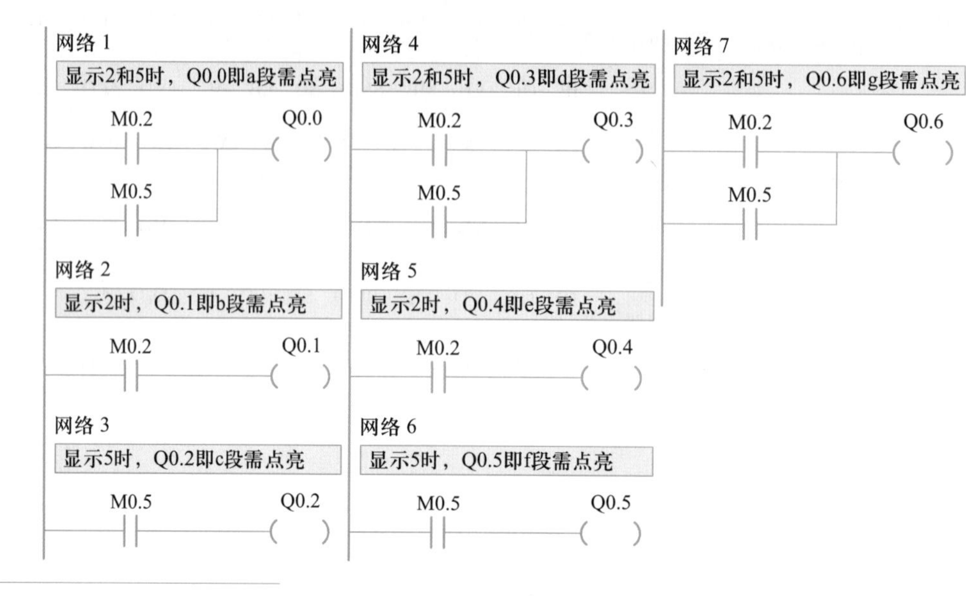

图 2-10
段驱动数码管显示程序

源程序：
拓展训练 2-1

六、拓展训练

训练1. 用字符驱动或段驱动实现本项目的控制要求。

训练2. 用PLC实现一个四组优先抢答器的控制，要求在主持人按下开始按钮后，四组抢答按钮按下任意一个按钮后，显示器能及时显示该组的组号，同时锁住抢答器，使其他组按下抢答按钮无效。如果在主持人按下开始按钮之前进行抢答，则显示器显示该组组号，同时蜂鸣器发出响声，以示该组违规抢答，直至主持人按下复位按钮。如主持人按下停止按钮，则不能进行抢答，且显示器无显示。

训练3. 用MOV指令实现Y－△降压起动控制。

项目二　跑马灯控制

演示文稿 2-2：
跑马灯控制

知识目标

- 掌握移位指令
- 掌握循环移位指令

能力目标

- 能使用移位指令编写应用程序
- 能使用循环移位指令编写应用程序

一、要求与分析

动画 2-2：跑马灯控制要求

要求：用PLC实现一个8盏灯的跑马灯控制，要求按下起动按钮后，第1盏灯亮，1秒后第2盏灯亮，再过1秒后第3盏灯亮，直到第8盏灯亮；再过1秒后，第1盏灯再次亮起，如此循环。无论何时按下停止按钮，8盏灯全部熄灭。其控制要求示意图如图2-11所示。

笔 记

分析：根据上述控制要求可知，输入量有1个开始按钮和1个停止按钮；输出量为8盏灯。可用上一个项目所学方法，即用MOV传送指令再配合定时器实现跑马灯的控制，这样如果有多盏灯进行跑马灯形式点亮，势必增加程序的网络数目，同时程序显得单调。如果使用移位指令或循环移位指令配合定时器或特殊位寄存器实现便使得编程量大大缩短，并能提高程序的可读性和可拓展性。

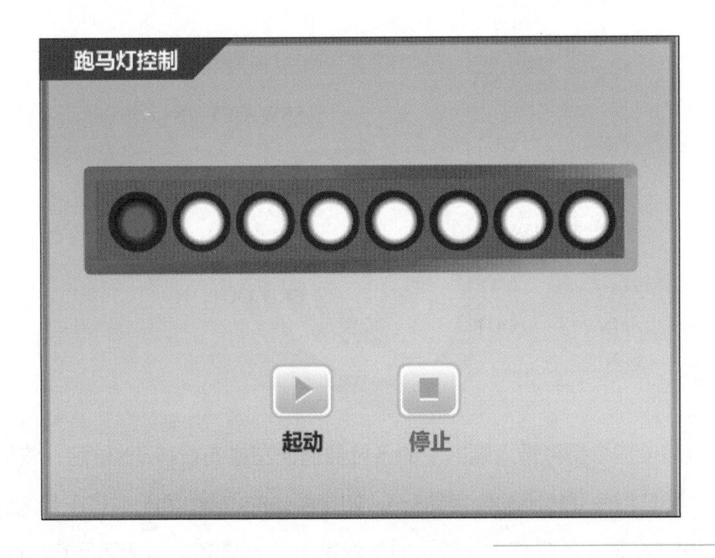

图 2-11 跑马灯控制要求示意图

二、知识学习

微课 2-2-1：移位指令

1. 移位指令

移位指令包括左移位（SHL, Shift Left）和右移位（SHR, Shift Right）指令，其梯形图及语句表如表2-9所示。

虚拟仿真训练 2-2-1：移位指令

笔 记

表 2-9 移位指令的梯形图及语句表

梯形图	语句表	指令名称
SHL_B EN ENO IN OUT N	SLB OUT，N	字节左移位指令
SHL_W EN ENO IN OUT N	SLW OUT，N	字左移位指令
SHL_DW EN ENO IN OUT N	SLD OUT，N	双字左移位指令
SHR_B EN ENO IN OUT N	SRB OUT，N	字节右移位指令
SHR_W EN ENO IN OUT N	SRW OUT，N	字右移位指令
SHR_DW EN ENO IN OUT N	SRD OUT，N	双字右移位指令

微课 2-2-2：循环移位指令

移位指令是将输入端IN中的各位数值向左或向右移动N位后，将结果送入输出端OUT中。移位指令对移出的位自动补0，如果移动的位数N大于或等于最大允许值（对于字节操作为8位，对于字操作为16位，对于双字操作为32位），实际移动的位数为最大允许值。如果移位次数大于0，则溢出标志位（SM1.1）中就是最后一次移出位的值；如果移位操作的结果为0，则零标志位（SM1.0）被置为1。

另外，字节操作是无符号的。对于字和双字操作，当使用符号数据类型时，符号位也被移位。

虚拟仿真训练 2-2-2：循环移位指令

2. 循环移位指令

循环移位指令包括循环左移位（ROL，Rotate Left）和循环右移位（ROR，Rotate Right）指令，其梯形图及语句表如表2-10所示。

笔 记

表 2-10 循环移位指令的梯形图及语句表

梯形图	语句表	指令名称
ROL_B EN ENO IN OUT N	RLB OUT，N	字节循环左移位指令
ROL_W EN ENO IN OUT N	RLW OUT，N	字循环左移位指令
ROL_DW EN ENO IN OUT N	RLD OUT，N	双字循环左移位指令
ROR_B EN ENO IN OUT N	RRB OUT，N	字节循环右移位指令
ROR_W EN ENO IN OUT N	RRW OUT，N	字循环右移位指令
ROR_DW EN ENO IN OUT N	RRD OUT，N	双字循环右移位指令

循环移位指令将输入端IN中的各位数向左或向右循环移动N位后，将结果送入输出端OUT中。循环移位是环形的，即被移出来的位将返回到另一端空出来的位置。如果移动的位数N大于或等于最大允许值（对于字节操作为8位，对于字操作为16位，对于双字操作为32位），执行循环移位之前先对N进行取模操作（例如对于字移位，将N除以16后取余数），从而得到一个有效的移位位数。移位位数的取模操作结果，对于字节操作是0～7，对于字操作为0～15，对于双字操作为0～31。如果取模操作的结果为0，不进行循环移位操作。

循环移位指令被执行时，移出的最后一位的数值会被复制到溢出标志位（SM1.1）中。实际移位次数为0时，零标志位（SM1.0）被置为1。

另外，字节操作是无符号的，对于字和双字操作，当使用有符号数据类型时，符号位也被移位。

移位和循环移位指令的应用如图2-12所示，当I0.0接通程序只执行一次时，将累加器

笔 记

AC0中的数据0100 0010 0001 1000向左移动2位变成0000 1000 0110 0000，同时将变量存在器VW100中的数据1101 1100 0011 0100向右循环移动3位变为1001 1011 1000 0110。

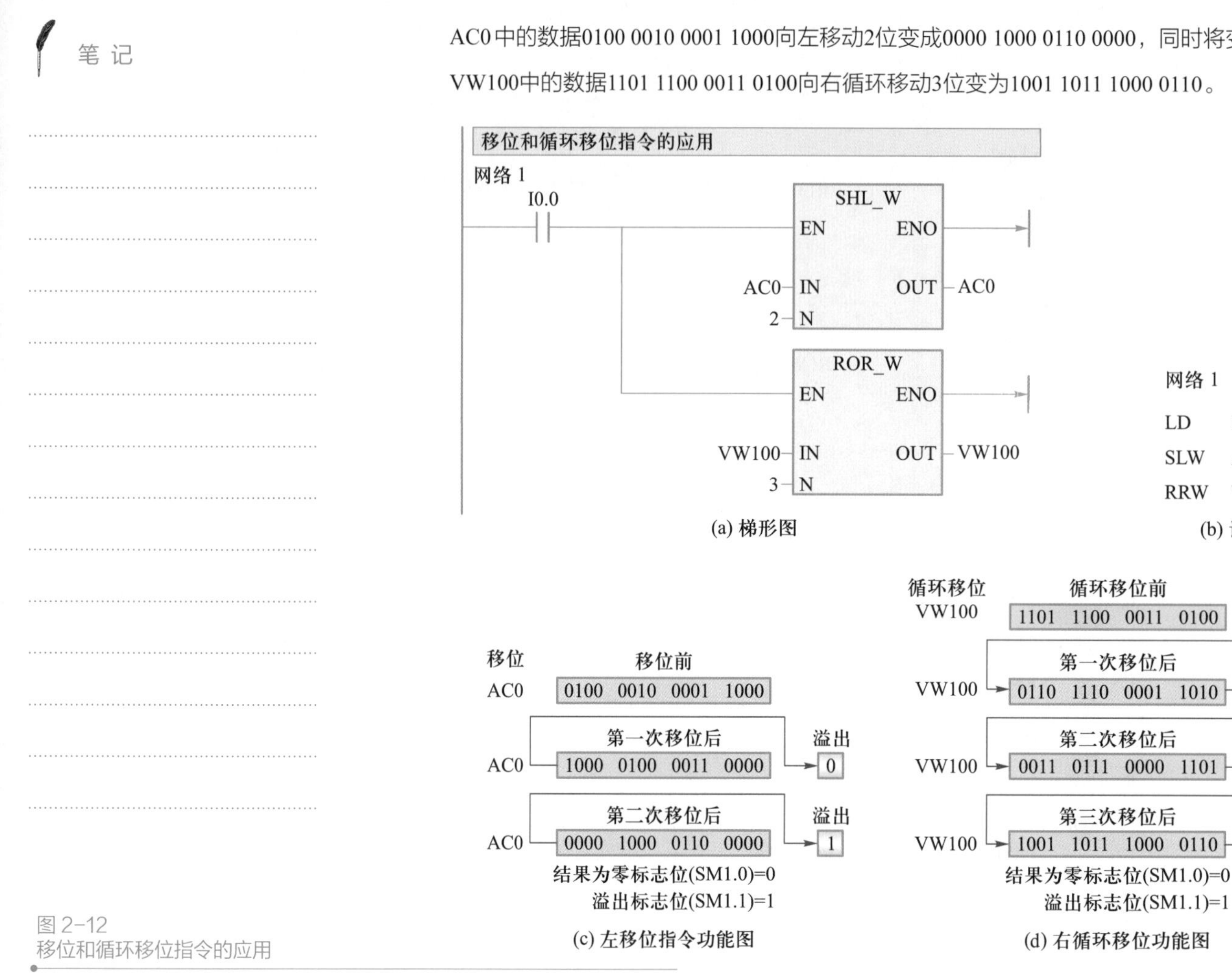

图 2-12
移位和循环移位指令的应用

移位和循环移位指令的操作数范围如表2-11所示。

表 2-11　移位和循环移位指令的操作数范围

指令	输入或输出	操作数
字节左或右移位指令 字节循环左或右移位指令	IN	IB、QB、VB、MB、SMB、SB、LB、AC、*VD、*LD、*AC、常数
	OUT	IB、QB、VB、MB、SMB、SB、LB、AC、*VD、*LD、*AC
	N	IB、QB、VB、MB、SMB、SB、LB、AC、*VD、*LD、*AC、常数
字左或右移位指令 字循环左或右移位指令	IN	IW、QW、VW、MW、SMW、SW、T、C、LW、AC、AIW、*VD、*AC、*LD、常数
	OUT	IW、QW、VW、MW、SMW、SW、T、C、LW、AC、*VD、*AC、*LD
	N	IB、QB、VB、MB、SMB、SB、LB、AC、*VD、*LD、*AC、常数

续表

指令	输入或输出	操作数
双字左或右移位指令 双字循环左或右移位指令	IN	ID、QD、VD、MD、SMD、SD、LD、AC、HC、*VD、*AC、*LD、常数
	OUT	ID、QD、VD、MD、SMD、SD、LD、AC、HC、*VD、*AC、*LD
	N	IB、QB、VB、MB、SMB、SB、LB、AC、*VD、*LD、*AC、常数

三、项目实施

微课 2-2-3：
如何实现跑马灯的
PLC 控制

1. I/O 分配

根据项目分析，对输入、输出进行分配，如表2-12所示。

表 2-12　跑马灯控制 I/O 分配表

输入		输出	
输入继电器	元件	输出继电器	元件
I0.0	起动按钮SB1	Q0.0	第1盏灯
I0.1	停止按钮SB2	Q0.1	第2盏灯
		Q0.2	第3盏灯
		Q0.3	第4盏灯
		Q0.4	第5盏灯
		Q0.5	第6盏灯
		Q0.6	第7盏灯
		Q0.7	第8盏灯

笔 记

2. PLC 的 I/O 接线图

根据控制要求及表2-12所示的I/O分配表，可绘制跑马灯控制PLC的I/O接线图，如图2-13所示。

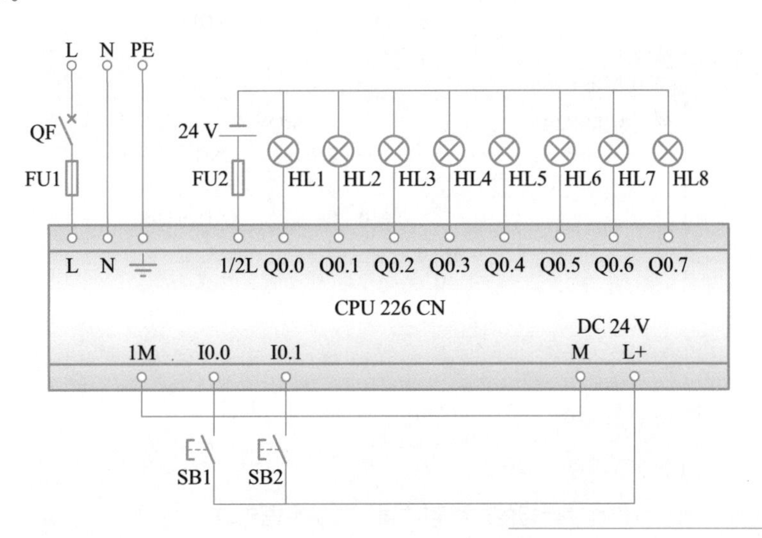

图 2-13
跑马灯控制 PLC 的 I/O 接线图

源程序：应用移位指令实现跑马灯

笔 记

3. 创建工程项目

创建一个工程项目，并命名为跑马灯控制。

4. 梯形图程序

根据要求，并使用移位指令编写的梯形图如图2-14所示。

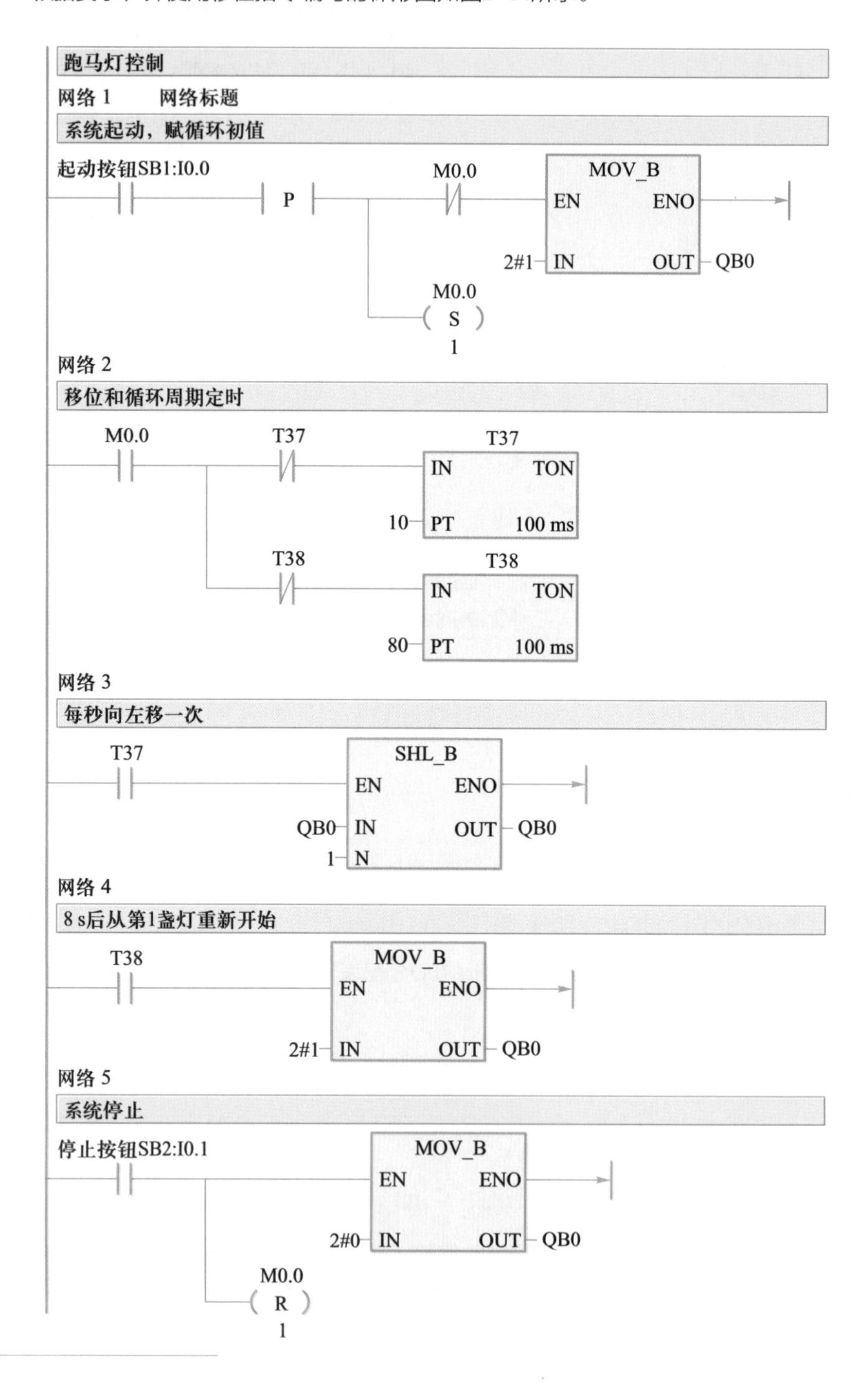

图 2-14
跑马灯控制程序梯形图

5. 调试程序

（1）下载程序并运行。

（2）分析程序运行的过程和结果，并编写语句表。

四、知识进阶

移位寄存器指令

移位寄存器（SHRB，Shift Register Bit）指令在顺序控制或步进控制中应用还比较方便，其梯形图和语句表如图2-15所示。

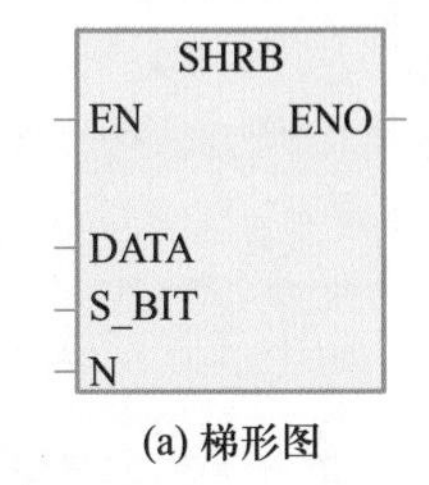

(a) 梯形图

SHRB　DATA,　S_BIT,　N

(b) 语句表

图 2-15
移位寄存器指令梯形图

在梯形图中，有三个数据输入端：DATA——移位寄存器的数据输入端；S_BIT——组成移位寄存器的最低位；N——移位寄存器的长度。

移位寄存器的数据类型有字节型、字型、双字型之分，移位寄存器的长度N≤64，由程序指定。

移位寄存器的组成：

最低位为S_BIT；

最高位的计算方法为：MSB=（|N|-1+（S_BIT的位号））/8；

最高位的字节号：MSB的商+ S_BIT的字节号；

最高位的位号：MSB的余数。

例如：S_BIT=V33.4，N=14，则MSB=（14-1+4）/8=17/8=2…1

最高位的字节号：33+2=35，最高位的位号：1，最高位为：V35.1。

移位寄存器的组成：V33.4～V33.7，V34.0～V34.7，V35.0～V35.1，共14位。

N＞0时，为正向移位，即从最低位向最高位移位；N＜0时，为反向移位，即从最高位向最低位移位。

移位寄存器指令的功能是：当允许输入端EN有效时，如果N＞0，则在每个EN的前沿，将数据输入DATA的状态移入移位寄存器的最低位S_BIT；如果N＜0，则在每个EN的前沿，将数据输入DATA的状态移入移位寄存器的最高位，移位寄存器的其他位按照N指定的方向（正向或反向），依次串行移位。

移位寄存器的移出端与SM1.1（溢出）连接。

移位寄存器指令被执行时，移出的最后一位的数值会被复制到溢出标志位（SM1.1）。移位结果为0时，零标志位（SM1.0）被置为1。

移位寄存器指令的应用如图2-16所示。

笔 记

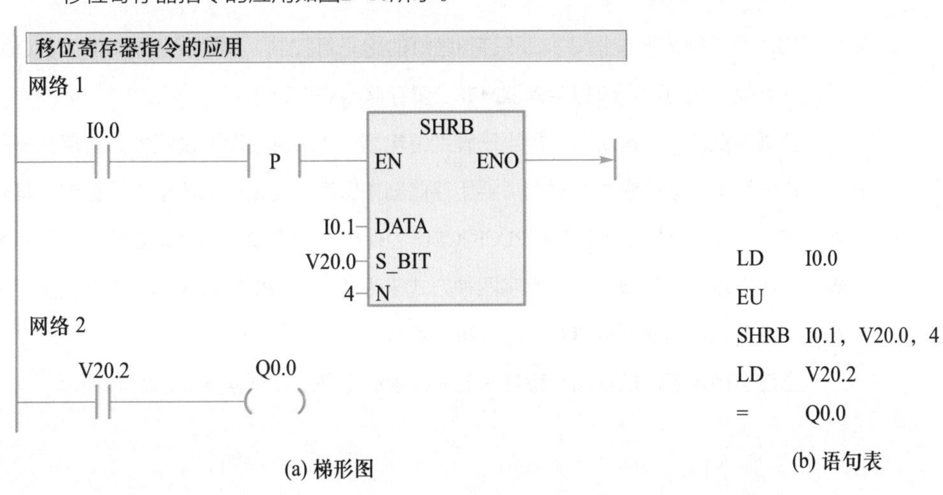

(a) 梯形图

```
LD    I0.0
EU
SHRB  I0.1, V20.0, 4
LD    V20.2
=     Q0.0
```

(b) 语句表

笔 记

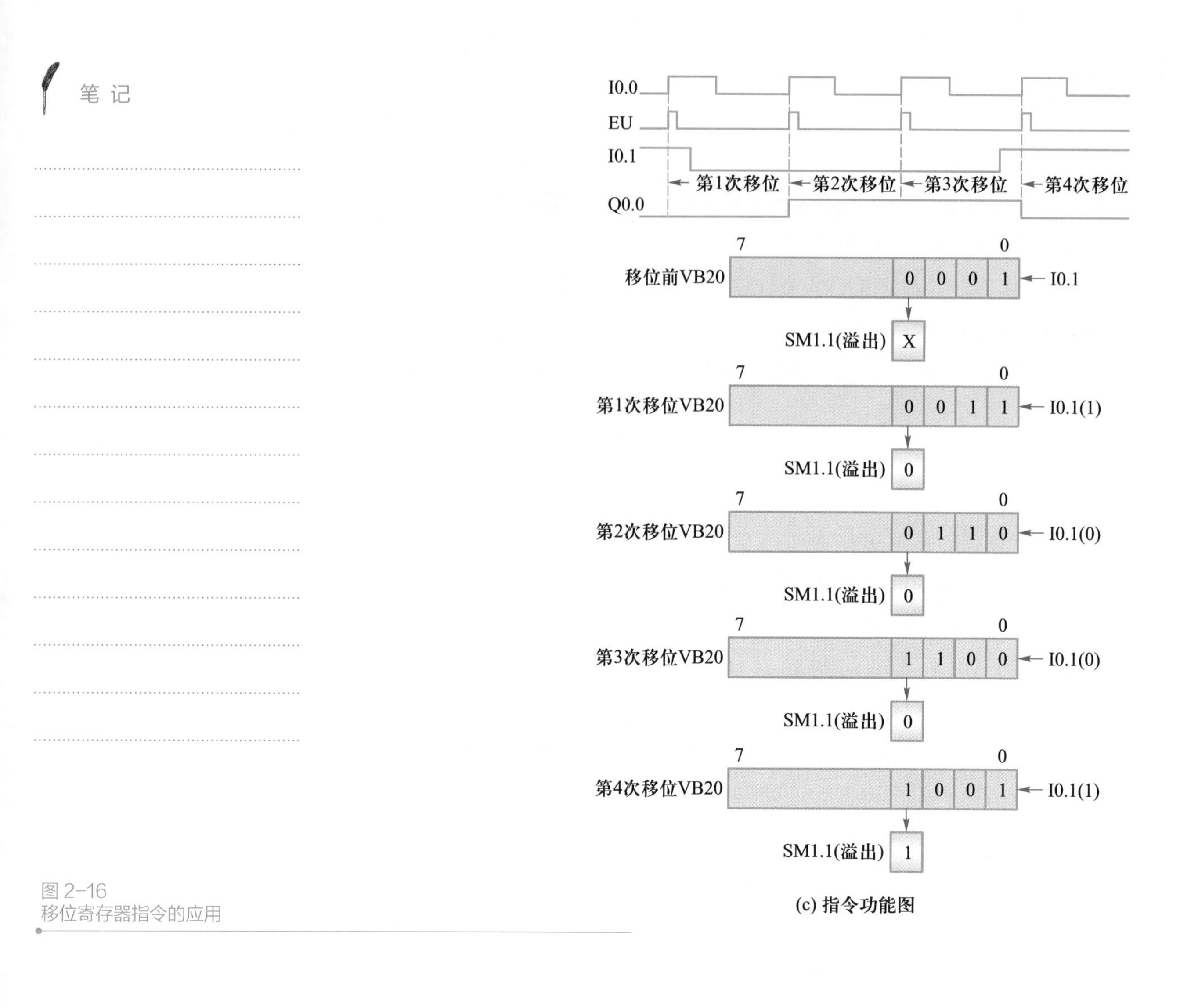

(c) 指令功能图

图 2-16
移位寄存器指令的应用

五、问题研讨

如何应用字循环移位指令实现跑马灯控制

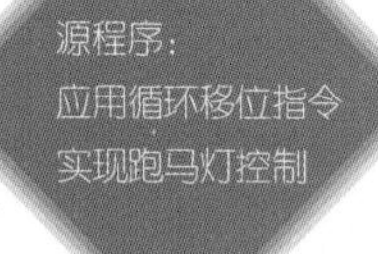

如何用字循环移位指令实现只有8盏灯的跑马灯控制，同时又不影响PLC的QB1输出端口的状态呢？这时可通过位存储器M或变量存储器V来实现。

变量存储器（Variable），相当于辅助继电器，PLC执行程序过程中，会存在一些控制过程的中间结果，这些中间数据也需要用存储器来保存。变量存储器就是根据这个实际的要求设计的。变量存储器是 S7-200 PLC的CPU 为保存中间变量数据而建立的一个存储区，用 V 表示。可以按位、字节、字、双字四种方式来存取。在CPU221、CPU222中变量存储器只有2048个字节，在其他型号CPU中有5120个字节。

通过字循环移位指令和变量存储器来实现的跑马灯控制程序如图2-17所示。

笔 记

图 2-17
通过循环移位指令和变量存储器编写的跑马灯控制程序

六、拓展训练

训练1. 用特殊位寄存器SM0.5和移位指令实现本项目的控制要求。

训练2. 用定时器和计数器及移位指令实现本项目的控制要求。

训练3. 用移位寄存器指令实现本项目的控制要求。

源程序：
拓展训练 2-2

项目三　九秒钟倒计时控制

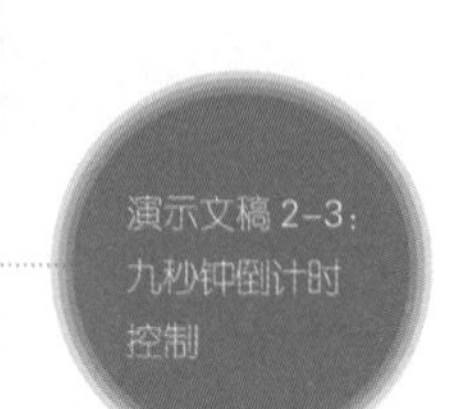

演示文稿 2-3：九秒钟倒计时控制

知识目标

- 掌握算术运算指令
- 掌握逻辑运算指令

能力目标

- 能使用算术运算指令编写应用程序
- 能使用逻辑运算指令编写应用程序
- 能进行多位数据数码管显示程序的编写

大国工匠：殷瓦焊工——张冬伟

一、要求与分析

动画 2-3：九秒倒计时控制

要求：用PLC实现九秒钟倒计时控制，要求按下起动按钮后，数码管显示9，然后每秒递减，减到0时停止。无论何时按下停止按钮，数码管显示当前数值，再次按下起动按钮，数码管依然从数字9开始递减。其控制要求示意图如图2-18所示。

分析：根据上述控制要求可知，输入量有1个起动按钮和1个停止按钮；输出量为1个数码管，占用7个PLC的输出端。9 s倒计时可用定时器、计数器和运算指令来实现，即每隔1 s计数器增加1，然后用数字9减去计数器中的内容，当定时到9 s时停止计数。

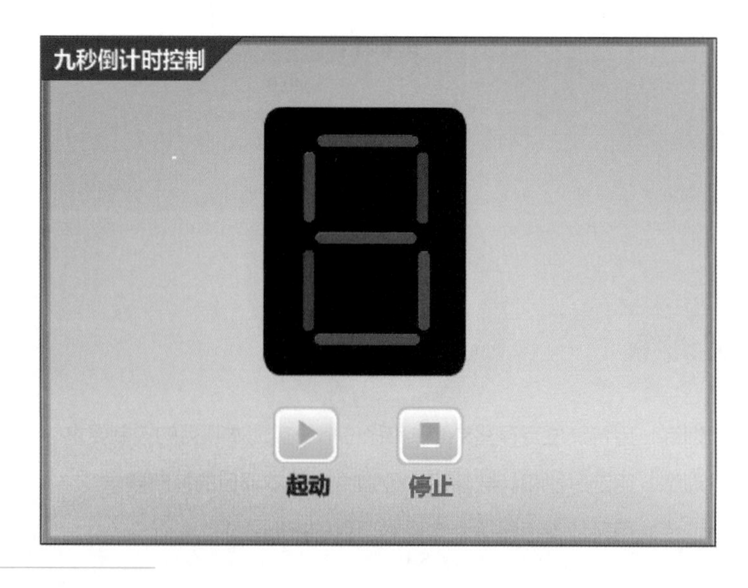

图 2-18
九秒钟倒计时控制要求示意图

二、知识学习

微课 2-3-1：整数运算指令

算术运算指令主要包括整数、双整数和实数的加、减、乘、除、加1、减1指令，还包括整数乘法产生双整数指令和带余数的整数除法指令。

虚拟仿真训练 2-3-1：整数运算指令

1. 加法运算指令

加法运算指令的梯形图及语句表如表2-13所示。

表 2-13　加法运算指令的梯形图及语句表

梯形图	语句表	指令名称
ADD_I EN ENO IN1 OUT IN2	+I　IN1，OUT	整数加法指令
ADD_DI EN ENO IN1 OUT IN2	+D　IN1，OUT	双整数加法指令
ADD_R EN ENO IN1 OUT IN2	+R　IN1，OUT	实数加法指令

笔记

2. 减法运算指令

减法运算指令的梯形图及语句表如表2-14所示。

表 2-14　减法运算指令的梯形图及语句表

梯形图	语句表	指令名称
SUB_I EN ENO IN1 OUT IN2	-I　IN1，OUT	整数减法指令
SUB_DI EN ENO IN1 OUT IN2	-D　IN1，OUT	双整数减法指令

笔 记

续表

梯形图	语句表	指令名称
SUB_R EN ENO IN1 OUT IN2	-R IN1，OUT	实数减法指令

3. 乘法运算指令

乘法运算指令的梯形图及语句表如表2-15所示。

表 2-15 乘法运算指令的梯形图及语句表

梯形图	语句表	指令名称
MUL_I EN ENO IN1 OUT IN2	*I IN1, OUT	整数乘法指令
MUL_DI EN ENO IN1 OUT IN2	*D IN1, OUT	双整数乘法指令
MUL_R EN ENO IN1 OUT IN2	*R IN1, OUT	实数乘法指令
MUL EN ENO IN1 OUT IN2	MUL IN1, OUT	整数乘法产生双整数指令

4. 除法运算指令

除法运算指令的梯形图及语句表如表2-16所示。

笔 记

表 2-16　除法运算指令的梯形图及语句表

梯形图	语句表	指令名称
DIV_I EN ENO IN1 OUT IN2	/I IN1，OUT	整数除法指令
DIV_DI EN ENO IN1 OUT IN2	/D IN1，OUT	双整数除法指令
DIV_R EN ENO IN1 OUT IN2	/R IN1，OUT	实数除法指令
DIV EN ENO IN1 OUT IN2	DIV IN1，OUT	带余数的整数除法指令

5. 加 1 运算指令

加1运算指令的梯形图及语句表如表2-17所示。

表 2-17　加 1 运算指令的梯形图及语句表

梯形图	语句表	指令名称
INC_B EN ENO IN OUT	INCB IN	字节加1指令
INC_W EN ENO IN OUT	INCW IN	字加1指令
INC_DW EN ENO IN OUT	INCD IN	双字加1指令

6. 减 1 运算指令

减1运算指令的梯形图及语句表如表2-18所示。

笔 记

表 2-18　减 1 运算指令的梯形图及语句表

梯形图	语句表	指令名称
DEC_B EN　ENO IN　OUT	DECB　IN	字节减1指令
DEC_W EN　ENO IN　OUT	DECW　IN	字减1指令
DEC_DW EN　ENO IN　OUT	DECD　IN	双字减1指令

在梯形图中，整数、双整数和实数的加、减、乘、除、加1、减1指令分别执行下列运算：

$$IN1+IN2=OUT \quad IN1-IN2=OUT \quad IN1*IN2=OUT$$

$$IN1/IN2=OUT \quad IN+1=OUT$$

$$IN-1=OUT$$

在语句表中，整数、双整数和实数的加、减、乘、除、加1、减1指令分别执行下列运算：

$$IN1+OUT=OUT \quad OUT-IN1=OUT \quad IN1*OUT=OUT$$

$$OUT/IN1=OUT$$

$$OUT+1=OUT \quad OUT-1=OUT$$

（1）整数的加、减、乘、除运算指令

整数的加、减、乘、除运算指令是将两个16位整数进行加、减、乘、除运算，产生一个16位的结果，而除法的余数不保留。

（2）双整数的加、减、乘、除运算指令

双整数的加、减、乘、除运算指令是将两个32位整数进行加、减、乘、除运算，产生一个32位的结果，而除法的余数不保留。

（3）实数的加、减、乘、除运算指令

实数的加、减、乘、除运算指令是将两个32位整数进行加、减、乘、除运算，产生一个32位的结果。

（4）整数乘法产生双整数指令

整数乘法产生双整数（MUL, Multiply Integer to Double Integet）指令是将两个16位整数相乘，产生一个32位的结果。在语句表中，32位OUT的低16位被用作乘数。

笔 记

（5）带余数的整数除法指令

带余数的整数除法（DIV, Divide Integer with Remainder）指令是将两个16位整数相除，产生一个32位的结果，其中高16位为余数，低16位为商。在语句表中，32位OUT的低16位被用作被除数。

（6）算术运算指令使用说明

① 表中指令执行结果将影响特殊存储器SM中的SM1.0（零）、SM1.1（溢出）、SM1.2（负）、SM1.3（除数为0）。

② 若运算结果超出允许的范围，溢出位置1。

③ 若在乘除法操作中溢出位置1，则运算结果不写到输出，且其他状态位均清0。

④ 若除法操作中，除数为0，则其他状态位不变，操作数也不改变。

⑤ 字节加1和减1操作是无符号的，字和双字的加1和减1操作是有符号的。

算术运算指令的操作数范围如表2-19所示。

表 2-19　算术运算指令的操作数范围

指令	输入或输出	操作数
整数加、减、乘、除指令	IN1、IN2	IW、QW、VW、MW、SMW、SW、LW、AIW、AC、T、C、*VD、*LD、*AC、常数
	OUT	IW、QW、VW、MW、SMW、SW、LW、AC、T、C、*VD、*LD、*AC
双整数加、减、乘、除指令	IN1、IN2	ID、QD、VD、MD、SMD、SD、LD、AC、HC、*VD、*LD、*AC、常数
	OUT	ID、QD、VD、MD、SMD、SD、LD、AC、*VD、*LD、*AC
实数加、减、乘、除指令	IN1、IN2	ID、QD、VD、MD、SMD、SD、LD、AC、*VD、*LD、*AC、常数
	OUT	ID、QD、VD、MD、SMD、SD、LD、AC、*VD、*LD、*AC
整数乘法产生双整数指令和带余数的整数除法指令	IN1、IN2	IW、QW、VW、MW、SMW、SW、LW、AIW、AC、T、C、*VD、*LD、*AC、常数
	OUT	ID、QD、VD、MD、SMD、SD、LD、AC、*VD、*LD、*AC
字节加1和减1指令	IN	IB、QB、VB、MB、SMB、SB、LB、AC、*VD、*LD、*AC、常数
	OUT	IB、QB、VB、MB、SMB、SB、LB、AC、*VD、*LD、*AC
字加1和减1指令	IN	IW、QW、VW、MW、SMW、SW、LW、AIW、AC、T、C、*VD、*LD、*AC、常数
	OUT	IW、QW、VW、MW、SMW、SW、LW、AC、T、C、*VD、*LD、*AC
双字加1和减1指令	IN	ID、QD、VD、MD、SMD、SD、LD、AC、HC、*VD、*LD、*AC、常数
	OUT	ID、QD、VD、MD、SMD、SD、LD、AC、*VD、*LD、*AC

三、项目实施

微课 2-3-2：
如何实现九秒钟倒计时的 PLC 控制

笔 记

1. I/O 分配

根据项目分析，对输入量、输出量进行分配，如表2-20所示。

表 2-20 九秒钟倒计时控制 I/O 分配表

输入		输出	
输入继电器	元件	输出继电器	元件
I0.0	起动按钮SB1	QB0	数码管
I0.1	停止按钮SB2		

2. PLC 的 I/O 接线图

根据控制要求及表2-20所示的I/O分配表，可绘制九秒倒计时控制PLC的I/O接线图，如图2-19所示。

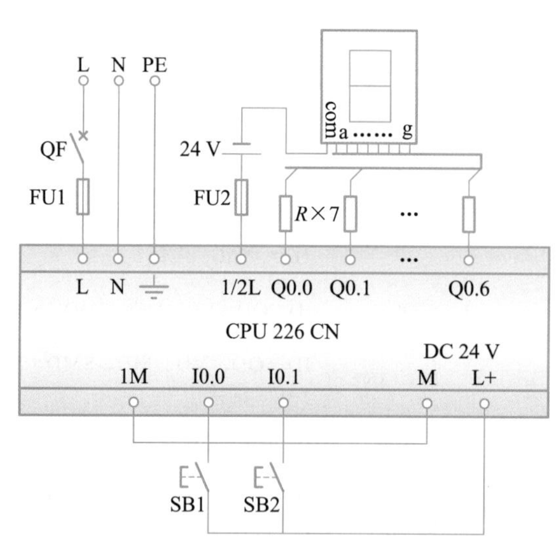

图 2-19
九秒钟倒计时控制 PLC 的 I/O 接线图

3. 创建工程项目

创建一个工程项目，并命名为九秒钟倒计时控制。

4. 梯形图程序

根据要求，并使用算术运算指令编写的梯形图如图2-20所示。

源程序：
应用定时器、计时器及减法指令实现九秒钟倒计时

5. 调试程序

（1）下载程序并运行。

（2）分析程序运行的过程和结果，并编写语句表。

笔 记

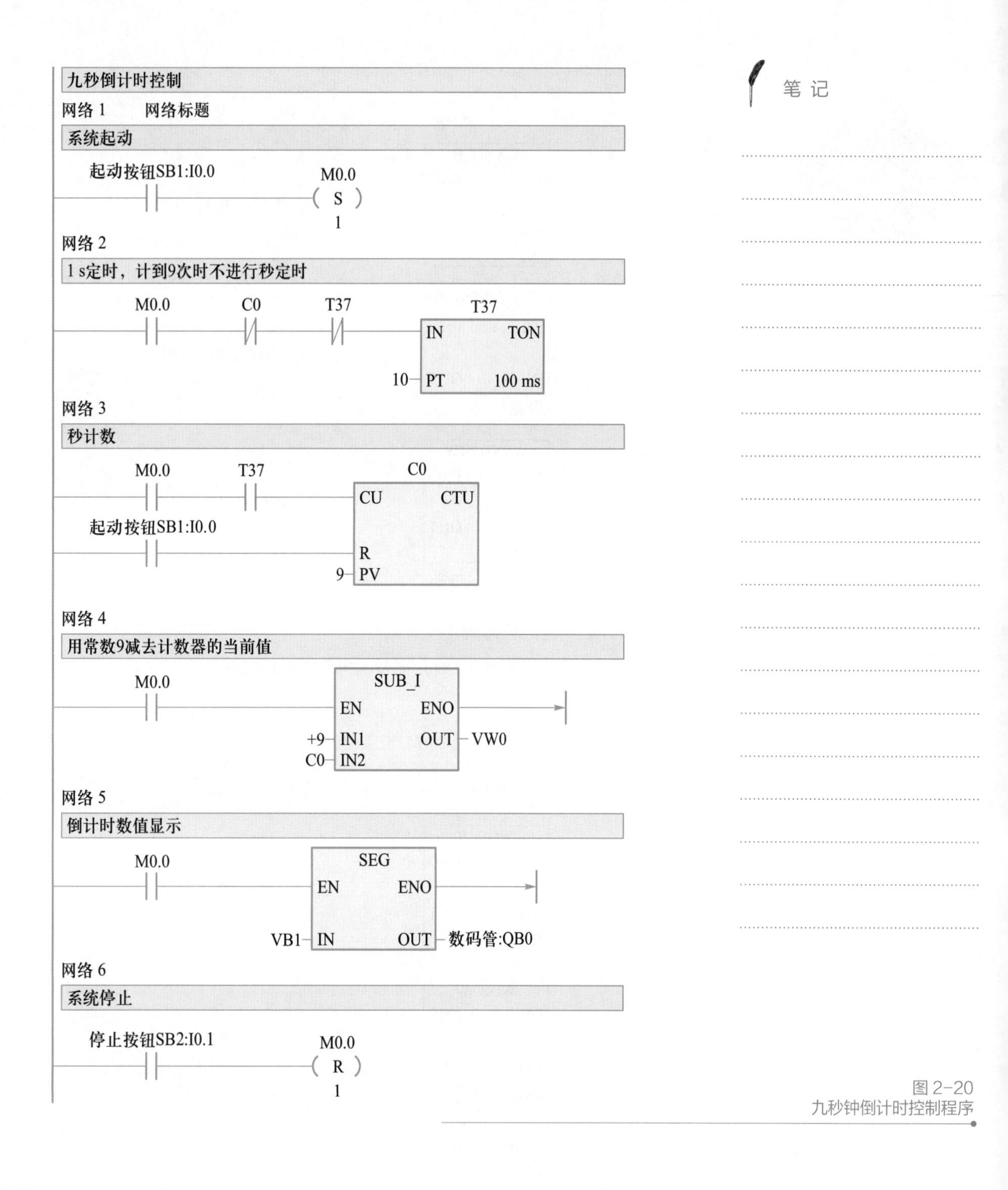

图 2-20
九秒钟倒计时控制程序

四、知识进阶

微课 2-3-3：
逻辑运算指令

逻辑运算指令主要包括字节、字、双字的与、或、异或和取反逻辑运算指令。

1. 逻辑与运算指令

逻辑与运算指令的梯形图及语句表如表2-21所示。

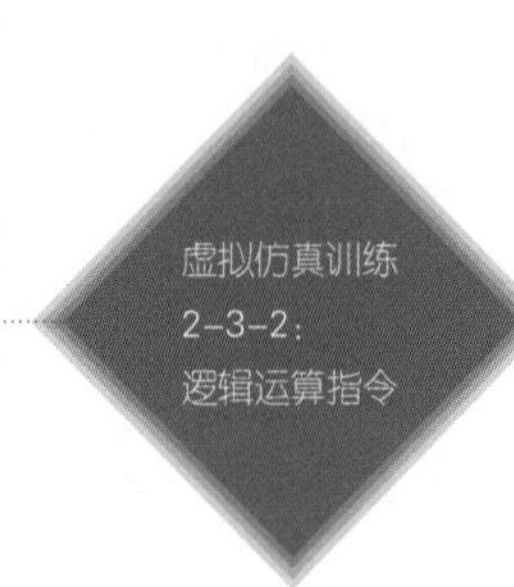

笔 记

表 2-21　逻辑与运算指令的梯形图及语句表

梯形图	语句表	指令名称
WAND_B EN ENO IN1 OUT IN2	ANDB　IN1，OUT	字节与指令
WAND_W EN ENO IN1 OUT IN2	ANDW　IN1，OUT	字与指令
WAND_DW EN ENO IN1 OUT IN2	ANDD　IN1，OUT	双字与指令

2. 逻辑或运算指令

逻辑或运算指令的梯形图及语句表如表2-22所示。

表 2-22　逻辑或运算指令的梯形图及语句表

梯形图	语句表	指令名称
WOR_B EN ENO IN1 OUT IN2	ORB　IN1，OUT	字节或指令
WOR_W EN ENO IN1 OUT IN2	ORW　IN1，OUT	字或指令
WOR_DW EN ENO IN1 OUT IN2	ORD　IN1，OUT	双字或指令

3. 逻辑异或运算指令

逻辑异或运算指令的梯形图及语句表如表2-23所示。

笔 记

表 2-23　逻辑异或运算指令的梯形图及语句表

梯形图	语句表	指令名称
WXOR_B EN ENO IN1 OUT IN2	XORB　IN1，OUT	字节异或指令
WXOR_W EN ENO IN1 OUT IN2	XORW　IN1，OUT	字异或指令
WXOR_DW EN ENO IN1 OUT IN2	XORD　IN1，OUT	双字异或指令

4. 逻辑取反运算指令

逻辑取反运算指令的梯形图及语句表如表2-24所示。

表 2-24　逻辑取反运算指令的梯形图及语句表

梯形图	语句表	指令名称
INV_B EN ENO IN OUT	INVB　OUT	字节取反指令
INV_W EN ENO IN OUT	INVW　OUT	字取反指令
INV_DW EN ENO IN OUT	INVD　OUT	双字取反指令

梯形图中的与、或、异或指令对两个输入量IN1和IN2进行逻辑运算，运算结果均存放在输出量OUT中；取反指令是对输入量IN的二进制数逐位取反，即二进制数的各位由0变为1，由1变为0，并将运算结果存放在输出量OUT中。

两二进制数逻辑与就是有0出0；两二进制数逻辑或就是有1出1；两二进制数逻辑异或就是相同出0，相异出1。

逻辑运算指令的操作数范围如表2-25所示。

笔 记

表 2-25 逻辑运算指令的操作数范围

指令	输入或输出	操作数
字节与、或、异或指令	IN	IB、QB、VB、MB、SMB、SB、LB、AC、*VD、*LD、*AC、常数
	OUT	IB、QB、VB、MB、SMB、SB、LB、AC、*VD、*LD、*AC
字与、或、异或指令	IN	IW、QW、VW、MW、SMW、SW、LW、AIW、AC、T、C、*VD、*LD、*AC、常数
	OUT	IW、QW、VW、MW、SMW、SW、LW、AC、T、C、*VD、*LD、*AC
双字与、或、异或指令	IN	ID、QD、VD、MD、SMD、SD、LD、AC、HC、*VD、*LD、*AC、常数
	OUT	ID、QD、VD、MD、SMD、SD、LD、AC、*VD、*LD、*AC
字节取反指令	IN	IB、QB、VB、MB、SMB、SB、LB、AC、*VD、*LD、*AC、常数
	OUT	IB、QB、VB、MB、SMB、SB、LB、AC、*VD、*LD、*AC
字取反指令	IN	IW、QW、VW、MW、SMW、SW、LW、AIW、AC、T、C、*VD、*LD、*AC、常数
	OUT	IW、QW、VW、MW、SMW、SW、LW、AC、T、C、*VD、*LD、*AC
双字取反指令	IN	ID、QD、VD、MD、SMD、SD、LD、AC、HC、*VD、*LD、*AC、常数
	OUT	ID、QD、VD、MD、SMD、SD、LD、AC、*VD、*LD、*AC

五、问题研讨

1. 两位数据的显示

如何进行两位或多位数据的显示呢？如VW0中存放的数是60，然后进行秒级递减，现将其数据通过PLC的QW0输出端在两位数码管上加以显示。其实很简单，只要将显示的数据进行分离即可，如将寄存器VW0中两位数进行分离，只需将VW0中数除以10即可，即分离出“十”位和“个”位，然后将“十”位和“个”位分别通过QB0和QB1加以显示即可。具体分离程序如图2-21所示。

2. 多个数码管的显示

如果需要将N位数通过数码管显示，则先除以10^{N-1}分离最高位（商），然后余数除以10^{N-2}分离出次高位（商），如此往下分离，直到除以10后为止。这时如果仍用数码管显示则必然要占用很多输出点。一方面可以通过扩展PLC的输出，另一方面可采用CD4513芯片。通过扩展PLC的输出必然增加系统硬件成本，还会增加系统的故障率，用CD4513芯片则为首选。

CD4513驱动多个数码管电路如图2-22所示。

笔 记

图 2-21
两位数的数码管显示控制程序

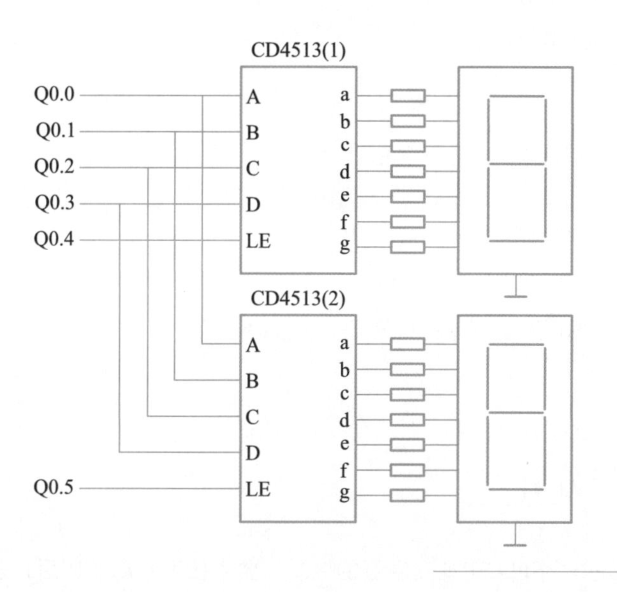

图 2-22
用 CD4513 减少输出点的电路图

数个CD4513的数据输入端A～D共用PLC的4个输出端，其中A为最低位，D为最高位；LE为高电平时，显示的数不受数据输入信号的影响，当有N个显示器时，通过控制CD4513的LE端来选择显示器。显然，N个显示器占用的输出点可降到4+N点。

如果使用继电器输出模块，最好在与CD4513相连的PLC各输出端与“地”之间分别接上一个几千欧的电阻，以避免在输出继电器输出触点断开时CD4513的输入端悬空。输出继电器的状态变化时，其触点可能会抖动，因此应先送数据输出信号，待信号稳定后，再用LE信号的上升沿将数据锁存在CD4513中。

六、拓展训练

训练1. 用特殊位寄存器SM0.5和计数器指令实现本项目的控制要求。

训练2. 用减1运算指令实现本项目的控制要求。

训练3. 增加一个“暂停”按钮，即按下暂停按钮时，数值保持当前值，再次按下起动按钮后数值从当前值再进行秒递减。

项目四　交通灯控制

演示文稿 2-4：
交通灯控制

知识目标

- 掌握比较指令
- 掌握时钟指令
- 掌握转换指令

能力目标

大国工匠：
高铁研磨师——
宁允展

- 能使用比较指令编写应用程序
- 会读写PLC的实时时间
- 能编写较为简单的交通灯控制程序

一、要求与分析

动画 2-4：
交通灯控制
要求

要求：用PLC实现交通灯的控制，要求按下起动按钮后，东西方向绿灯亮25 s，闪动3 s，黄灯亮3 s，红灯亮31 s；南北方向红灯亮31 s，绿灯亮25 s，闪动3 s，黄灯亮3 s，如此循环。无论何时按下停止按钮，交通灯全部熄灭。其控制要求示意图如图2-23所示。

分析：根据上述控制要求可知，输入量有1个起动按钮和1个停止按钮；输出量为6组两两并联的交通灯。交通灯程序可用多个定时器来实现，程序相对来说比较繁琐，如果采用一个定时器再配合比较指令来实现控制要求则显示比较简洁易懂。

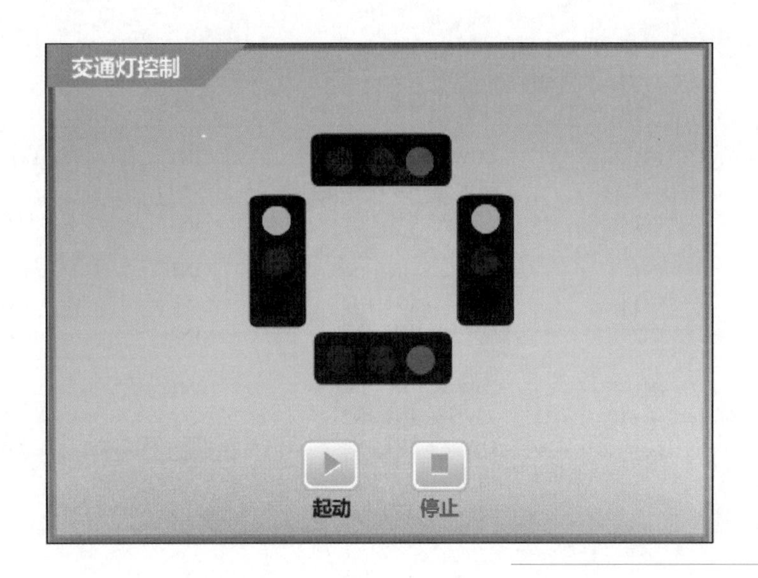

图 2-23
交通灯控制要求示意图

二、知识学习

比较指令是用于两个相同数据类型的有符号或无符号数IN1和IN2之间的比较判断操作。字节比较操作是无符号的，整数、双字整数和实数比较操作都是有符号的。

比较运算符包括：等于（= =）、大于等于（ >=）、小于等于（ <=）、大于（ > ）、小于（ < ）、不等于（ < > ）。

微课 2-4-1：
字节比较指令

虚拟仿真训练
2-4-1：
字节比较指令

1. 字节比较指令

字节比较指令的梯形图及语句表如表2-26所示。

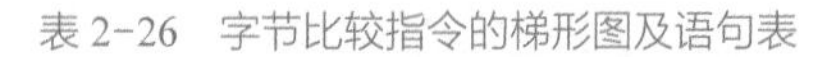

表 2-26　字节比较指令的梯形图及语句表

梯形图	语句表	梯形图	语句表
IN1 ==B IN2	LDB = = IN1, IN2 AB = = IN1, IN2 OB = = IN1, IN2	IN1 <=B IN2	LDB < = IN1, IN2 AB < = IN1, IN2 OB < = IN1, IN2
IN1 <>B IN2	LDB < > IN1, IN2 AB < > IN1, IN2 OB < > IN1, IN2	IN1 >B IN2	LDB > IN1, IN2 AB > IN1, IN2 OB > IN1, IN2
IN1 >=B IN2	LDB > = IN1, IN2 AB > = IN1, IN2 OB > = IN1, IN2	IN1 <B IN2	LDB < IN1, IN2 AB < IN1, IN2 OB < IN1, IN2

2. 整数比较指令

整数比较指令的梯形图及语句表如表2-27所示。

微课 2-4-2：
整数比较指令

虚拟仿真训练
2-4-2：
整数比较指令

表 2-27 整数比较指令的梯形图及语句表

梯形图	语句表	梯形图	语句表
IN1 ─┤==I├─ IN2	LDW = = IN1, IN2 AW = = IN1, IN2 OW = = IN1, IN2	IN1 ─┤<=I├─ IN2	LDW < = IN1, IN2 AW < = IN1, IN2 OW < = IN1, IN2
IN1 ─┤<>I├─ IN2	LDW < > IN1, IN2 AW < > IN1, IN2 OW < > IN1, IN2	IN1 ─┤>I├─ IN2	LDW > IN1, IN2 AW > IN1, IN2 OW > IN1, IN2
IN1 ─┤>=I├─ IN2	LDW > = IN1, IN2 AW > = IN1, IN2 OW > = IN1, IN2	IN1 ─┤<I├─ IN2	LDW < IN1, IN2 AW < IN1, IN2 OW < IN1, IN2

3. 双整数比较指令

双整数比较指令的梯形图及语句表如表2-28所示。

微课 2-4-3：
双整数比较指令

虚拟仿真训练
2-4-3：
双整数比较指令

表 2-28 双整数比较指令的梯形图及语句表

梯形图	语句表	梯形图	语句表
IN1 ─┤==D├─ IN2	LDD = = IN1, IN2 AD = = IN1, IN2 OD = = IN1, IN2	IN1 ─┤<=D├─ IN2	LDD < = IN1, IN2 AD < = IN1, IN2 OD < = IN1, IN2
IN1 ─┤<>D├─ IN2	LDD < > IN1, IN2 AD < > IN1, IN2 OD < > IN1, IN2	IN1 ─┤>D├─ IN2	LDD > IN1, IN2 AD > IN1, IN2 OD > IN1, IN2
IN1 ─┤>=D├─ IN2	LDD > = IN1, IN2 AD > = IN1, IN2 OD > = IN1, IN2	IN1 ─┤<D├─ IN2	LDD < IN1, IN2 AD < IN1, IN2 OD < IN1, IN2

4. 实数比较指令

实数比较指令的梯形图及语句表如表2-29所示。

微课 2-4-4：
实数比较指令

虚拟仿真训练
2-4-4：
实数比较指令

表 2-29 实数比较指令的梯形图及语句表

梯形图	语句表	梯形图	语句表
IN1 ─┤==R├─ IN2	LDR = = IN1, IN2 AR = = IN1, IN2 OR = = IN1, IN2	IN1 ─┤<=R├─ IN2	LDR < = IN1, IN2 AR < = IN1, IN2 OR < = IN1, IN2
IN1 ─┤<>R├─ IN2	LDR < > IN1, IN2 AR < > IN1, IN2 OR < > IN1, IN2	IN1 ─┤>R├─ IN2	LDR > IN1, IN2 AR > IN1, IN2 OR > IN1, IN2
IN1 ─┤>=R├─ IN2	LDR > = IN1, IN2 AR > = IN1, IN2 OR > = IN1, IN2	IN1 ─┤<R├─ IN2	LDR < IN1, IN2 AR < IN1, IN2 OR < IN1, IN2

笔 记

在梯形图中，比较指令是以常开触点的形式编程的，在常开触点的中间注明比较参数和比较运算符。当比较的结果为真时，该常开触点闭合。

在功能块图中，比较指令以功能框的形式编程。当比较结果为真时，输出接通。

在语句表中，比较指令与基本逻辑指令LD、A和O进行组合编程。当比较结果为真时，PLC将栈顶置1。

比较指令的应用如图2-24所示，变量存储器VW10中的数值与十进制30相比较，当变量存储器VW10中的数值等于30时，常开触点接通，Q0.0有信号流流过。

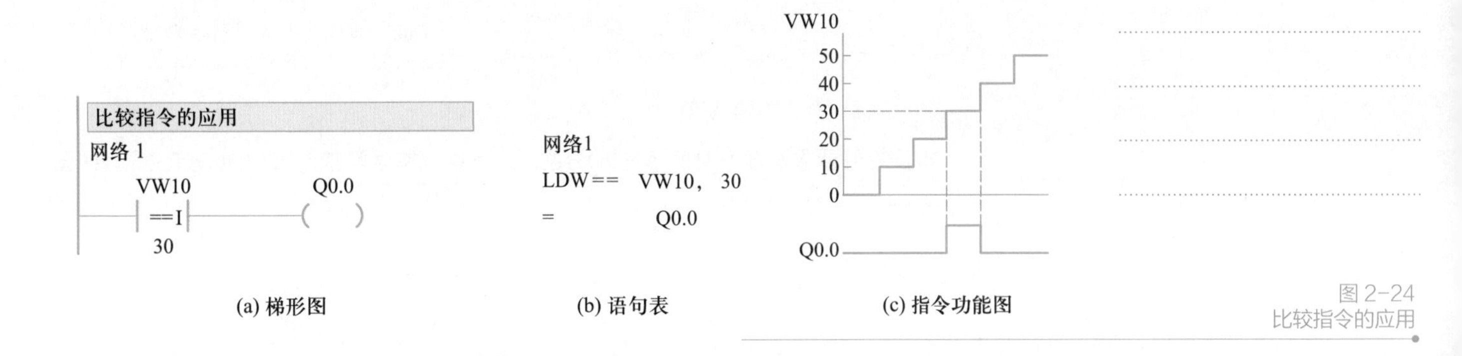

图 2-24
比较指令的应用

比较指令的操作数范围如表2-30所示。

表 2-30　比较指令的操作数范围

指令	输入或输出	操作数
字节比较指令	IN1、IN2	IB、QB、VB、MB、SMB、SB、LB、AC、*VD、*LD、*AC、常数
	OUT	I、Q、V、M、SM、S、L、T、C、信号流
整数比较指令	IN1、IN2	IW、QW、VW、MW、SMW、SW、LW、AIW、AC、T、C、*VD、*LD、*AC、常数
	OUT	I、Q、V、M、SM、S、L、T、C、信号流
双整数比较指令	IN1、IN2	ID、QD、VD、MD、SMD、SD、LD、AC、HC、*VD、*LD、*AC、常数
	OUT	I、Q、V、M、SM、S、L、T、C、信号流
实数比较指令	IN1、IN2	ID、QD、VD、MD、SMD、SD、LD、AC、*VD、*LD、*AC、常数
	OUT	I、Q、V、M、SM、S、L、T、C、信号流

三、项目实施

微课 2-4-5：
如何实现交通灯的PLC 控制

1. I/O 分配

根据项目分析，对输入、输出进行分配，如表2-31所示。

笔 记

表 2-31　交通灯控制 I/O 分配表

输入		输出	
输入继电器	元件	输出继电器	元件
I0.0	起动按钮SB1	Q0.0	东西方向绿灯
I0.1	停止按钮SB2	Q0.1	东西方向黄灯
		Q0.2	东西方向红灯
		Q0.3	南北方向绿灯
		Q0.4	南北方向黄灯
		Q0.5	南北方向红灯

2. PLC 的 I/O 接线图

根据控制要求及表2-31所示的I/O分配表，可绘制交通灯控制PLC的I/O接线图，如图2-25所示。

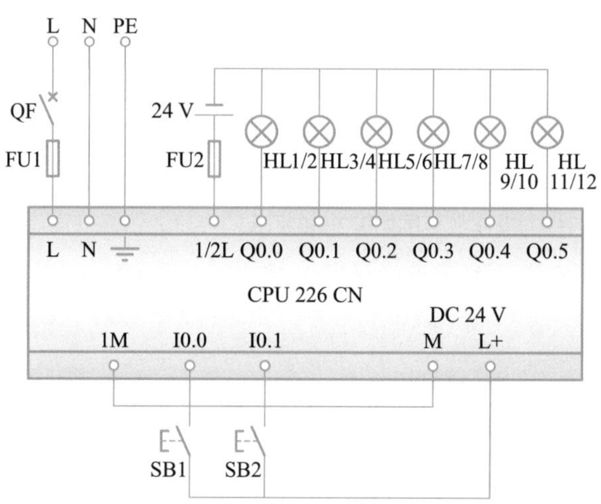

图 2-25
交通灯控制 PLC 的 I/O 接线图

3. 创建工程项目

创建一个工程项目，并命名为交通灯控制。

4. 梯形图程序

根据要求，并使用比较指令编写的梯形图如图2-26所示。

5. 调试程序

（1）下载程序并运行。

（2）分析程序运行的过程和结果，并编写语句表。

源程序：
应用比较指令实现
交通灯控制

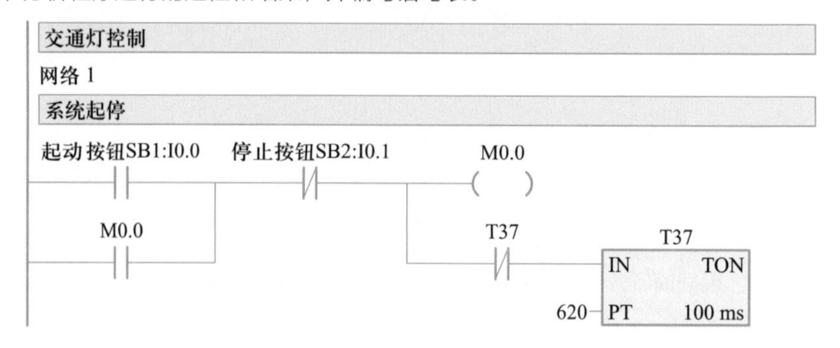

图 2-26
交通灯控制程序

四、知识进阶

1. 时钟指令

利用时钟指令可以实现调用系统实时时钟或根据需要设定时钟，这对于实现控制系统的运行监视、运行记录以及所有和实时时间有关的控制等十分方便。实用的时钟操作指令有两种：写实时时钟和读实时时钟。

（1）写实时时钟指令

写实时时钟指令TODW（Time of Day Write），在梯形图中以功能框的形式编程，指令名为SET_RTC（Set Real-Time Clock），其梯形图及语句表如图2-27所示。

笔 记

写实时时钟指令，用来设定PLC系统实时时钟。当使能输入端EN有效时，系统将包含当前时间和日期，一个8字节的缓冲区将装入时钟。操作数T用来指定8个字节时钟缓冲区的起始地址，数据类型为字节型。

时钟缓冲区的格式如表2-32所示。

表 2-32 时钟缓冲区的格式

字节	T	T+1	T+2	T+3	T+4	T+5	T+6	T+7
含义	年	月	日	小时	分钟	秒	0	星期几
范围	00 ~ 99	01 ~ 12	01 ~ 31	00 ~ 23	00 ~ 59	00 ~ 59	0	01 ~ 07

（2）读实时时钟指令

读实时时钟指令TODR（Time of Day Read），在梯形图中以功能框的形式编程，指令名为READ_RTC（Read Real-Time Clock），其梯形图及语句表如图2-28所示。

图 2-27
写实时时钟指令

图 2-28
读实时时钟指令

读实时时钟指令，用来读出PLC系统实时时钟。当使能输入端EN有效时，系统读当前日期和时间，并把它装入一个8字节的缓冲区。操作数T用来指定8个字节时钟缓冲区的起始地址，数据类型为字节型。缓冲区格式同表2-32。

（3）实时时钟指令的应用

把时钟2015年10月8日星期四早上8点16分28秒写入到PLC中，以十六进制形式读取当前的时间并存放到VB100 ~ VB107单元中。编写程序如图2-29所示。

（4）时钟指令使用注意事项

① 所有日期和时间的值均要用BCD码表示。如对年来说，16#15表示2015年；对于小时来说，16#23表示晚上11点。星期的表示范围是1 ~ 7，1表示星期日，依次类推，7表示星期六，0表示禁用星期。

微课 2-4-6：
BCD 码与整数的转换

② 系统不检查与核实时钟各值的正确与否，所以必须确保输入的设定数据是正确的。如2月31日虽为无效日期，但可以被系统接受。

③ 不能同时在主程序和中断程序或子程序中使用读写时钟指令，否则会产生致命错误，中断程序的实时时钟指令将不被执行。

笔 记

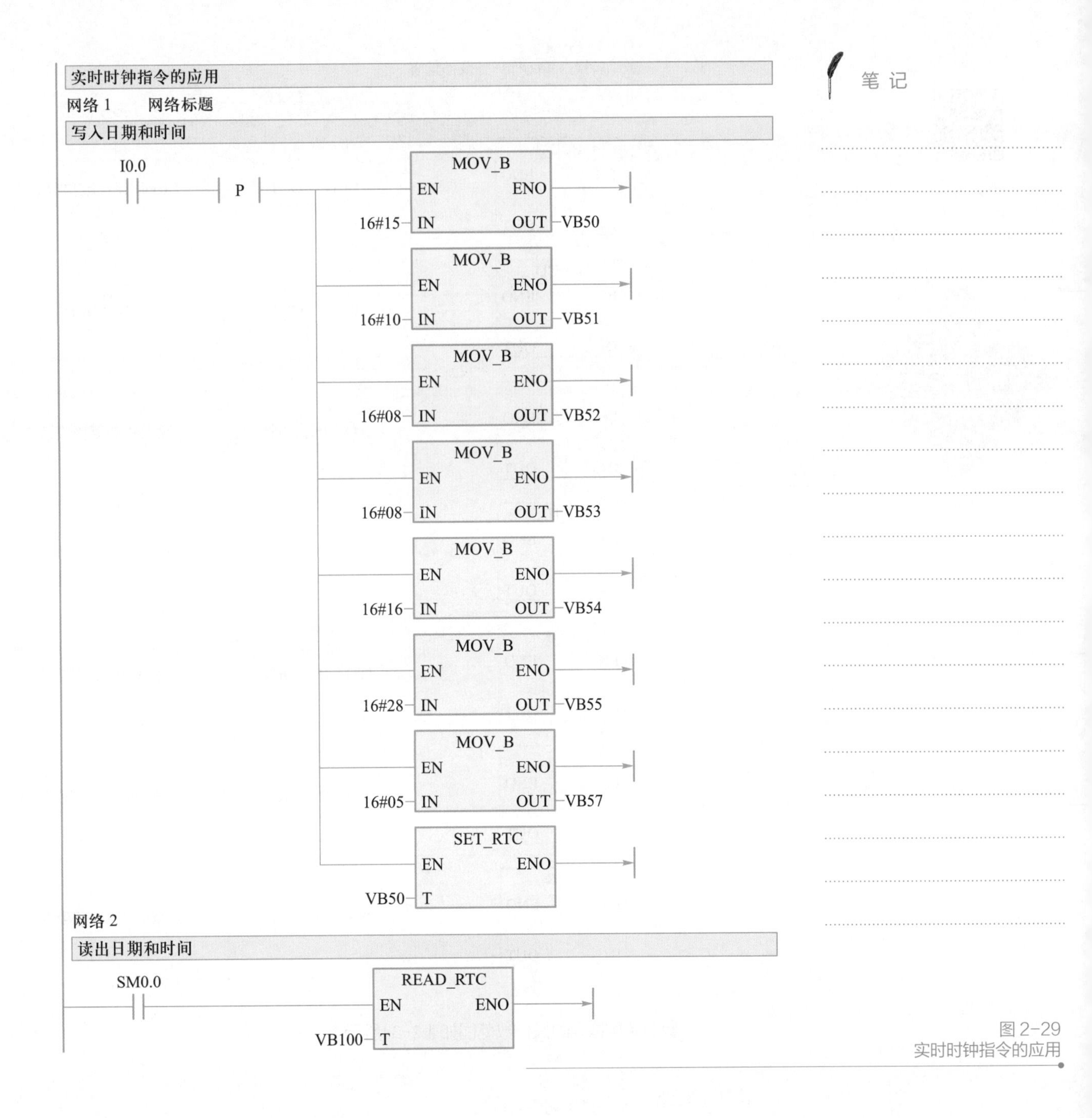

图 2-29
实时时钟指令的应用

2. 数制转换指令

S7-200 PLC 中的主要数据类型包括字节、整数、双整数和实数。主要数制有BCD码、ASCII码、十进制和十六进制等。不同指令对操作数的类型要求不同，因此在指令使用前需要将操作数转化成相应的类型，数据转换指令可以完成这样的功能。数制转换指令包括数据类型之间的转换、数制之间的转换和数据与码制之间的转换等。

虚拟仿真训练 2-4-5：BCD 码与整数的转换

数制转换指令包括BCD码转换成整数（BCD_I）、整数转换成BCD码（I_BCD）、字节转换成整数（B_I）、整数转换成字节（I_B）、整数转换成双整数（I_DI）、双整数转换成整数（DI_I）和双整数转换成实数（DI_R）等。数制转换指令的梯形图及语句表如表2-33所示。

微课 2-4-7：
整数、双整数与实数的转换

虚拟仿真训练 2-4-6：
字节、整数、双整数与实数之间的转换指令

笔 记

表 2-33　数制转换指令的梯形图及语句表

梯形图	语句表	指令名称
BCD_I EN ENO IN OUT	BCDI　OUT	BCD码转换成整数指令
I_BCD EN ENO IN OUT	BCDI　OUT	整数转换成BCD码指令
B_I EN ENO IN OUT	BTI　IN，OUT	字节转换成整数指令
I_B EN ENO IN OUT	ITB　IN，OUT	整数转换成字节指令
I_DI EN ENO IN OUT	ITD　IN，OUT	整数转换成双整数指令
DI_I EN ENO IN OUT	DTI　IN，OUT	双整数转换成整数指令
DI_R EN ENO IN OUT	DTR　IN，OUT	双整数转换成实数指令

数制转换指令的操作数范围如表2-34所示。

表 2-34　数制转换指令的操作数范围

指令	输入或输出	操作数
BCD码转换成整数指令	IN	IW、QW、VW、MW、SMW、SW、LW、T、C、AIW、AC、*VD、*LD、*AC、常数
	OUT	IW、QW、VW、MW、SMW、SW、LW、T、C、AC、*VD、*LD、*AC
整数转换成BCD码指令	IN	IW、QW、VW、MW、SMW、SW、LW、T、C、AIW、AC、*VD、*LD、*AC、常数
	OUT	IW、QW、VW、MW、SMW、SW、LW、T、C、AC、*VD、*LD、*AC

笔记

续表

指令	输入或输出	操作数
字节转换成整数指令	IN	IB、QB、VB、MB、SMB、SB、LB、AC、*VD、*LD、*AC、常数
	OUT	IW、QW、VW、MW、SMW、SW、LW、T、C、AC、*VD、*LD、*AC
整数转换成字节指令	IN	IW、QW、VW、MW、SMW、SW、LW、T、C、AIW、AC、*VD、*LD、*AC、常数
	OUT	IB、QB、VB、MB、SMB、SB、LB、AC、*VD、*LD、*AC
整数转换成双整数指令	IN	IW、QW、VW、MW、SMW、SW、LW、T、C、AIW、AC、*VD、*LD、*AC、常数
	OUT	ID、QD、VD、MD、SMD、SD、LD、AC、*VD、*LD、*AC
双整数转换成整数指令	IN	ID、QD、VD、MD、SMD、SD、LD、HC、AC、*VD、*LD、*AC、常数
	OUT	IW、QW、VW、MW、SMW、SW、LW、T、C、AC、*VD、*LD、*AC
双整数转换成实数指令	IN	ID、QD、VD、MD、SMD、SD、LD、HC、AC、*VD、*LD、*AC、常数
	OUT	ID、QD、VD、MD、SMD、SD、LD、AC、*VD、*LD、*AC

五、问题研讨

1. 实时时钟

如何将一个没有使用过时钟的PLC赋上实时时间呢？在使用时钟指令前，打开编程软件菜单“PLC”→“实时时钟”界面，在该界面中可读出PC的时钟，然后可把PC的时钟设置成PLC的实时时钟，也可重新进行时钟的调整。PLC时钟设定后才能开始使用时钟指令。时钟可以设成与PC中一样，也可用TODW指令自由设定，但必须先对时钟存储单元赋值，才能使用TODW指令。

硬件时钟在CPU 224以上型号的CPU中才有。

2. 时间同步

如何保证本项目中绿灯闪动时间为一个完整周期（1秒）？细心的读者或经过多次调试本项目的读者会发现，不同时刻按下系统起动按钮，绿灯闪动时闪动的状态可能都不一样，原因是使用的特殊位寄存器SM0.5来控制绿灯进行秒级闪动的，按下系统起动按钮的时刻与SM0.5的上升沿未同步导致的。只需要在系统起动程序段加上SM0.5的上升沿指令即可解决上述问题。

六、拓展训练

源程序：
拓展训练 2-4

训练1. 用多个定时器实现本项目的控制要求。

训练2. 用PLC实现由人工操作进行状态转换的交通灯控制，即操作人员每按下一次转换按钮，当前方向为绿灯的交通信号灯闪动3秒后进入红灯状态；当前方向为红灯的交通信号灯延时3秒后进入绿灯状态。

训练3. 用PLC实现分时段交通灯的控制，要求按下起动按钮后，交通灯分时段进行工作，在6点～23点：东西方向绿灯亮25 s，闪动3 s，黄灯亮3 s，红灯亮31 s；南北方向红灯亮31 s，绿灯亮25 s，闪动3 s，黄灯亮3 s，如此循环；在23点～6点：东西和南北方向黄灯均以秒级闪动，以示行人及机动车确认安全后通过。无论何时按下停止按钮，交通灯全部熄灭。

模块三
程序控制指令及其应用

PLC控制系统的编程要求程序结构简洁、可读性好、运行效率高、便于调试，本模块以闪光频率、霓虹灯、流水灯和机械手为控制对象，共设有4个项目。本模块的主要目标是掌握跳转指令、子程序指令、中断指令、顺序控制继电器指令等程序控制指令的应用。在知识进阶中拓展了结束指令、停止指令、看门狗指令等；在问题研讨中拓展了双线圈的处理、断电数据保持、子程序及中断的重命名及仅有两步的闭环处理等。

项目一　闪光频率控制

演示文稿 3-1：闪光频率控制

知识目标

- 掌握跳转指令
- 了解循环指令

能力目标

- 能使用跳转指令编写应用程序
- 能读懂循环指令编写的程序
- 能灵活处理编程时双线圈的输出

一、要求与分析

动画 3-1：闪光频率控制要求

要求：用PLC实现闪光频率的控制，要求根据选择的按钮，闪光灯以相应频率闪烁。若按下慢闪按钮，闪光灯以4s为周期闪烁；若按下中闪按钮，闪光灯以2s为周期闪烁；若按下快闪按钮，闪光灯以1s为周期闪烁。无论何时按下停止按钮，闪光灯熄灭。其控制要求示意图如图3-1所示。

分析：根据上述控制要求可知，输入量有3个控制闪光灯闪烁频率的按钮和1个停止按钮；输出量为1个闪光灯。在此使用跳转指令将每种闪光频率的程序分开进行编写，这样可大大提高程序的可读性。另外，闪光灯的闪烁频率可通过定时器来实现，在此使用分频电路来实现。

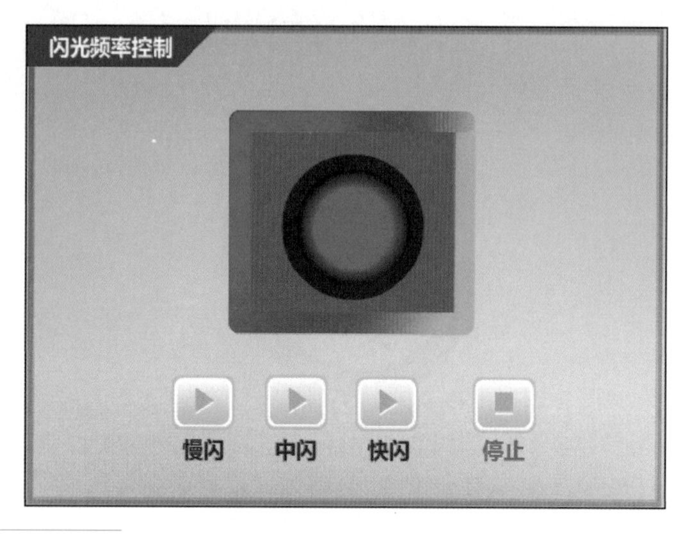

图 3-1
闪光频率控制要求示意图

二、知识学习

微课 3-1-1：
跳转指令

1. 跳转指令

跳转的实现使PLC程序的灵活性和智能性大大提高，可以使主机根据对不同条件的判断，选择执行不同的程序段。

跳转是由跳转指令和标号指令配合实现的。跳转及标号指令的梯形图和语句表如表3-1所示，操作数N的范围为0～255。

笔 记

表 3-1 跳转及标号指令的梯形图及语句表

梯形图	语句表	指令名称
N —(JMP) N LBL	JMP N LBL N	跳转及标号指令

跳转及标号指令的应用如图3-2所示。当触发信号接通时，跳转指令JMP线圈有信号流流过，跳转指令使程序流程跳转到与JMP指令编号相同的标号指令LBL处，顺序执行标号指令以下的程序，而跳转指令与标号指令之间的程序不执行。当触发信号断开时，跳转指令JMP线圈没有信号流流过，顺序执行跳转指令与标号指令之间的程序。

编号相同的两个或多个JMP指令可以在同一程序里。但在同一程序中，不可以使用相同编号的两个或多个LBL指令。

注意：标号指令前面无须接任何其他指令，即直接与左母线相连。

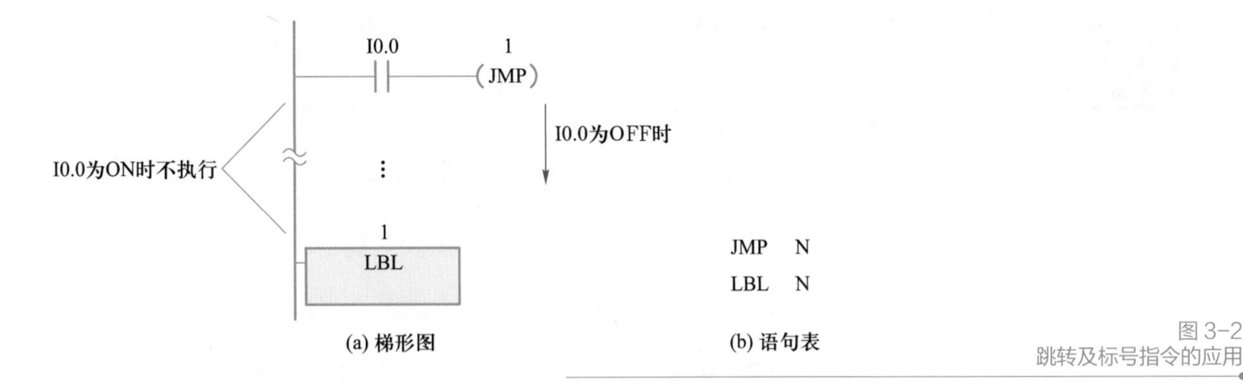

图 3-2
跳转及标号指令的应用

2. 分频电路

图3-3所示为二分频电路的梯形图及时序图。

待分频的脉冲信号为I0.0，设M0.0和Q0.0的初始状态为“0”。当I0.0的第一个脉冲信号的上升沿到来时，M0.0接通一个扫描周期，即产生一个单脉冲，此时M0.0的常开触点闭合，与之相串联的Q0.0触点又为常闭，即Q0.0接通被置为“1”，在第二个扫描周期M0.0断电，M0.0的常闭触点闭合，与之相串联的Q0.0常开触点因在前一扫描周期已被接通，即Q0.0的常开触点闭合，此时Q0.0的线圈仍然得电。

当I0.0的第二个脉冲信号的上升沿到来时，M0.0又接通一个扫描周期，此时M0.0的常开触点闭合，但与之相串联的Q0.0的常闭触点在前一扫描周期是断开的，这两个触点状态“逻辑与”的结果是“0”；与此同时，M0.0的常闭触点断开，与之相串联的Q0.0的常开触点虽然在前一扫描周期是闭合的，但这两个触点状态“逻辑与”的结果仍然是“0”，即Q0.0由“1”变为“0”，此状态一直保持到I0.0的第三个脉冲到来。当I0.0的第三个脉冲到来时，又重复上述过程。由此可见，I0.0每发出两个脉冲，Q0.0产生一个脉冲，完成对输入信号的二分频。

笔 记

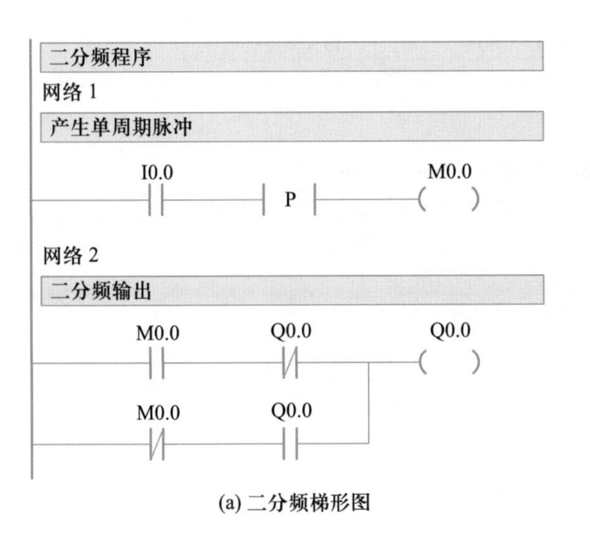

(a) 二分频梯形图

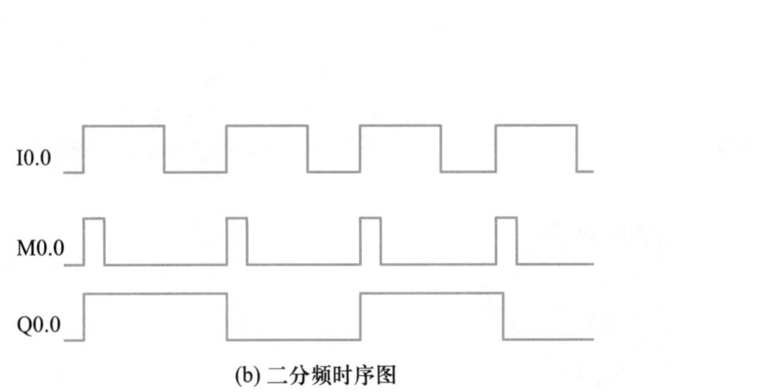

(b) 二分频时序图

图 3-3
二分频电路的梯形图及时序图

微课 3-1-2：
如何实现闪光频率
的 PLC 控制

三、项目实施

1. I/O 分配

根据项目分析，对输入、输出进行分配，如表3-2所示。

笔 记

表 3-2 闪光频率控制 I/O 分配表

输入		输出	
输入继电器	元件	输出继电器	元件
I0.0	慢闪按钮SB1	Q0.0	闪光灯HL
I0.1	中闪按钮SB2		
I0.2	快闪按钮SB3		
I0.3	停止按钮SB4		

2. PLC 的 I/O 接线图

根据控制要求及表3-2所示的I/O分配表，可绘制闪光频率控制PLC的I/O接线图，如图3-4所示。

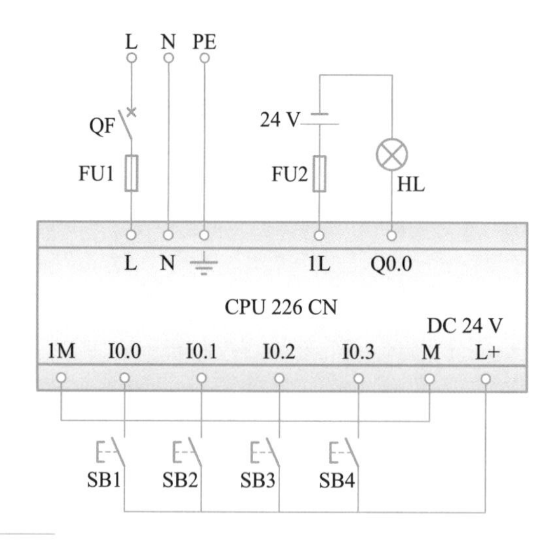

图 3-4
闪光频率控制 PLC 的 I/O 接线图

3. 创建工程项目

创建一个工程项目，并命名为闪光频率控制。

4. 梯形图程序

根据要求，使用跳转指令编写梯形图，如图3-5所示。

5. 调试程序

（1）下载程序并运行。

（2）分析程序运行的过程和结果，并编写语句表。

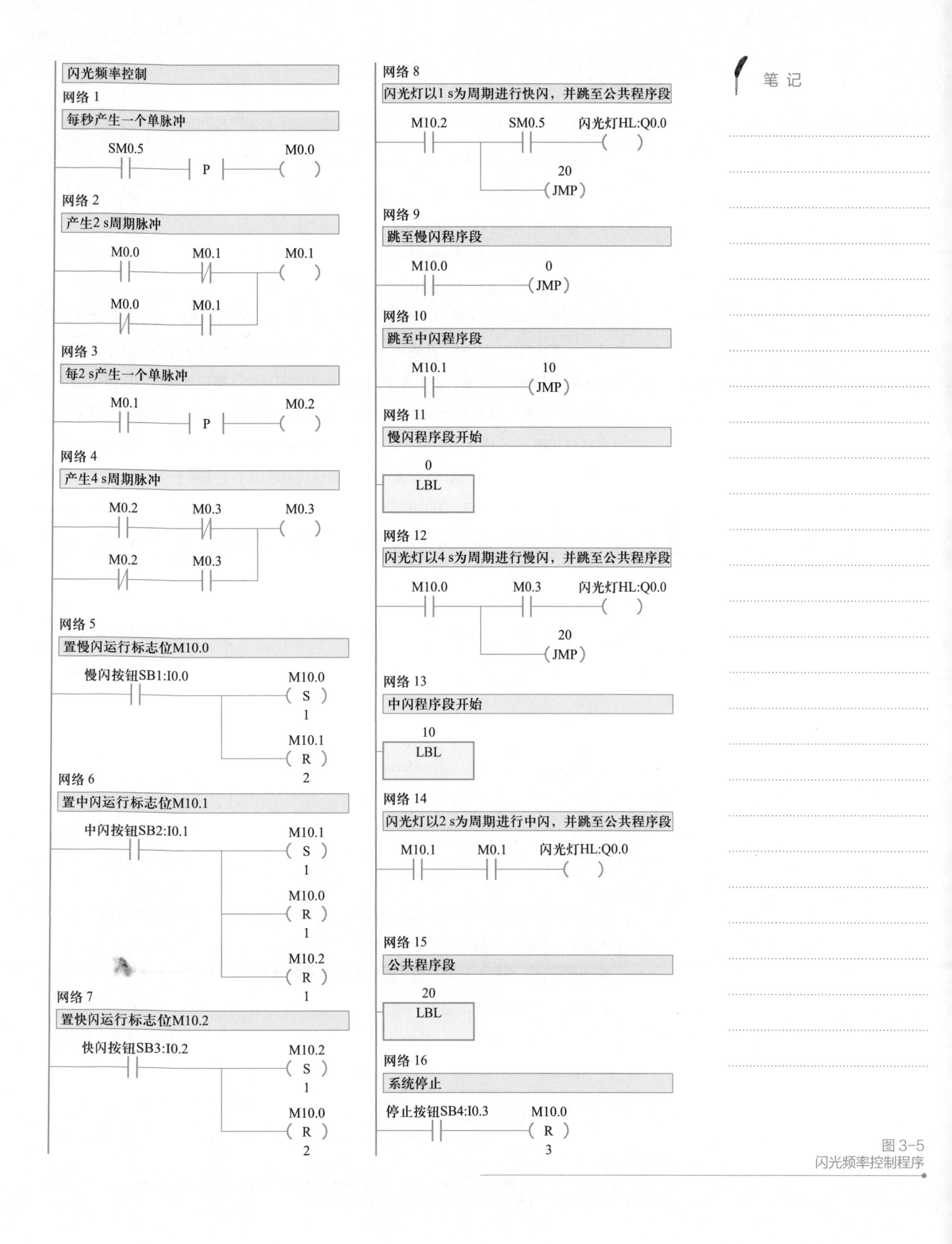

图 3-5
闪光频率控制程序

笔 记

四、知识进阶

循环指令

在控制系统中，经常有需要重复执行多次同样任务的情况，这时可以使用循环指令来完成。特别是在进行大量相同功能的计算和逻辑处理时，循环指令更是非常重要。S7-200 PLC提供了计数型循环指令FOR－NEXT。

（1）循环指令的梯形图及语句表

循环指令的梯形图及语句表如表3-3所示。

FOR指令表示循环开始，NEXT指令表示循环结束，FOR和NEXT指令必须对应出现。当有信号流流入FOR指令时，开始执行循环体，同时INDX从循环初值INIT开始计数，反复执行FOR指令和NEXT指令之间的程序，每执行一次循环体，循环计数器INDX的值加1。在FOR指令中，需要设置循环次数INDX、初始值INIT和终止值FINAL，数据类型均为整数。

若给定初值为1，终止值为10。每次执行FOR和NEXT之间的程序后，当前循环计数器的值增加1，并将结果与终止值比较。如果当前循环次数的值小于或等于终止值，则循环继续；如果当前循环次数的值大于终止值的值，则循环终止。那么，随着当前循环次数的值从1增加到10，FOR与NEXT之间的指令将被执行10次。如果初始值大于终止值，则不执行循环指令。

表 3-3 循环指令的梯形图及语句表

梯形图	语句表	指令名称
FOR EN ENO INDX INIT FINAL (NEXT)	FOR INDX, INIT, FINAL NEXT	循环及循环结束指令

在循环执行过程中可以修改循环终止值，也可以在循环体内部用指令修改终止值。使能输入有效时，循环一直执行，直到循环结束。

每次使能输入重新有效时，指令自动将各参数复位。

循环指令的操作数范围如表3-4所示。

表 3-4 循环指令的操作数范围

指令	输入或输出	操作数
循环指令	INDX	IW、QW、VW、MW、SMW、SW、LW、AC、T、C、*VD、*LD、*AC
	INIT FINAL	IW、QW、VW、MW、SMW、SW、LW、AIW、AC、T、C、*VD、*LD、*AC、常数

（2）循环指令的嵌套

FOR和NEXT循环内部可以再含有FOR、NEXT循环体，称为循环嵌套，如图3-6所示，嵌套最大深度为8层。

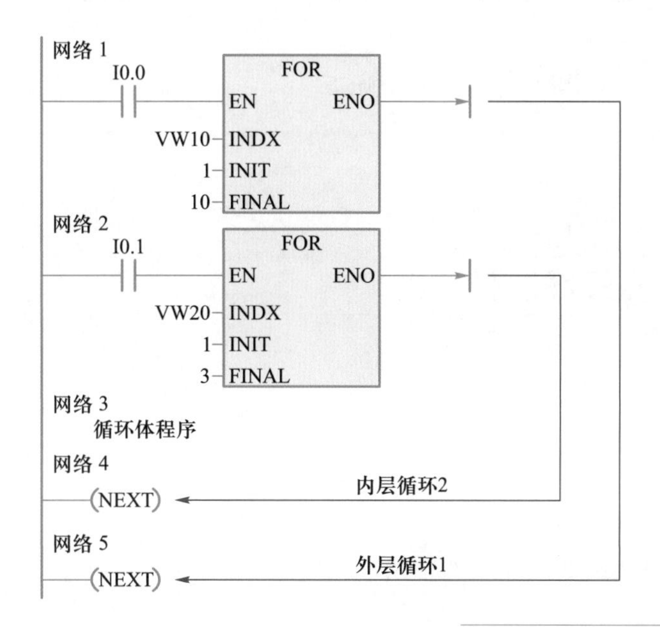

图 3-6
循环的嵌套

五、问题研讨

笔 记

1．双线圈的处理

在工程应用中，系统常用“手动”和“自动”两种操作模式，而控制对象是相同的。又如在交通灯控制系统中，绿灯常亮和绿灯闪烁时，输出对象也是相同的。对初学者来说，编程时往往出现“双线圈”现象，在程序编译时系统不会报错，但在程序执行时往往会出现事与愿违的结果。那如何解决双线圈的问题呢？这需要通过中间存储器过渡一下，将其所有控制的触点合并后再驱动输出线圈即可。

那在跳转指令中可否允许双线圈输出呢？答案是肯定的，允许有双线圈输出，但必须在不同的跳转程序区中，即保证在PLC的一个扫描周期中所扫描的程序段内不出现双线圈即可。

2．断电数据保持

在工程应用中，往往需要在PLC断电时保持某些寄存器中的数据。S7-200 PLC提供了数据保持功能，在编程窗口左侧的“查看”栏中单击“系统块”图标，在“系统块”对话框中，单击“系统块”节点下的“断电数据保持”选项，可打开“断电数据保持”对话框。在此可根据任务要求设置断电保持寄存器及其数量。

S7-200 PLC能对变量存储器V、位存储器M、定时器T和计数器C中的数据进行断电保持（其中定时器和计数器只有当前值可被保持，而定时器和计数器位是不能被保持的）。

六、拓展训练

源程序：
拓展训练 3-1

训练1. 用常规编程方法（不用跳转指令）实现本项目的控制要求。

训练2. 用断电数据保持功能实现本项目在PLC再次上电后，闪光灯仍以PLC断电前的频率进行闪烁。

训练3. 用循环指令实现10的阶乘。

项目二　霓虹灯控制

演示文稿 3-2：
霓虹灯控制

知识目标

- 掌握子程序指令
- 掌握变量存储器V的使用

能力目标

- 能进行带参子程序的编写
- 能进行子程序的编写和熟练应用

一、要求与分析

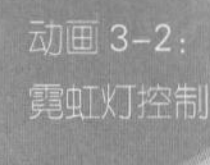

动画 3-2：
霓虹灯控制

要求：用PLC实现一个8盏灯的霓虹灯控制，若按下左循环按钮，每隔1 s点亮其左侧1盏灯（每时刻只有1盏灯亮），如此循环；若按下右循环按钮，每隔1 s点亮其右侧1盏灯（每时刻只有1盏灯亮），如此循环；若按下两侧循环按钮，则中间两盏灯亮，然后每隔1 s分别向左和向右点亮1盏灯（每时刻有2盏灯亮），如此循环。无论何时按下停止按钮，8盏灯全部熄灭。其控制要求示意图如图3-7所示。

分析：根据上述控制要求可知，输入量有3个循环按钮和1个停止按钮；输出量为8盏灯。可用常规编程方法和跳转指令方法实现霓虹灯的控制，这里可使用子程序的方法实现，即将不同的循环方式分别编成一个子程序，在主程序中调用这些子程序即可，这样可避免双线圈的出现，同时还能提高程序的可读性。

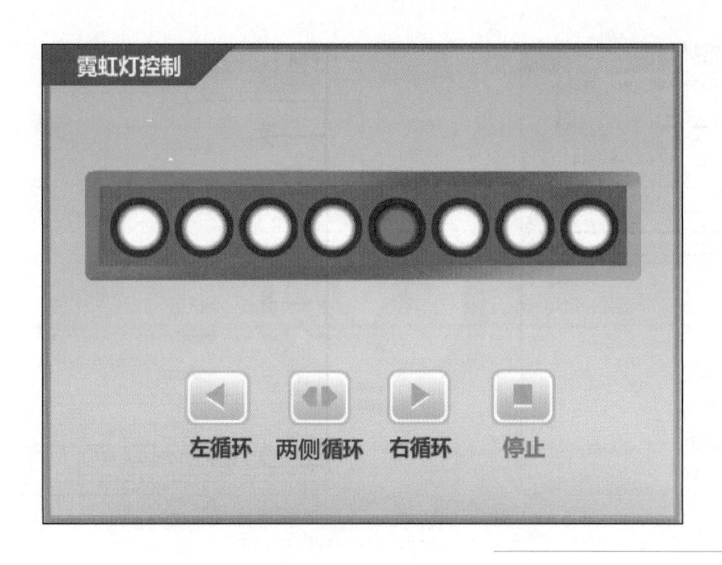

图 3-7
霓虹灯控制要求示意图

二、知识学习

1. 子程序指令

微课 3-2-1：
不带参数子程序

S7-200 PLC的控制程序由主程序、子程序和中断程序组成。STEP 7-Micro/WIN软件的程序编辑窗口为每个POU（程序组成单元）提供一个独立的页。主程序总是在第1页，后面是子程序和中断程序。

在程序设计时，经常需要多次反复执行同一段程序，为了简化程序结构、减少程序编写工作量，在程序结构设计时常将需要反复执行的程序编写为一个子程序，以便多次反复调用。子程序的调用是有条件的，未调用它时不会执行子程序中的指令，因此使用子程序可以减少扫描时间。

虚拟仿真训练
3-2-1：
不带参数子程序

在编写复杂的PLC程序时，最好把所有控制功能划分为几个符合工艺控制规律的子功能块，每个子功能块由一个或多个子程序组成。子程序使程序结构简单清晰，易于调试、查错和维护。在子程序中尽量使用局部变量，避免使用全局变量，这样可以很方便地将子程序移植到其他项目中。

（1）建立子程序

可通过以下两种方法建立子程序。

① 运行编程软件，选择“编辑”→“插入”→“子程序”菜单命令，如图3-8所示。

② 在程序编辑器窗口中右击，在弹出的快捷菜单中选择“插入”→“子程序”命令，如图3-9所示。

新建子程序后，在指令树窗口可以看到新建的子程序图标，默认的程序名是SBR_N，编号N从0开始按递增顺序生成，系统自带一个子程序，如图3-10所示。

注意：S7-200 PLC CPU 226的项目中最多可以创建128个子程序，其他CPU可以创建64个子程序。

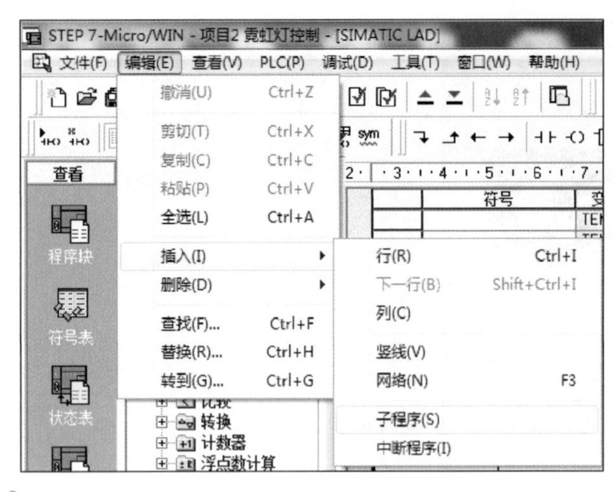

图 3-8
通过菜单命令创建子程序

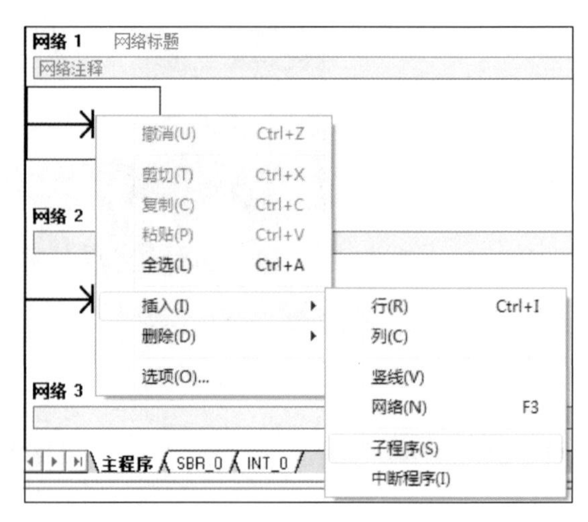

图 3-9
通过右键菜单创建子程序

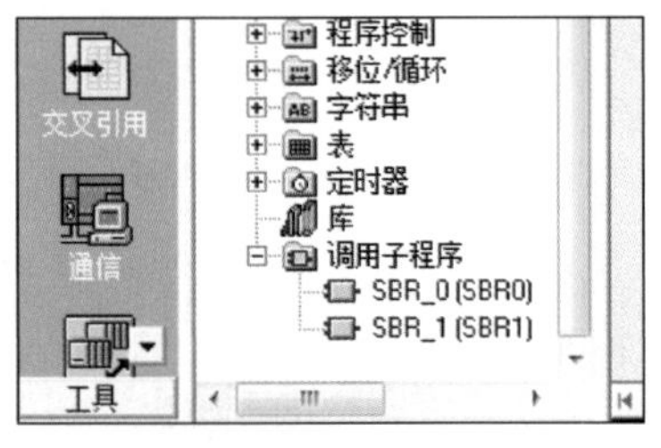

图 3-10
新建子程序

单击POU（程序组成单元）中相应的页标签就可以进入相应的程序单元，在此单击SBR_0标签即可进入子程序编辑窗口，如图3-11所示。单击“主程序”标签可切换回主程序编辑窗口。

若子程序需要接收（传入）调用程序传递的参数，或者需要输出（传出）参数给调用程序，则在子程序中可以设置参变量。子程序参变量应在子程序编辑窗口的子程序局部变量表中定义，如图3-11中上部分所示。

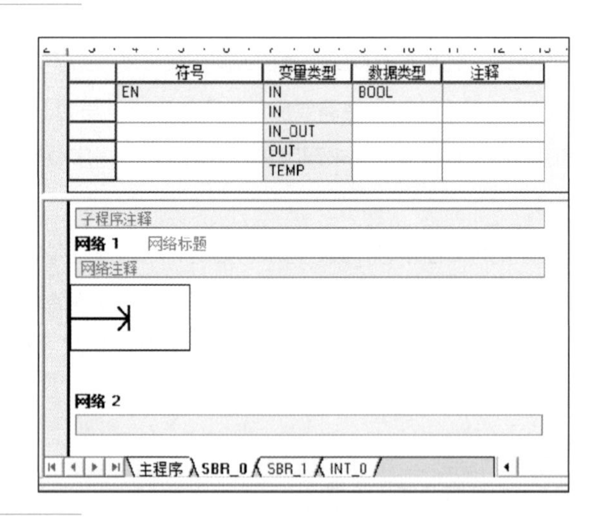

图 3-11
子程序编辑窗口

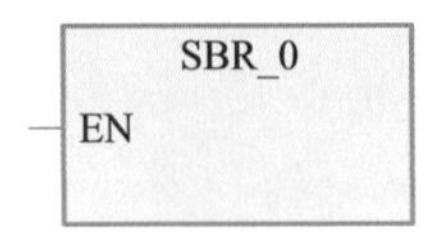

(a) 梯形图

CALL　SBR_0:SBR0

(b) 语句表

图 3-12
子程序调用指令的梯形图和语句表

（2）子程序调用指令

在子程序建立后，可以通过子程序调用指令反复调用子程序。子程序的调用可以带参数，也可以不带参数。它在梯形图中以指令盒的形式编程。

子程序调用指令CALL的梯形图和语句表如图3-12所示。当使能输入端EN有效时，程序将转移至编号为SBR_0的子程序继续执行。

（3）子程序返回指令

子程序返回指令分两种：无条件返回RET和有条件返回CRET。子程序在执行完时必须返回到调用程序，如为无条件返回则编程人员无须在子程序最后插入任何返回指令，由STEP 7-Micro/WIN软件自动在子程序结尾处插入返回指令RET；如为有条件返回则必须在子程序的最后插入CRET指令。子程序有条件返回指令的梯形图和语句表如图3-13所示。

—(RET)　　CRET

(a) 梯形图　　(b) 语句表

图 3-13
子程序有条件返回指令的梯形图和语句表

（4）子程序的调用

可以在主程序、其他子程序或中断程序中调用子程序。调用子程序时将执行子程序中的指令，直至子程序结束，然后返回调用它的程序中该子程序调用指令的下一条指令处。

（5）子程序的嵌套

如果在子程序的内部又对另一个子程序执行调用指令，这种调用称为子程序的嵌套。子程序最多可以嵌套8级。

当一个子程序被调用时，系统自动保存当前的堆栈数据，并把栈顶置“1”，堆栈中的其他位置为“0”，子程序占有控制权。子程序执行结束，通过返回指令自动恢复原来的逻辑堆栈值，调用程序又重新取得控制权。

注意：当子程序在一个周期内被多次调用时，不能使用上升沿、下降沿、定时器和计数器指令；在中断服务程序调用的子程序中不能再出现子程序嵌套调用。

2. 变量存储器

在S7-200 PLC中，位存储器M的范围较小，在复杂控制系统中，M往往不够使用，CPU 226中只有32B的容量。在此较为详细地介绍变量（Variable）存储器V，它与位存储器M的作用相当。是为保存过程变量和数据而建立的一个存储器，用V表示。该存储器的数据可以是位、字节、字或者双字。

微课 3-2-2：
变量存储器

变量存储器的数据可以是输入，也可以是输出。CPU 221和CPU 222的变量存储器只有2048B，而CPU 226的变量存储器有5120B，范围为VB0～VB5119。

虚拟仿真训练
3-2-2：
变量存储器

三、项目实施

1. I/O 分配

根据项目分析，对输入、输出进行分配，如表3-5所示。

表 3-5　霓虹灯控制 I/O 分配表

输入		输出	
输入继电器	元件	输出继电器	元件
I0.0	左循环按钮SB1	QB0	8盏霓虹灯
I0.1	右循环按钮SB2		
I0.2	两侧循环按钮SB3		
I0.3	停止按钮SB4		

微课 3-2-3：
如何实现霓虹灯的
PLC 控制

2. PLC 的 I/O 接线图

根据控制要求及表3-5所示的I/O分配表，可绘制霓虹灯控制PLC的I/O接线图，如图3-14所示。

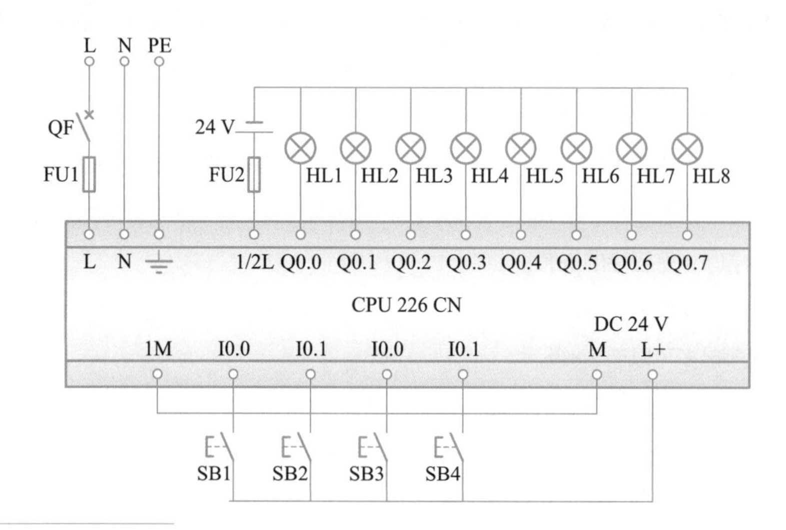

图 3-14
霓虹灯控制 PLC 的 I/O 接线图

源程序：
应用子程序指令实现霓虹灯控制

3. 创建工程项目

创建一个工程项目，并命名为霓虹灯控制。

4. 梯形图程序

根据要求，采用子程序指令编写的梯形图如图3-15~图3-18所示。

5. 调试程序

（1）下载程序并运行。

（2）分析程序运行的过程和结果，并编写语句表。

笔 记

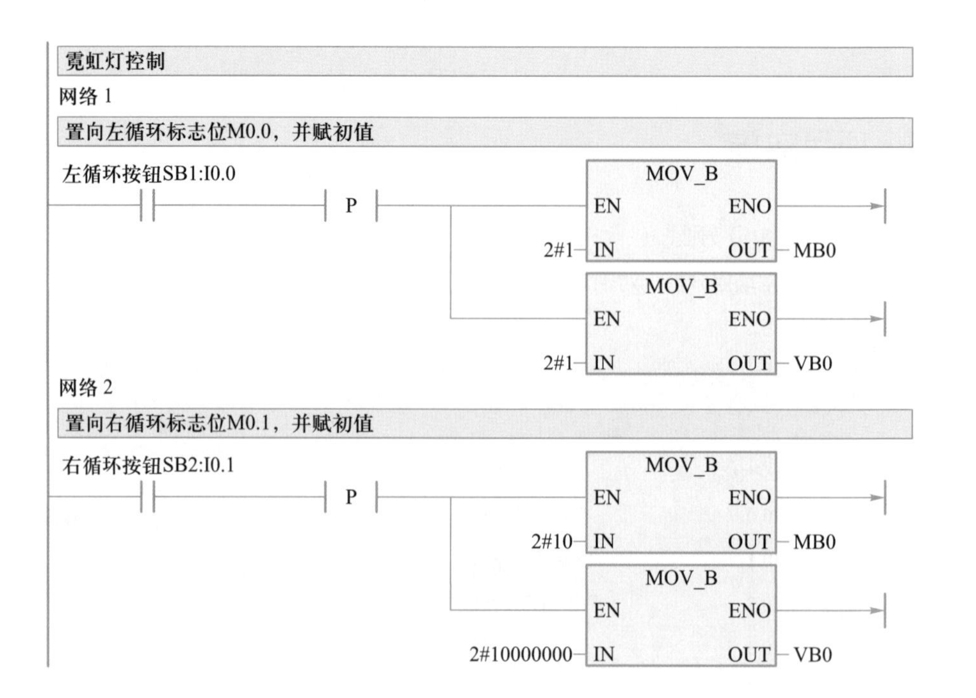

笔 记

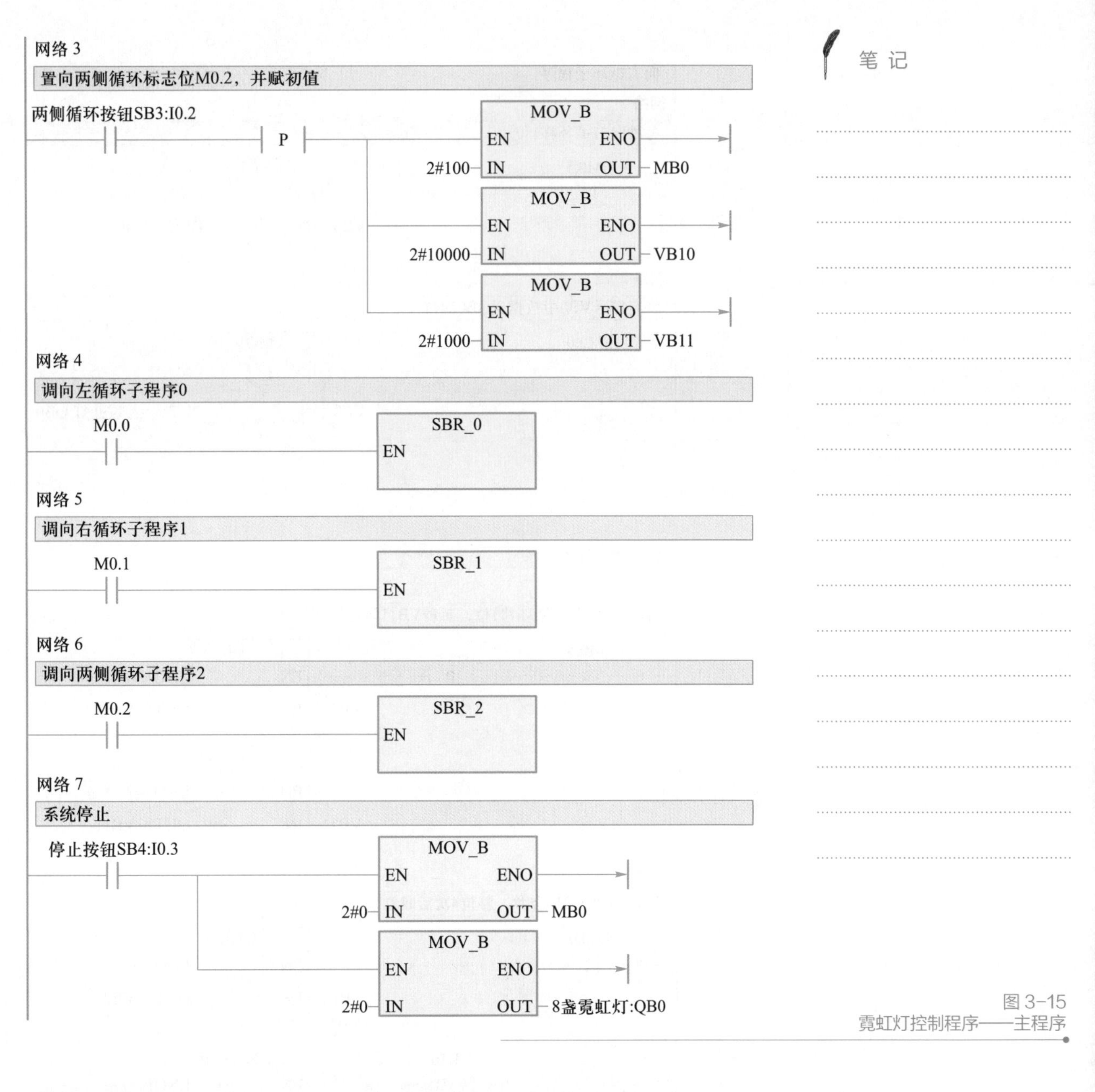

图 3-15
霓虹灯控制程序——主程序

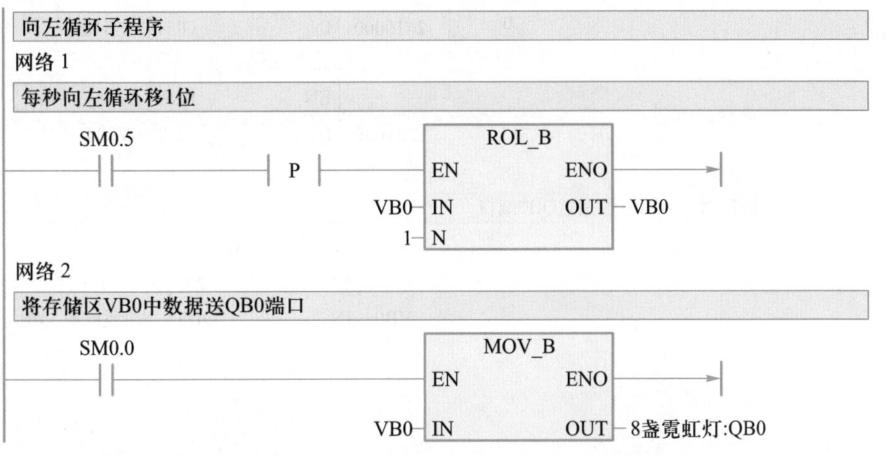

图 3-16
霓虹灯控制程序——子程序 0

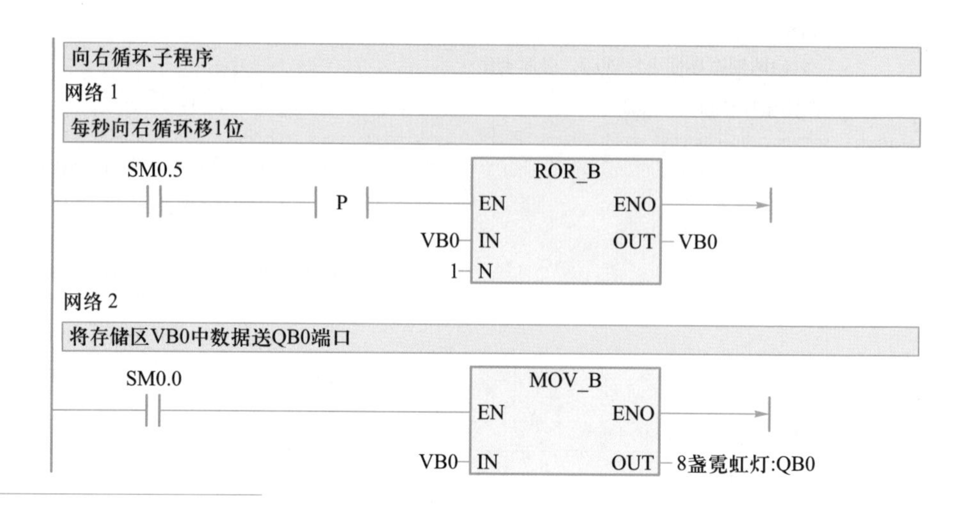

图 3-17
霓虹灯控制程序——子程序 1

笔 记

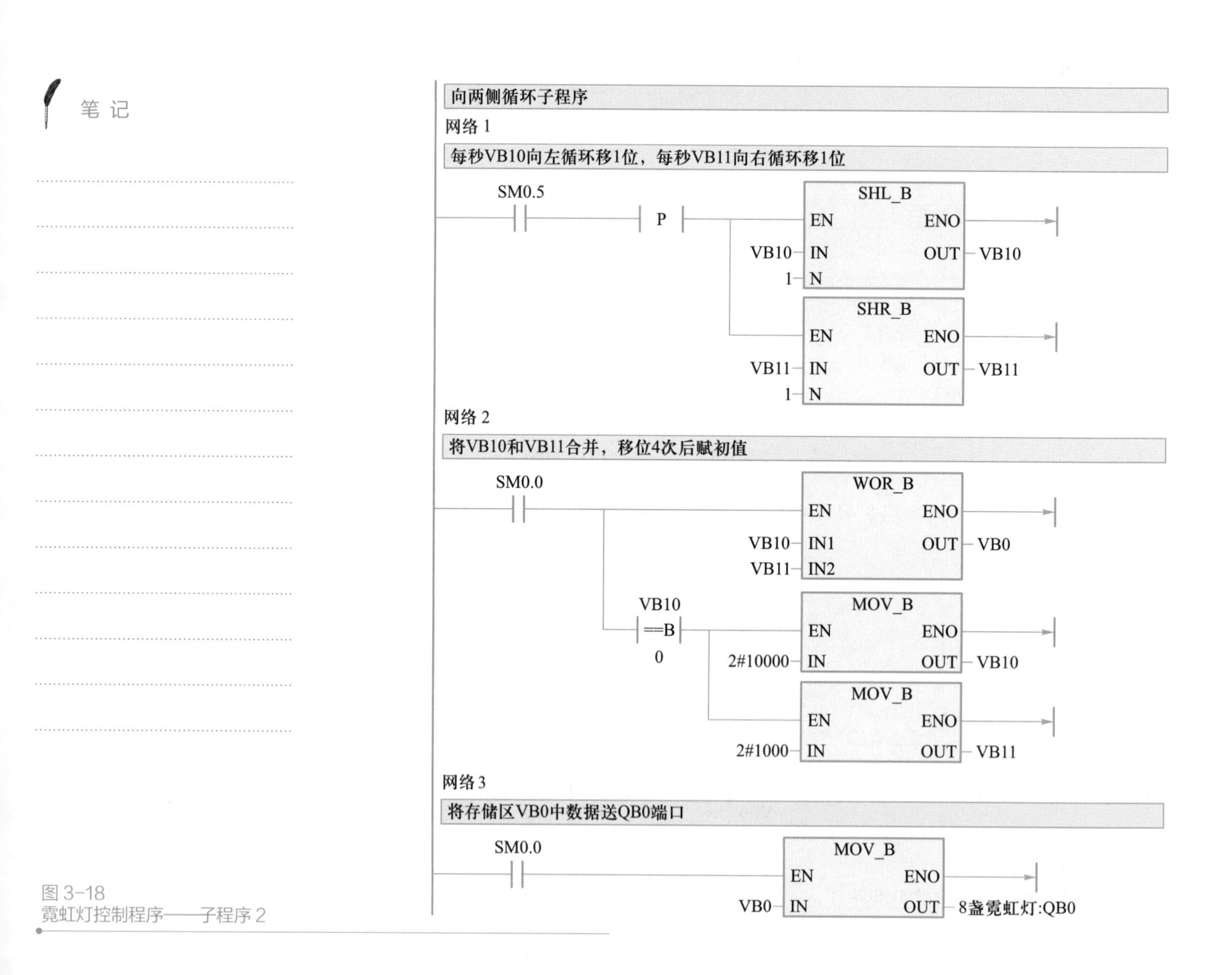

图 3-18
霓虹灯控制程序——子程序 2

四、知识进阶

微课 3-2-4：
带参数子程序

带参数的子程序调用

子程序中可以有参数变量，带参数的子程序调用扩大了子程序的使用范围，增加了调用的灵活性。子程序的调用过程中如果存在数据的传递，则在调用指令中应包含相应的参数。

（1）子程序参数

子程序最多可以传递16个参数，参数在子程序的局部变量表中加以定义。参数包含下列信息：变量名、变量类型和数据类型。

① 变量名。最多用8个字符表示，第一个字符不能是数字。

② 变量类型。变量类型是按变量对应数据的传递方向来划分的，可以是传入子程序参数(IN)，传入/传出子程序参数(IN_OUT)、传出子程序参数(OUT)和暂时变量（TEMP）4种类型。4种变量类型的参数在局部变量表中的位置必须按以下先后顺序。

虚拟仿真训练 3-2-3：带参数子程序 1

● IN类型：传入子程序参数。所接的参数可以是直接寻址数据（如VB100）、间接寻址数据（如AC1）、立即数（如16#2344）和数据的地址值（如&VB106）。

● IN_OUT类型：传入/传出子程序参数。调用时将指定地址的参数值传到子程序，返回时从子程序得到的结果值被返回到同一地址。参数可以是直接和间接寻址数据，但立即数（如16#1234）和地址值（如&VB100）不能作为参数。

虚拟仿真训练 3-2-4：带参数子程序 2

● OUT类型：传出子程序参数。它将从子程序返回的结果值送到指定的参数位置。参数可以是直接和间接寻址数据，但不能是立即数或地址值。

● TEMP类型：暂时变量类型。在子程序内部暂时存储数据，不能用来与主程序传递参数数据。

笔 记

③ 数据类型。局部变量表中还要对数据类型进行声明。数据类型可以是布尔型、字节型、字型、双字型、整数型、双整型和实型。

（2）局部变量表的使用

按照子程序指令的调用顺序，将参数值分配到局部变量存储器，起始地址是L0.0。使用编程软件时，地址分配是自动的。

在语句表中，带参数的子程序的调用指令格式为：

CALL　子程序名，IN，IN_OUT，OUT

其中：IN为传递到子程序中的参数，IN_ OUT为传递到子程序的参数、子程序的结果值返回到的位置，OUT为子程序的结果值返回到的位置。

（3）局部存储器（L）

局部存储器用来存放局部变量。局部存储器是局部有效的。局部有效是指某一局部存储器只能在某一程序分区（主程序或子程序或中断程序）中使用。S7-200 PLC提供64B的局部存储器，可用作暂时存储器或为子程序传递参数。可以按位、字节、字、双字访问局部存储器。可以把局部存储器作为间接寻址的指针，但是不能作为间接寻址的存储器区。局部存储器L的寻址格式同存储器M和存储器V，范围为LB0～LB63。

笔 记

五、问题研讨

1. 子程序重命名

在子程序较多的控制系统中，如果子程序均命名为SBR_N，不便于程序的阅读及系统程序的维护和优化。每个特定功能的子程序名最好能“望文生义”，那子程序如何重命名呢？右击指令树中的子程序的图标，在弹出的快捷菜单中选择“重命名”命令，可以更改其名称；或右击编辑器最下方的子程序名，在弹出的快捷菜单中选择“重命名”命令；或双击编辑器最下方的子程序名，待原子程序名选中后便可重命名。

2. 子程序中的定时器

停止调用子程序时，线圈在子程序内的位元件的ON/OFF状态保持不变。如果在停止调用时子程序中的定时器正在定时，其位元件和当前值是否还保持不变呢？若为100ms定时器则停止定时，当前值保持不变，重新调用时继续定时；若为1ms定时器和10ms定时器则继续定时，定时时间到时，它们的定时器位变为1状态，并且可以在子程序之外起作用。

六、拓展训练

训练1. 用子程序指令实现两台电动机的顺起逆停控制。

训练2. 用带参子程序指令实现星三角降压起动控制。

训练3. 用带参子程序求半径为2.5cm的圆周长。

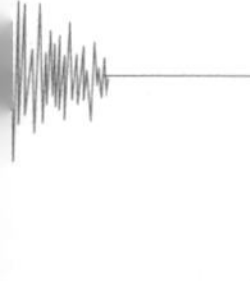

项目三　流水灯控制

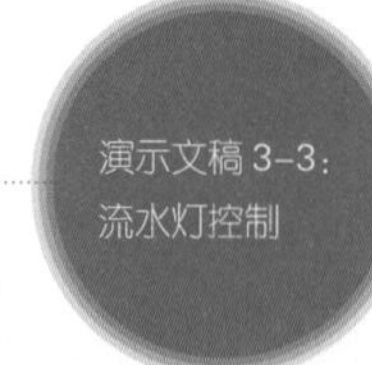

- 掌握中断指令
- 掌握中断的编程步骤及方法
- 了解停止指令的作用

能力目标

- 能用输入/输出中断编写应用程序
- 能用时基中断编写应用程序
- 能灵活运用结束指令调试应用程序

一、要求与分析

动画 3-3:
流水灯控制
要求

要求：用PLC实现一个8盏灯的流水灯控制，要求按下起动按钮后，第1盏灯亮，1 s后第1、2盏灯亮，再过1 s后第1、2、3盏灯亮，直到8盏灯全亮；再过1 s后，第1盏灯再次亮起，如此循环。无论何时按下停止按钮，8盏灯全部熄灭。其控制要求示意图如图3-19所示。

分析：根据上述控制要求可知，输入量有1个开始按钮和1个停止按钮；输出量为8盏灯。可采用跑马灯项目中所学方法，用MOV传送指令配合定时器实现流水灯的控制。因为中断在计算机控制领域中得到比较广泛的应用，因此，在此要求流水灯中秒信号的产生由时基中断产生，这样可做到程序的结构化设计，同时也可提高程序的可读性、可移植性和可拓展性。

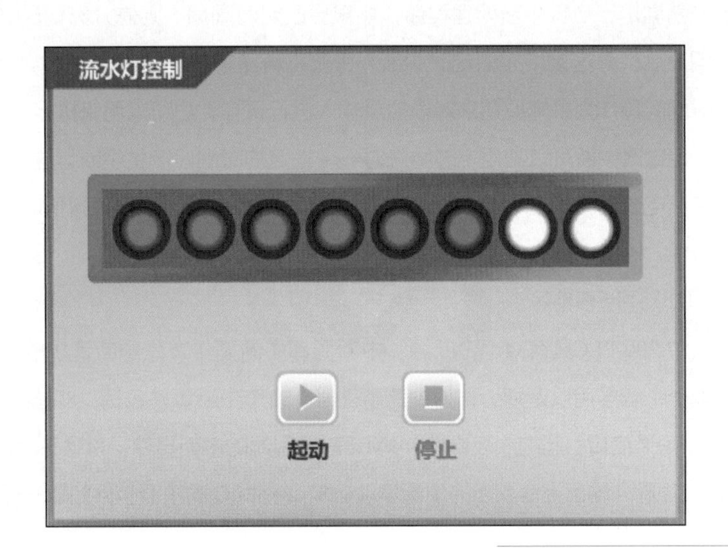

图 3-19
流水灯控制要求示意图

二、知识学习

中断指令

微课 3-3-1：
中断指令

中断在计算机技术中应用较为广泛。中断是由设备或其他非预期的急需处理的事件引起的，它使系统暂时中断现在正在执行的程序，进行有关数据保护，然后转到中断服务程序去处理这些事件。处理完毕后，立即恢复现场，将保存起来的数据和状态重新装入，返回到原程序继续执行。

（1）中断类型

S7-200 PLC的中断大致分为3类：通信中断、输入/输出中断和时基中断。

① 通信中断。通信中断是PLC的通信端口0或端口1在接收字符、发送完成、接收信息完成时所产生的中断。PLC的通信端口可由程序来控制，通信中的这种操作模式称为自由通信模式。在这种模式下，用户可以编程来设置波特率、奇偶校验和通信协议等参数。

② 输入/输出中断。输入/输出中断包括外部输入中断、高速计数器中断和脉冲串输出中断。

笔 记

外部输入中断是系统利用I0.0～I0.3的上升沿或下降沿产生的中断，这些输入点可被用于连接某些一旦发生必须引起注意的外部事件。

高速计数器中断可以响应当前值等于预置值、计数方向的改变、计数器外部复位等事件所引起的中断。

脉冲串输出中断可以用来响应给定数量的脉冲输出完成所引起的中断。

③ 时基中断。时基中断包括定时中断和定时器中断。

定时中断可用来支持一个周期性的活动，周期时间以1ms为计量单位，周期时间范围为1～255ms（对于CPU 21×系列，时间范围为5～255ms）。对于定时中断0，把周期时间值写入SMB34，对于定时中断1，把周期时间值写入SMB35。每当达到定时时间值，相关定时器溢出，执行中断处理程序，如果更改定时周期，则先分离相应的定时中断，修改完周期值后，再连接相应的定时中断，否则系统不承认新的时间基准。定时中断可以以固定的时间间隔作为采样周期来对模拟量输入进行采样，也可以用来执行一个PID控制回路。

定时器中断可以利用定时器来对一个指定的时间段产生中断。这类中断只能使用1ms通电和断电延时定时器T32和T96。当所用定时器的当前值等于预置值时，在主机正常的定时刷新中，执行中断程序。

（2）中断事件号

S7-200 PLC具有34个中断源。中断源即中断事件发生中断请求的来源。每个中断源都分配一个编号用以识别，称为中断事件号。34个中断事件包括：8项输入信号引起的中断事件，6项通信口引起的中断事件，4项定时器引起的中断事件，14项高速计数器引起的中断事件，2项脉冲输出指令引起的中断事件。S7-200 PLC 的中断事件如表3-6所示。

表 3-6　S7-200 PLC 的中断事件

中断事件号	中断描述	CPU 221	CPU 222	CPU 224	CPU 226
0	I0.0上升沿	有	有	有	有
1	I0.0下降沿	有	有	有	有
2	I0.1上升沿	有	有	有	有
3	I0.1下降沿	有	有	有	有
4	I0.2上升沿	有	有	有	有
5	I0.2下降沿	有	有	有	有
6	I0.3上升沿	有	有	有	有
7	I0.3下降沿	有	有	有	有
8	端口0接收字符	有	有	有	有
9	端口0发送字符	有	有	有	有
10	定时中断0（SMB34）	有	有	有	有
11	定时中断1（SMB35）	有	有	有	有
12	HSC0当前值=预置值	有	有	有	有
13	HSC1当前值=预置值			有	有

笔 记

续表

中断事件号	中断描述	CPU 221	CPU 222	CPU 224	CPU 226
14	HSC1输入方向改变			有	有
15	HSC1外部复位			有	有
16	HSC2当前值=预置值			有	有
17	HSC2输入方向改变			有	有
18	HSC2外部复位			有	有
19	PLS0脉冲输出完成中断	有	有	有	有
20	PLS1脉冲输出完成中断	有	有	有	有
21	T32当前值=预置值	有	有	有	有
22	T96当前值=预置值	有	有	有	有
23	端口0接收信息完成	有	有	有	有
24	端口1接收信息完成				有
25	端口1接收字符				有
26	端口1发送字符				有
27	HSC0输入方向改变	有	有	有	有
28	HSC0外部复位	有	有	有	有
29	HSC4当前值=预置值	有	有	有	有
30	HSC4输入方向改变	有	有	有	有
31	HSC4外部复位	有	有	有	有
32	HSC3当前值=预置值	有	有	有	有
33	HSC5当前值=预置值	有	有	有	有

（3）中断事件的优先级

中断优先级是指中断源被响应和处理的优先等级。设置优先级的目的是为了在有多个中断源同时发生中断请求时，CPU能够按照预定的顺序（如按事件的轻重缓急顺序）进行响应并处理。中断事件的优先级顺序如表3-7所示。

表 3-7　中断事件的优先级顺序

组优先级	组内类型	中断事件号	中断事件描述	组内优先级
通信中断（最高级）	通信口0	8	接收字符	0
		9	发送完成	0
		23	接收信息完成	0
	通信口1	24	接收信息完成	1
		25	接收字符	1
		26	发送完成	1

笔 记

续表

组优先级	组内类型	中断事件号	中断事件描述	组内优先级
输入/输出中断（次高级）	脉冲串输出	19	PLS0脉冲输出完成中断	0
		20	PLS1脉冲输出完成中断	1
	外部输入	0	I0.0上升沿中断	2
		2	I0.1上升沿中断	3
		4	I0.2上升沿中断	4
		6	I0.3上升沿中断	5
		1	I0.0下降沿中断	6
		3	I0.1下降沿中断	7
		5	I0.2下降沿中断	8
		7	I0.3下降沿中断	9
	高速计数器	12	HSC0当前值等于预置值中断	10
		27	HSC0输入方向改变中断	11
		28	HSC0外部复位中断	12
		13	HSC1当前值等于预置值中断	13
		14	HSC1输入方向改变中断	14
		15	HSC1外部复位中断	15
		16	HSC2当前值等于预置值中断	16
		17	HSC2输入方向改变中断	17
		18	HSC2外部复位中断	18
		32	HSC3当前值等于预置值中断	19
		29	HSC4当前值等于预置值中断	20
		30	HSC4输入方向改变中断	21
		31	HSC4外部复位中断	22
		33	HSC5当前值等于预置值中断	23
时基中断（最低级）	定时	10	定时中断0	0
		11	定时中断1	1
	定时器	21	定时器T32当前值等于预置值中断	2
		22	定时器T96当前值等于预置值中断	3

（4）中断程序的创建

可以采用以下3种方法创建中断程序。

① 选择“编辑”→“插入”→“中断程序”菜单命令。

② 在程序编辑器窗口中右击，在弹出的快捷菜单中选择“插入”→“中断程序”命令。

③ 右击指令树上的“程序块”图标，在弹出的快捷菜单中选择“插入”→“中断程序”命令。

创建成功后程序编辑器将显示新的中断程序，程序编辑器底部出现标有新的中断程序的标签，可以对新的中断程序编程，新建中断名为INT_N。

（5）中断指令

中断调用相关的指令包括中断允许指令ENI（Enable Interrupt）、中断禁止指令DISI（Disable Interrupt）、中断连接指令ATCH（Attach）、中断分离指令DTCH（Detach）、中断返回指令RETI（Return Interrupt）和中断程序有条件返回指令CRETI（Conditional Return Interrupt）。

① 中断允许指令。中断允许指令ENI又称开中断指令，其功能是全局性地开放所有被连接的中断事件，允许CPU接收所有中断事件的中断请求，其指令如图3-20所示。

——(ENI)　　ENI

(a) 梯形图　　(b) 语句表

图 3-20
中断允许指令

② 中断禁止指令。中断禁止指令DISI又称关中断指令，其功能是全局性地关闭所有被连接的中断事件，禁止CPU接收所有中断事件的请求，其指令如图3-21所示。

——(DISI)　　DISI

(a) 梯形图　　(b) 语句表

图 3-21
中断禁止指令

③ 中断返回指令。中断返回指令RETI/CRETI的功能是当中断结束时，通过中断返回指令退出中断服务程序，返回到主程序。RETI是无条件返回指令，即在中断程序的最后无须插入此指令，编程软件自动在程序结尾加上RETI指令；CRETI是有条件返回指令，即中断程序的最后必须插入该指令，其指令如图3-22所示。

——(RETI)　　CRETI

(a) 梯形图　　(b) 语句表

图 3-22
中断有条件返回指令

④ 中断连接指令。中断连接指令ATCH的功能是建立一个中断事件EVNT与一个标号INT的中断服务程序的联系，并对该中断事件开放，其指令如表3-8所示。

⑤ 中断分离指令。中断分离指令DTCH的功能是取消某个中断事件EVNT与所有中断程序的关联，并对该中断事件关闭，其指令如表3-8所示。

笔 记

表 3-8　中断连接和分离指令的梯形图和语句表

梯形图	语句表	指令名称
ATCH：EN　ENO　INT　EVNT	ATCH　INT，EVNT	中断连接指令
DTCH：EN　ENO　EVNT	DTCH　EVNT	中断分离指令

（6）中断的嵌套

CPU正在执行一个中断服务程序时，收到另一个优先级较高的中断请求，这时CPU会暂时停止当前正在执行的级别较低的中断源的服务程序，转去处理级别较高的中断服务程

笔 记

序，待处理完毕后，再返回到被中断了的中断服务程序处继续执行，这个过程就是中断的嵌套。

（7）中断指令的应用

在激活一个中断程序前，必须在中断事件和该事件发生时希望执行的那段程序间建立一种联系。中断连接指令指定某中断事件（由中断事件号指定）所要调用的程序段（由中断程序号指定）。多个中断事件可调用同一个中断程序，但一个中断事件号不能同时指定调用多个中断程序。

在中断允许时，当为某个中断事件指定其所对应的中断程序时，该中断事件会自动被允许。如该中断事件发生，则为该事件指定的中断程序被执行。如果用全局中断禁止指令禁止所有中断，则每个出现的中断事件就进入中断队列，直到用全局中断允许指令重新允许中断。

可以用中断分离指令截断中断事件和中断程序之间的联系，以单独禁止中断事件，中断分离指令使中断回到不激活或无效状态。

中断指令的应用如图3-23所示（如果显示任何I/O错误，位SM5.0接通）。在I0.0的上升沿通过中断使Q0.0置位；在I0.2的下降沿通过中断使Q0.0复位。若发现I/O有错误，则禁止本中断，当I0.5接通时，禁止全局中断。

注意：中断程序应尽可能短小而简单，不宜延时过长。否则，意外的情况可能会引起由主程序控制的设备动作异常。对中断服务程序而言，其经验是“越短越好”。

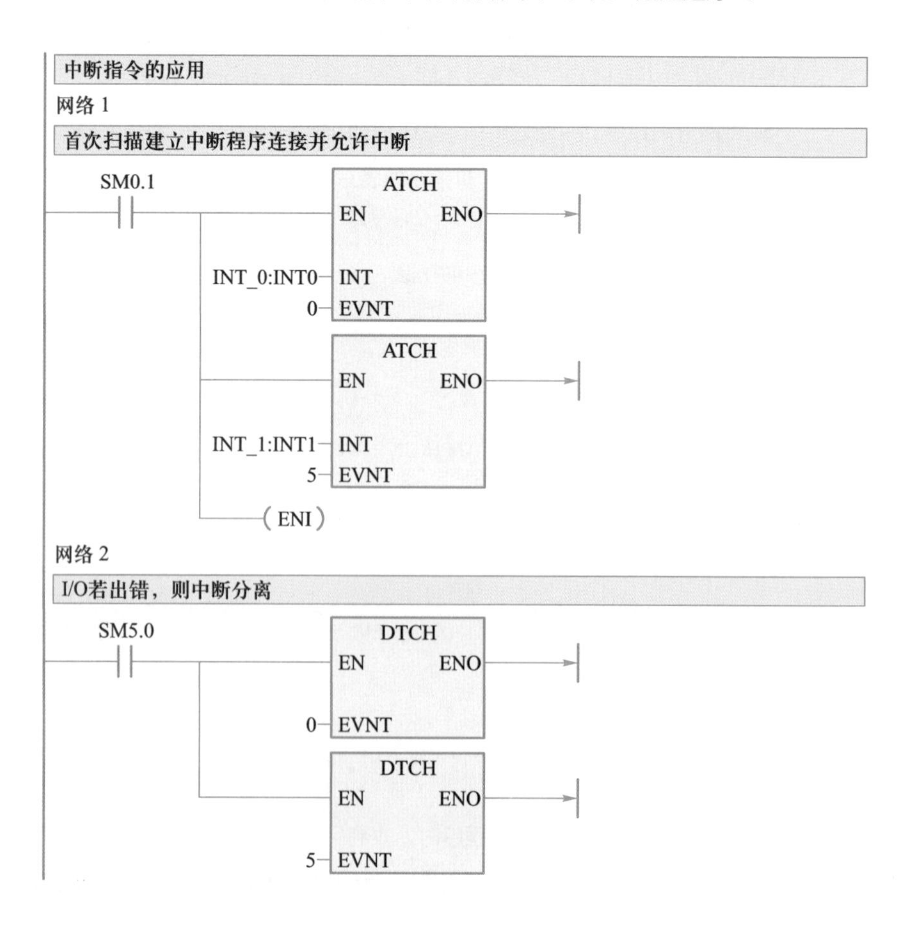

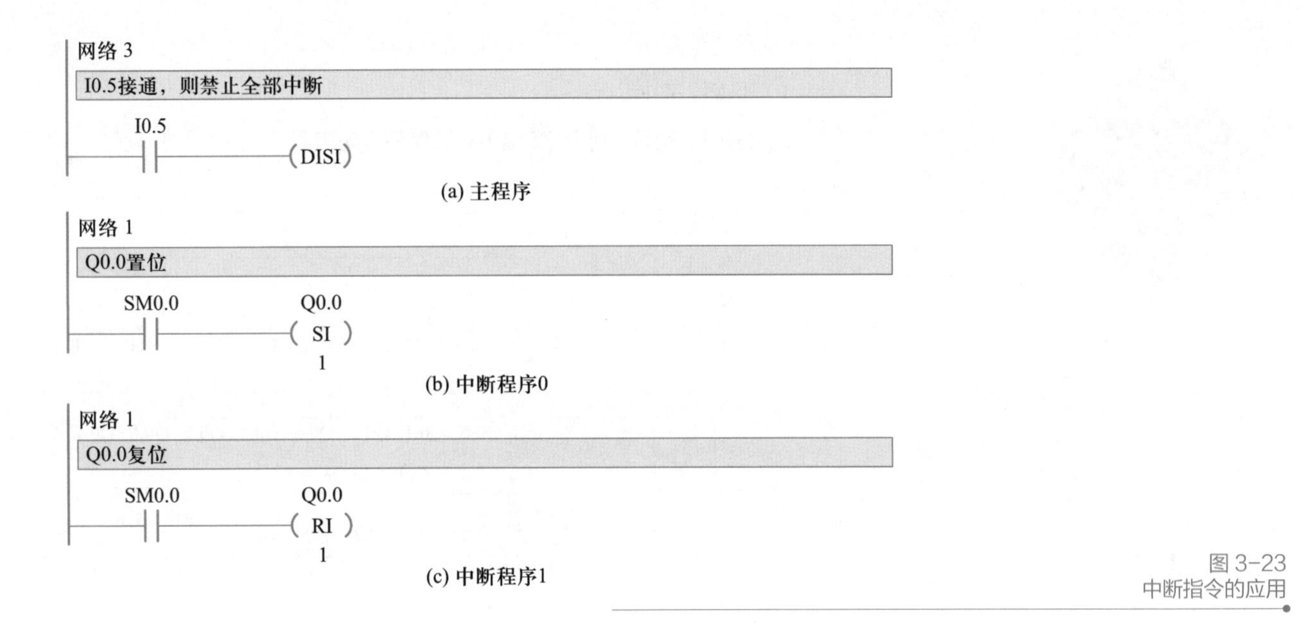

图 3-23 中断指令的应用

三、项目实施

1. I/O 分配

根据项目分析，对输入、输出进行分配，如表3-9所示。

微课 3-3-2：如何实现流水灯的PLC控制

表 3-9　流水灯控制 I/O 分配表

输入		输出	
输入继电器	元件	输出继电器	元件
I0.0	起动按钮SB1	Q0.0	第1盏灯
I0.1	停止按钮SB2	Q0.1	第2盏灯
		Q0.2	第3盏灯
		Q0.3	第4盏灯
		Q0.4	第5盏灯
		Q0.5	第6盏灯
		Q0.6	第7盏灯
		Q0.7	第8盏灯

笔 记

2. PLC 的 I/O 接线图

根据控制要求及表3-9所示的I/O分配表，可绘制流水灯控制PLC的I/O接线图，如图3-24所示。

3. 创建工程项目

创建一个工程项目，并命名为流水灯控制。

4. 梯形图程序

根据要求，并使用中断指令编写的梯形图如图3-25和图3-26所示。

源程序：
应用中断指令实现
流水灯控制

5. 调试程序

（1）下载程序并运行。

（2）分析程序运行的过程和结果，并编写语句表。

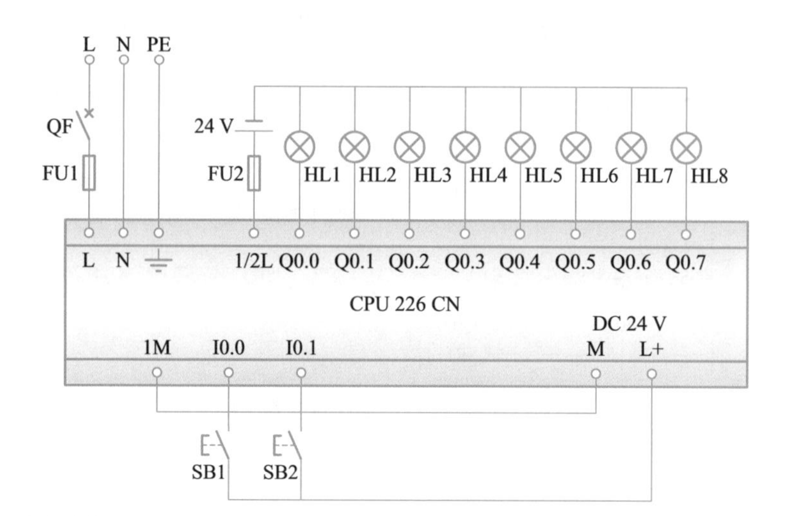

图 3-24
流水灯控制 PLC 的 I/O 接线图

笔 记

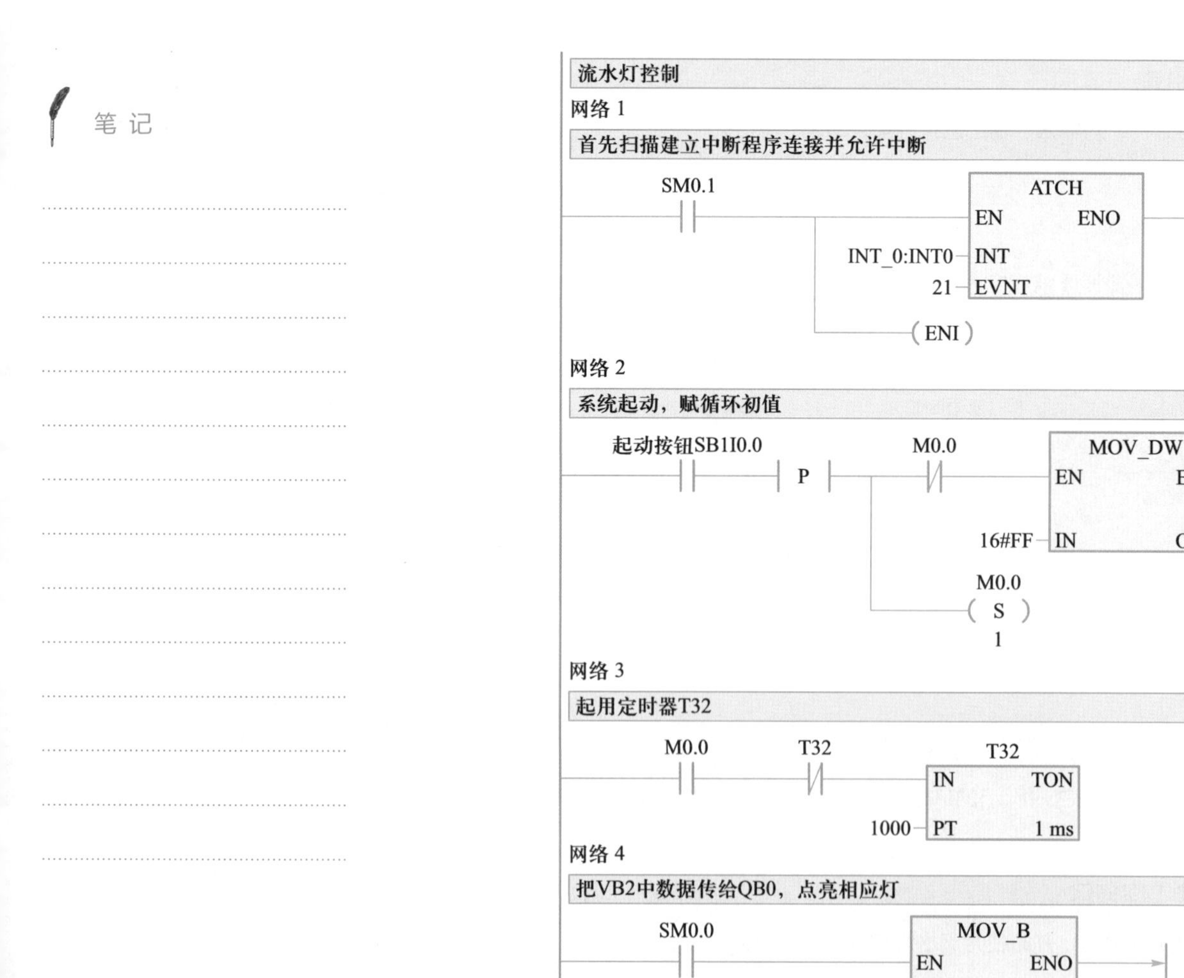

网络 5
系统停止
停止按钮SB2:I0.1
MOV_DW
EN
ENO
16#0
IN
OUT
VD0
MOV_B
EN
ENO
16#0
IN
OUT
QB0
M0.0
R
1

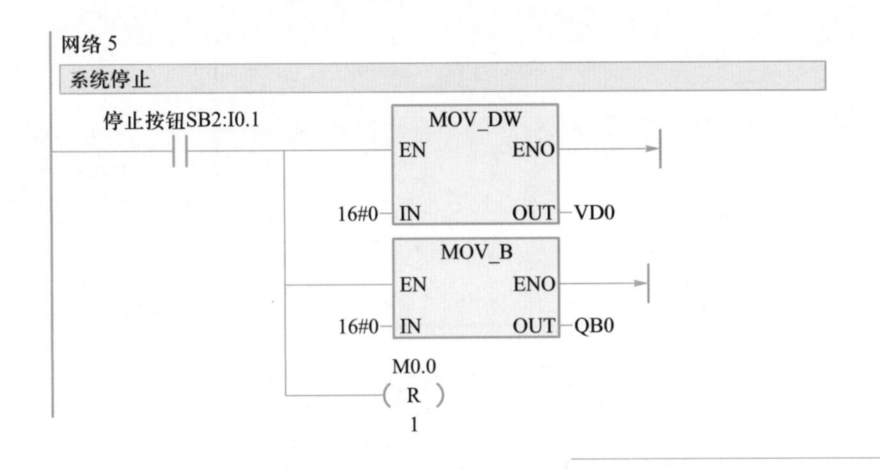

图 3-25
流水灯控制程序—主程序

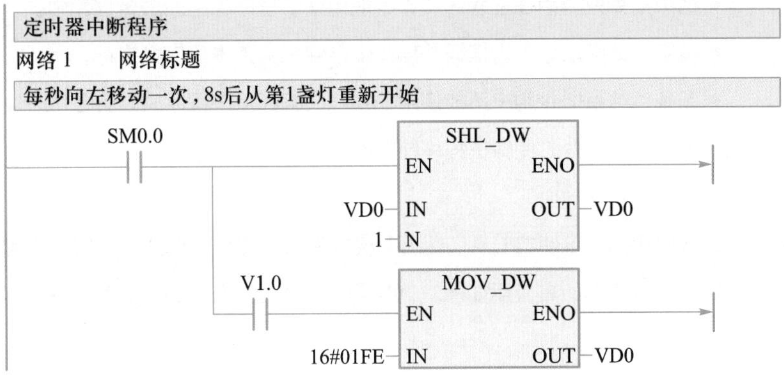

定时器中断程序
网络 1 网络标题
每秒向左移动一次，8s后从第1盏灯重新开始
SM0.0
SHL_DW
EN
ENO
VD0
IN
OUT
VD0
1
N
V1.0
MOV_DW
EN
ENO
16#01FE
IN
OUT
VD0

图 3-26
流水灯控制程序—中断程序

笔 记

四、知识进阶

1. 结束指令

S7-200 PLC中有两条结束指令，即有条件结束指令和无条件结束指令，如表3-10所示，其作用是当执行结束指令后，系统结束主程序，返回主程序的起点。

表 3-10 结束指令的梯形图和语句表

指令名称	梯形图	语句表	备注
有条件结束指令	——(END)	END	用户使用
无条件结束指令	├—(MEND)	MEND	系统使用

结束指令的主要作用为：

（1）可以利用有条件结束指令来提前结束主程序，改变主程序循环点，如图3-27所示。

（2）在调试控制程序时，可以插入有条件结束指令来实现主程序的分段调试，如图3-28所示。

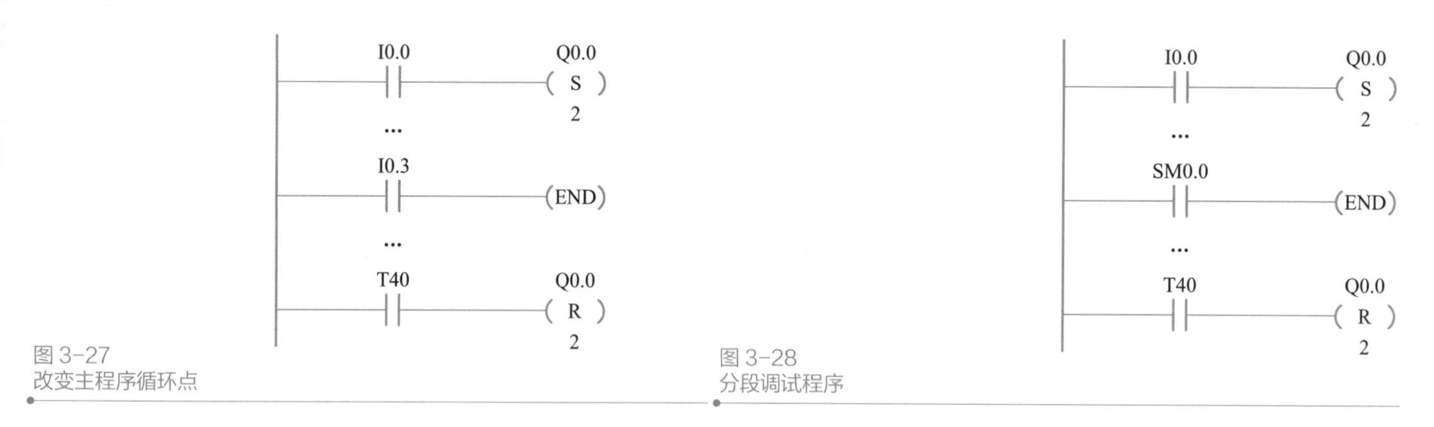

图 3-27
改变主程序循环点

图 3-28
分段调试程序

应用结束指令应注意以下几点：

● 结束指令只能用在主程序中，不能用在子程序和中断服务程序中。

● 有条件结束指令可以根据外部逻辑条件来结束主程序的执行。

● 无条件结束指令用户不能使用，系统在编译用户程序时，会在每一个主程序结尾自动加上无条件结束指令，使得主程序能周而复始地执行。

2. 停止指令

执行停止指令可使CPU从“运行”模式进入“停止”模式，立即终止程序的执行。停止指令如表3-11所示，其应用如图3-29所示（如果显示任何I/O错误，位SM5.0接通）。

表 3-11　停止指令的梯形图和语句表

指令名称	梯形图	语句表
停止指令	——(STOP)	STOP

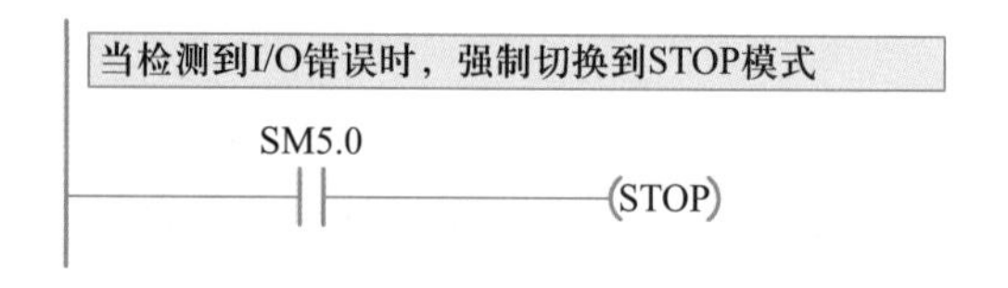

图 3-29
停止指令的应用

应用停止指令应注意：停止指令可以用在主程序、子程序和中断程序中。如果在中断程序中执行了停止指令，中断程序立即终止，并忽略全部等待执行的中断，继续执行主程序的剩余部分，并在主程序的结束处，完成从“运行”方式至“停止”方式的转换。

3. 看门狗指令

在PLC中，为了避免程序出现死循环的情况，有一个专门监视扫描周期的警戒时钟，常称为看门狗定时器（WDT）。WDT有一稍微大于程序扫描周期的定时值，在S7-200PLC中，WDT的设定值为300ms。若出现某个扫描周期大于WDT的设定值的情况，则WDT认为出现程序异常，发出信号给CPU做异常处理。若希望程序扫描周期超过300ms（有时在调用中断服务程序或子程序时，可能使得扫描周期超过300ms），可用指令对看门狗定时器进行一次复位（刷新）操作，可以增加一次扫描时间，具有这种功能的指令称为看门狗指令（WDR）。

当使能输入有效时，WDR将看门狗定时器复位。在看门狗指令没有出错的情况下，可

笔 记

以增加一次允许的扫描时间。若使能输入无效，看门狗定时器时间到，程序将终止当前指令的执行，重新启动，返回到第一条指令重新执行。

注意：使用WDR指令时，要防止过度延迟扫描完成时间，否则，在终止本扫描之前，下列操作过程将被禁止（不予执行）：通信（自由端口方式除外）、I/O更新（立即I/O除外）、强制更新、SM更新(SMB0，SMB5～SMB29不能被更新)、运行时间诊断、中断程序中的STOP指令等。当扫描时间超过25 s，10 ms和100 ms，定时器将不能正确计时。

看门狗指令的应用如图3-30所示。

当M5.6接通时，允许扫描周期扩展；
重新触发S7-200 CPU的看门狗；
重新触发第一个输出模块的看门狗

M5.6
(WDR)
MOV_BIW
EN　ENO
QB2 IN　OUT QB2

图 3-30
看门狗指令的应用

五、问题研讨

1. 中断重命名

在中断程序较多的控制系统中，如果中断程序均命名为INT_N，不便于程序的阅读及系统程序的维护和优化。每个特定功能的中断程序名最好能“望文生义”，那中断程序如何重命名呢？可以右击编辑器最下方的中断程序名，在弹出的快捷菜单中选择“重命名”命令，或双击编辑器最下方的中断程序名，待原中断程序名选中后便可重命名。

2. 长时间定时中断的应用

定时中断寄存器SMB34和SMB35的最大定时周期值为255ms，如果某系统要求定时的时间超过255 ms才中断一次，那该如何解决呢？这时可配合使用定时中断与计数器或运算指令，以实现较长时间的中断，时间到达设置值时，需要使用立即指令实现系统的相应动作。

六、拓展训练

训练1. 用定时中断实现流水灯控制。

训练2. 用定时器中断实现9 s倒计时控制。

训练3. 用外部中断实现本项目流水灯的停止功能。

项目四　机械手控制

知识目标

- 掌握顺控指令
- 掌握PLC程序设计的基本方法

能力目标

知识拓展：
智能制造

- 能使用顺控设计法对顺序控制系统进行设计
- 能对选择和并行序列进行分支和合并
- 会使用有条件结束指令调试程序

一、要求与分析

动画 3-4：
机械手控制
要求

要求：用PLC实现机械手控制，系统起动后若检测到工位上有工件（SQ1），则机械手从原点处（SQ3、SQ5）下降，下降到位（SQ4）后开始夹紧，延时5s夹紧后开始上升，上升到位（SQ5）后左移，左移到位（SQ2）后下降，下降到位（SQ4）后释放工件，延时3s后上升，上升到位（SQ5）后开始右移，右移到原点处（SQ3）停止。在此机械手的左右移动、上升和下降、夹紧和释放均由气阀驱动。无论任何时候按下停止按钮，机械手立即停止运行。其控制要求示意图如图3-31所示。

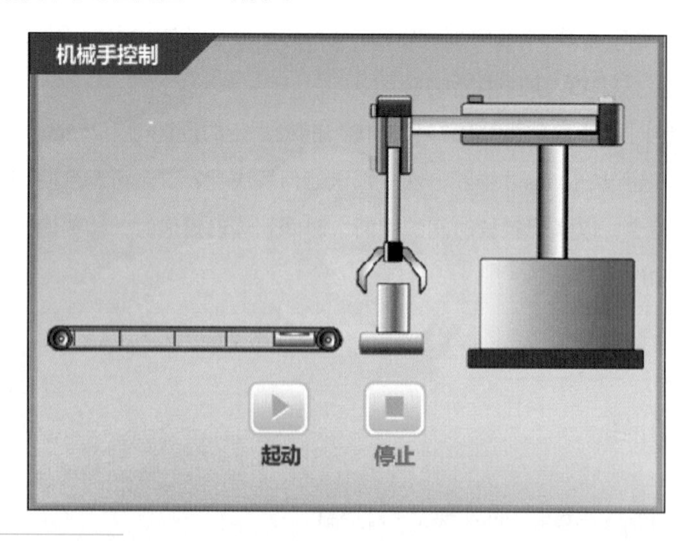

图 3-31
机械手控制要求示意图

分析：根据上述控制要求可知，输入量有1个起动按钮、1个停止按钮和5个限位开关；输出量为6个气动电磁阀。可以看出，此项目中的机械手动作流程具有一定的顺序性，其程序可以用起—保—停电路来编写，也可以用顺序控制设计法来实现。使用顺序控制设计法编写的程序相对来说比较简单，不易出错，且易于调试程序及排除系统故障，因此，顺序控制设计法在工业应用现场中被众多程序设计者所采用。

笔 记

二、知识学习

1. 梯形图的设计方法

（1）经验设计法

数字量控制系统又称为开关量控制系统。继电器—接触器控制系统是典型的数字量控制系统。可以用设计继电器电路图的方法来设计比较简单的数字量控制系统梯形图，即在一些典型电路的基础上，根据被控对象对控制系统的具体要求，不断地修改和完善梯形图。有时需要反复地调试和修改梯形图，增加一些中间编程元件和触点，最后才能得到一个较为满意的结果。经验设计法在数字量控制系统中是最为常见、最基本的一种梯形图设计方法。

（2）移植设计法

梯形图的移植设计法又称为根据继电器电路图设计梯形图的方法。PLC使用与继电器电路图极为相似的梯形图语言，如果用PLC改造继电器—接触器控制系统，根据继电器电路图来设计梯形图是一条捷径。这是因为原有的继电器—接触器控制系统经过长期的使用和考验，已经被实践证明能完成系统控制要求，而继电器电路图又与梯形图有很多相似之处，因此可以将继电器电路图“翻译”成梯形图，即用PLC的外部硬件接线图和梯形图程序来实现继电器—接触器控制系统的功能。

（3）顺控设计法

如果经验设计法和移植设计法都派不上用场，而控制系统的加工工艺要求又有一定的顺序性，这时可采用顺序控制设计法，简称顺控设计法，或顺控法。它是按照生产工艺预先规定的顺序，在各个输入信号的作用下，根据内部状态和时间的顺序，在生产过程中各个执行机构自动地、有秩序地进行操作。使用顺控设计法时首先应根据系统的工艺过程，画出顺序功能图，然后根据顺序功能图设计出梯形图。有的PLC为用户提供了顺序功能图语言，在编程软件中生成顺序功能图后便完成了编程工作。这是一种先进的设计方法，很容易被初学者接受，对于有经验的工程师，也会提高设计的效率，程序的调试、修改和阅读也很方便。

① 顺控设计法简介

● 顺控设计法的基本思想

将系统的一个工作周期划分为若干个顺序相连的阶段，这些阶段称为步（Step），并用编程元件（如位存储器M或顺序控制继电器S）来代表各步。在任何一步之内，输出量的状态保持不变，这样使步与输出量的逻辑关系变得十分简单。

● 步的划分

根据输出量的状态来划分步，只要输出量的状态发生变化就在该处划出一步。

● 步的转换

系统不能总停在一步内工作，从当前步进入到下一步称为步的转换，这种转换的信号称为

微课 3-4-1：
顺序功能图的设计

笔 记

转换条件。转换条件可以是外部输入信号，也可以是PLC内部信号或若干个信号的逻辑组合。

顺序控制设计就是用转换条件去控制代表各步的编程元件，让它们按一定的顺序变化，然后用代表各步的元件去控制PLC的各输出位。

② 顺序功能图

顺序功能图（Sequential Function Chart）是描述控制系统的控制过程、功能和特性的一种图形，也是设计PLC的顺序控制程序的有力工具。它涉及所描述的控制功能的具体技术，是一种通用的技术语言。在IEC的PLC编程语言标准（IEC 61131-3）中，顺序功能图被确定为PLC位居首位的编程语言。现在还有相当多的PLC（包括S7-200 PLC）没有配备顺序功能图语言，但是可以用顺序功能图来描述系统的功能，根据它来设计梯形图程序。

顺序功能图主要由步、有向连线、转换、转换条件和动作（或命令）组成。

- 步

步表示系统的某一工作状态，用矩形框表示，方框中可以用数字表示该步的编号，也可以用代表该步的编程元件的地址作为步的编号（如M0.0），这样在根据顺序功能图设计梯形图时较为方便。

- 初始步

初始步表示系统的初始工作状态，用双线框表示，初始状态一般是系统等待起动命令的相对静止的状态。每一个顺序功能图至少应该有一个初始步。

- 与步对应的动作或命令

与步对应的动作或命令在每一步内把状态为ON的输出位表示出来。可以将一个控制系统划分为被控系统和施控系统。对于被控系统，在某一步要完成某些“动作”（action）；对于施控系统，在某一步要向被控系统发出某些“命令”（command）。

为了方便，以后将命令或动作统称为动作，也用矩形框中的文字或符号表示，该矩形框与对应的步相连表示在该步内的动作。在每一步之内只标出状态为ON的输出位。

如果某一步有几个动作，可以用图3-32所示的两种画法来表示，但是并不隐含这些动作之间的任何顺序。

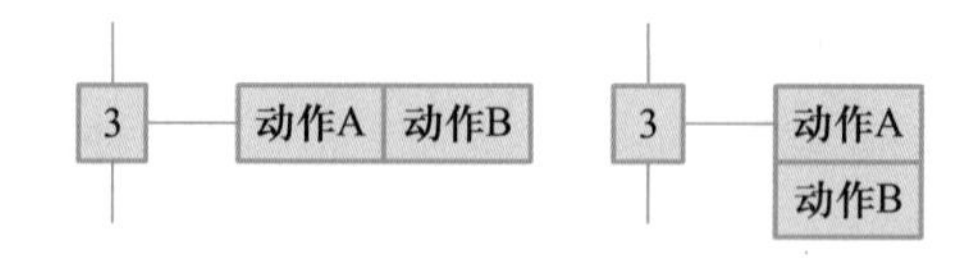

图 3-32
动作

- 有向连线

有向连线把每一步按照它们成为活动步的先后顺序用直线连接起来。

- 活动步

活动步是指系统正在执行的那一步。步处于活动状态时，相应的动作被执行，即该步内的元件为ON状态；处于不活动状态时，相应的非存储型动作被停止执行，即该步内的元件为OFF状态。有向连线的默认方向为由上至下，凡与此方向不同的连线均应标注箭头表示方向。

- 转换

转换用有向连线上与有向连线垂直的短画线来表示，将相邻两步分隔开。步的活动状态的进展是由转换的实现来完成的，并与控制过程的发展相对应。

笔 记

转换表示从一个状态到另一个状态的变化，即从一步到另一步的转移，用有向连线表示转移的方向。

转换实现的条件：该转换所有的前级步都是活动步，且相应的转换条件得到满足。

转换实现后的结果：使该转换的后续步变为活动步，前级步变为不活动步。

● 转换条件

使系统由当前步进入到下一步的信号称为转换条件。转换是一种条件，当条件成立时，称为转换使能。该转换如果能够使系统的状态发生转换，则称为触发。转换条件是系统从一个状态向另一个状态转移的必要条件。

转换条件是与转换相关的逻辑命题，转换条件可以用文字语言、布尔代数表达式或图形符号标注在表示转换的短画线旁边，使用最多的是布尔代数表达式。

在顺序功能图中，只有当某一步的前级步是活动步时，该步才有可能变成活动步。如果用没有断电保持功能的编程元件代表各步，进入RUN工作方式时，它们均处于0状态，必须用开机时接通一个扫描周期的初始化脉冲SM0.1的常开触点作为转换条件，将初始步预置为活动步，否则因顺序功能图中没有活动步，系统将无法工作。

绘制顺序功能图应注意以下几点：

● 步与步不能直接相连，要用转换隔开。

● 转换也不能直接相连，要用步隔开。

● 初始步描述的是系统等待起动命令的初始状态，通常在这一步里没有任何动作。但是初始步是不可不画的，因为如果没有该步，无法表示系统的初始状态，系统也无法返回停止状态。

● 自动控制系统应能多次重复完成某一控制过程，要求系统可以循环执行某一程序，因此顺序功能图应是一个闭环，即在完成一次工艺过程的全部操作后，应从最后一步返回初始步，系统停留在初始状态（单周期操作）；在连续循环工作方式下，系统应从最后一步返回下一工作周期开始运行的第一步。

③ 顺序功能图的基本结构

顺序功能图主要有3种结构：单序列、选择序列和并行序列。

● 单序列

单序列是由一系列相继激活的步组成，每一步的后面仅有一个转换，每一个转换的后面只有一个步，如图3-33（a）所示。

● 选择序列

选择序列的开始称为分支，转换条件只能标在水平连线之下，如图3-33（b）所示。步5后有两个转换h和k所引导的两个选择序列，如果步5为活动步并且转换h使能，则步8被触发；如果步5为活动步并且转换k使能，则步10被触发。一般只允许选择一个序列。

选择序列的合并是指几个选择序列合并到一个公共序列。此时，用需要重新组合的序列相同数量的转换条件和水平连线来表示，转换条件只允许在水平连线之上。图3-33（b）中如果步9为活动步并且转换j使能，则步12被触发；如果步11为活动步并且转换n使能，则步12也被触发。

笔 记

● 并行序列

并行序列用来表示系统的几个同时工作的独立部分情况。并行序列的开始称为分支，如图3-33（c）所示。当转换的实现导致几个序列同时激活时，这些序列称为并行序列。当步3是活动步并且转换条件e为ON，步4、步6这两步同时变为活动步，同时步3变为不活动步。为了强调转换的实现，水平连线用双线表示。步4、步6被同时激活后，每个序列中活动步的进展将是独立的。在表示同步的水平双线上，只允许有一个转换条件。并行序列的结束称为合并，在表示同步水平双线之下，只允许有一个转换条件。当直接连在双线上的所有前级步（步5、步7）都处于活动状态，并且转换状态条件i为ON时，才会发生步5、步7到步10的进展，步5、步7同时变为不活动步，而步10变为活动步。

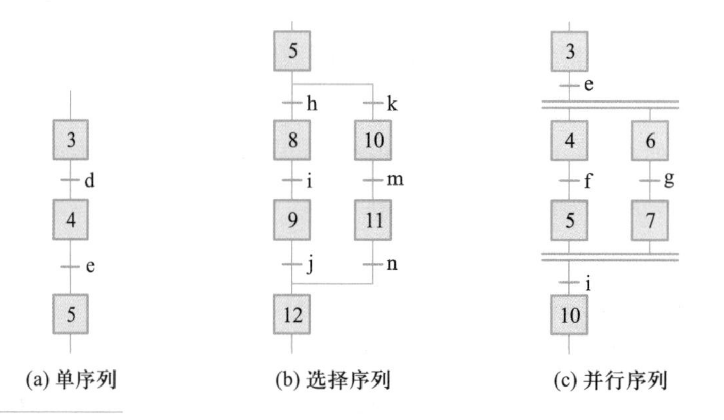

图 3-33
顺序功能图几种基本结构

④ 顺序功能图转换成梯形图的方法

根据控制系统的工艺要求画出系统的顺序功能图后，还必须将顺序功能图转换成PLC执行的梯形图程序（前面已提及，目前还有很多PLC没有配备顺序功能图语言）。将顺序功能图转换成梯形的方法有以下3种。

● 采用起—保—停电路的设计方法（经验法）。

● 采用置位（S）与复位（R）指令的设计方法（以转换为中心）。

● 采用顺序控制继电器指令（SCR指令）的设计方法。

⑤ 采用起—保—停电路设计方法的单序列顺控系统应用示例

起—保—停电路仅仅使用与触点和线圈有关的指令，任何一种PLC的指令系统都有这一类指令，因此这是一种通用的编程方法，可以用于任意型号的PLC。

图3-34（a）给出了自动小车运动的示意图。当按下起动按钮时，小车由原点SQ0处前进（Q0.0动作）到SQ1处，停留2s后返回（Q0.1动作）到原点，停留3s后前进至SQ2处，停留2s后返回到原点。当再次按下起动按钮时，重复上述动作。

设计起—保—停电路的关键是找出它的起动条件和停止条件。根据转换实现的基本规则，转换实现的条件是它的前级步为活动步，并且满足相应的转换条件。在起—保—停电路中，则应将代表前级步的存储器位M×.×的常开触点和代表转换条件的如I×.×的常开触点串联，作为控制下一位的起动电路。

图3-34（b）给出了自动小车运动顺序功能图，当M0.1和SQ1的常开触点均闭合时，步M0.2变为活动步，这时步M0.1应变为不活动步，因此可以将M0.2为ON状态作为使存储器位

笔 记

M0.1变为OFF的条件，即将M0.2的常闭触点与M0.1的线圈串联。上述的逻辑关系可以用逻辑代数式表示如下：

$$M0.1=(M0.0 \cdot I0.0+M0.1) \cdot \overline{M0.2}$$

根据上述的编程方法和顺序功能图，很容易画出梯形图如图3-34（c）所示。

顺序控制梯形图输出电路部分的设计：由于步是根据输出变量的状态变化来划分的，它们之间的关系极为简单，可以分为两种情况来处理。其一，某输出量仅在某一步为ON，则可以将它原线圈与对应步的存储器位M的线圈相并联；其二，如果某输出在几步中都为ON，应将使用各步的存储器位的常开触点并联后，驱动其输出的线圈，如图3-34（c）中网络9和网络10所示。

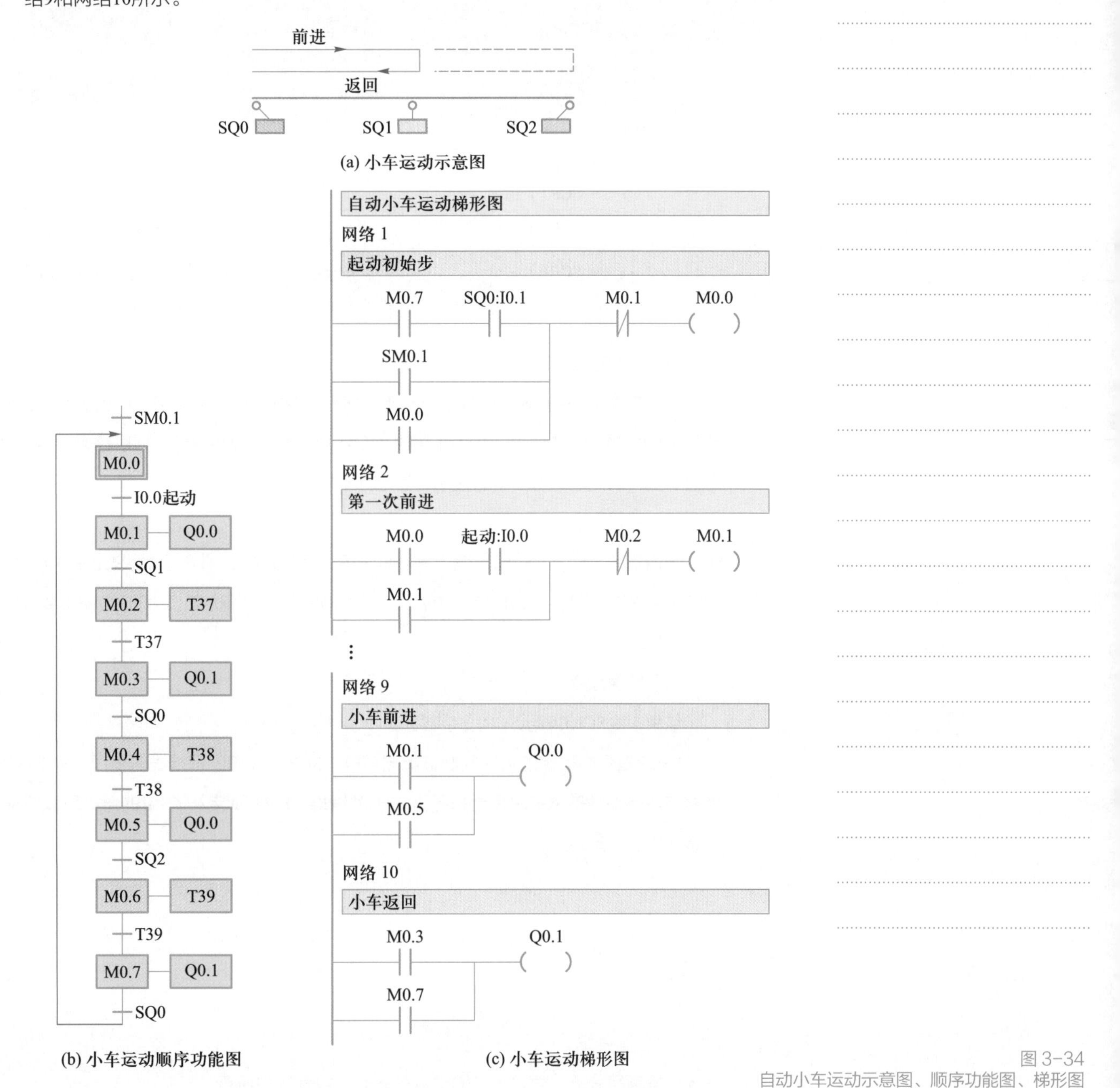

图3-34
自动小车运动示意图、顺序功能图、梯形图

笔 记

2. 顺序控制继电器指令

S7-200 PLC中的顺序控制继电器指令（SCR，Sequence Control Relay）专门用于编制顺序控制程序。顺序控制程序被顺序控制继电器指令划分为若干个SCR段，一个SCR段对应顺序功能图中的一步。

顺序控制继电器指令包括装载指令（LSCR，Load Sequence Control Relay）、结束指令（SCRE，Sequence Control Relay End）和转换指令（SCRT，Sequence Control Relay Transition）。顺序控制继电器指令的梯形图及语句表如表3-12所示。

表 3-12 顺序控制继电器指令的梯形图及语句表

梯形图	语句表	指令名称
S_bit SCR	LSCR S_bit	SCR程序段开始
S_bit —(SCRT)	SCRT S_bit	SCR转换
—(SCRE)	CSCRE	SCR程序段条件结束
—(SCRE)	SCRE	SCR程序段结束

（1）装载指令

装载指令（LSCR S_bit）表示一个SCR段（即顺序功能图中的步）的开始。指令中的操作数S_bit为顺序控制继电器S（布尔BOOL型）的地址（如S0.0），顺序控制继电器为ON状态时，执行对应的SCR段中的程序，反之则不执行。

（2）转换指令

转换指令（SCRT S_bit）表示一个SCR段之间的转换，即步活动状态的转换。当有信号流流过SCRT线圈时，SCRT指令的后续步变为ON状态（活动步），同时当前步变为OFF状态（不活动步）。

（3）结束指令

结束指令SCRE表示SCR段的结束。

LSCR指令中指定的顺序控制继电器被放入SCR堆栈和逻辑堆栈的栈顶，SCR堆栈中S位的状态决定对应的SCR段是否执行。由于逻辑堆栈的栈顶装入了S位的值，所以将SCR指令直接连接到左母线上。

微课 3-4-2：如何编写机械手的控制程序

三、项目实施

1. I/O 分配

根据项目分析，对输入、输出进行分配，如表3-13所示。

笔 记

表 3-13　机械手控制 I/O 分配表

输入		输出	
输入继电器	元件	输出继电器	元件
I0.0	起动按钮SB1	Q0.0	左移气阀YV1
I0.1	停止按钮SB2	Q0.1	右移气阀YV2
I0.2	物品检测SQ1	Q0.2	下降气阀YV3
I0.3	左移到位检测SQ2	Q0.3	上升气阀YV4
I0.4	右移到位检测SQ3	Q0.4	夹紧气阀YV5
I0.5	下降到位检测SQ4	Q0.5	释放气阀YV6
I0.6	上升到位检测SQ5		

2. PLC 的 I/O 接线图

根据控制要求及表3-13所示的I/O分配表，可绘制机械手控制PLC的I/O接线图，如图3-35所示。

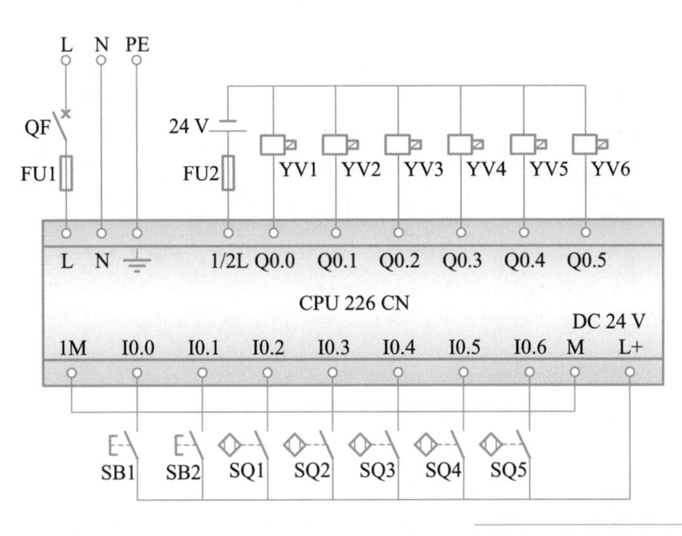

图 3-35
机械手控制 PLC 的 I/O 接线图

3. 创建工程项目

创建一个工程项目，并命名为机械手控制。

4. 梯形图程序

源程序：
应用 SCR 指令实现
机械手控制

根据要求，并使用SCR指令编写的梯形图如图3-36所示。

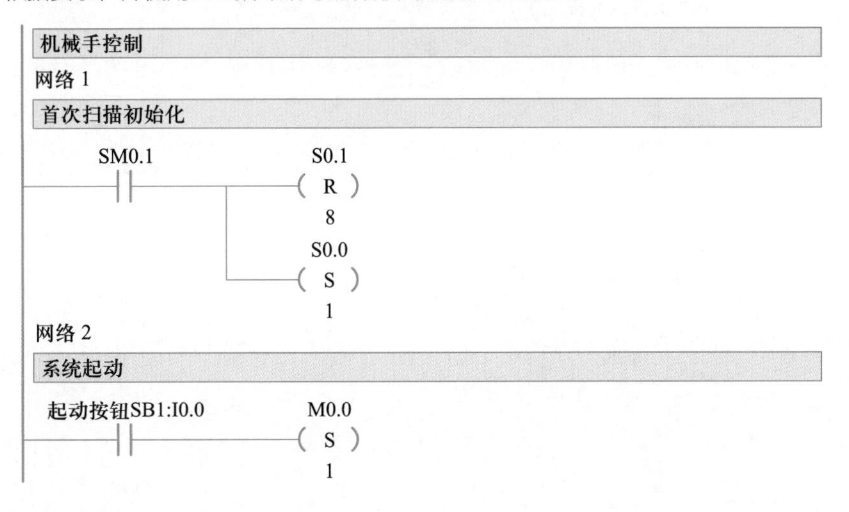

笔 记

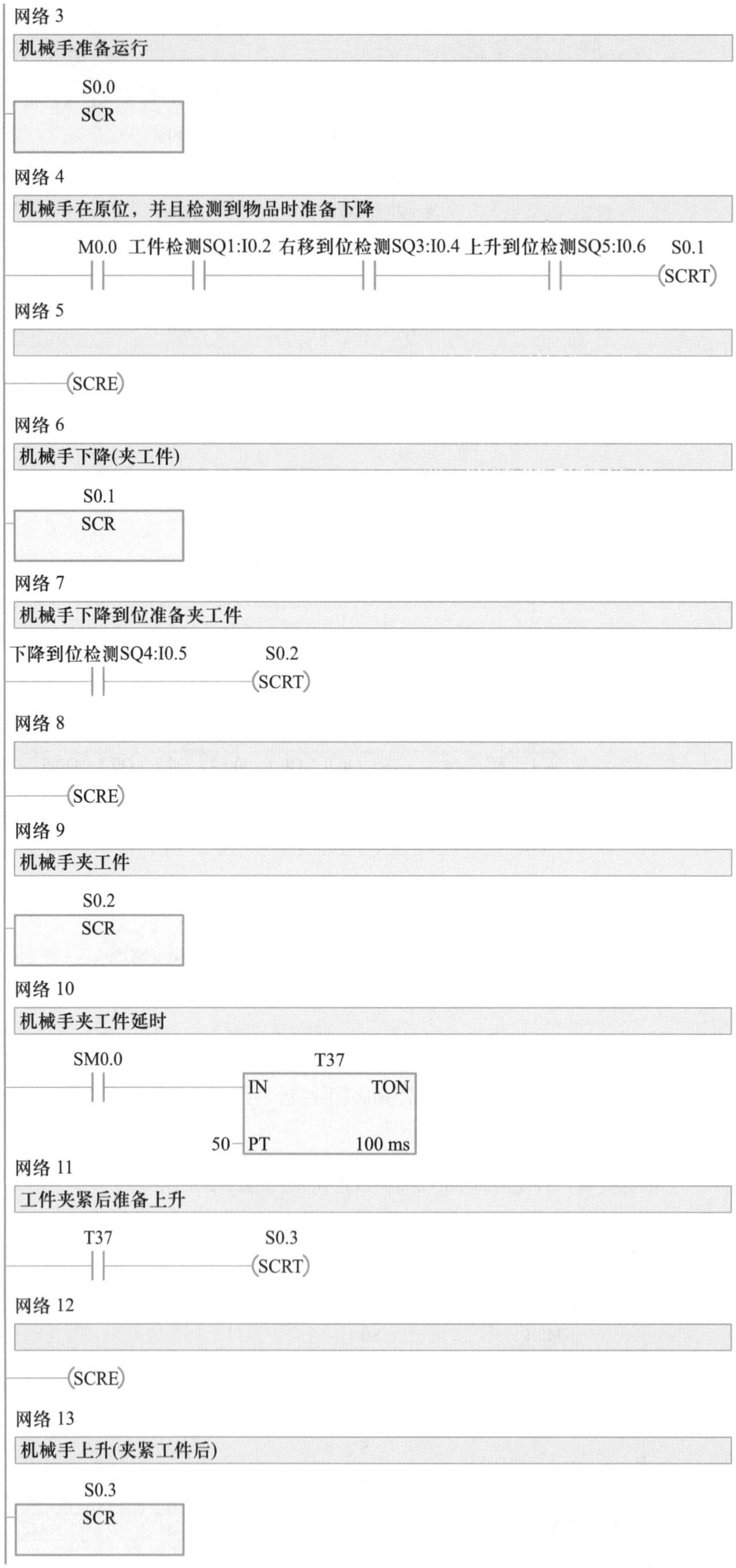

网络 3

机械手准备运行

S0.0
SCR

网络 4

机械手在原位，并且检测到物品时准备下降

M0.0 工件检测SQ1:I0.2 右移到位检测SQ3:I0.4 上升到位检测SQ5:I0.6 S0.1
(SCRT)

网络 5

(SCRE)

网络 6

机械手下降(夹工件)

S0.1
SCR

网络 7

机械手下降到位准备夹工件

下降到位检测SQ4:I0.5 S0.2
(SCRT)

网络 8

(SCRE)

网络 9

机械手夹工件

S0.2
SCR

网络 10

机械手夹工件延时

SM0.0 T37
IN TON
50 PT 100 ms

网络 11

工件夹紧后准备上升

T37 S0.3
(SCRT)

网络 12

(SCRE)

网络 13

机械手上升(夹紧工件后)

S0.3
SCR

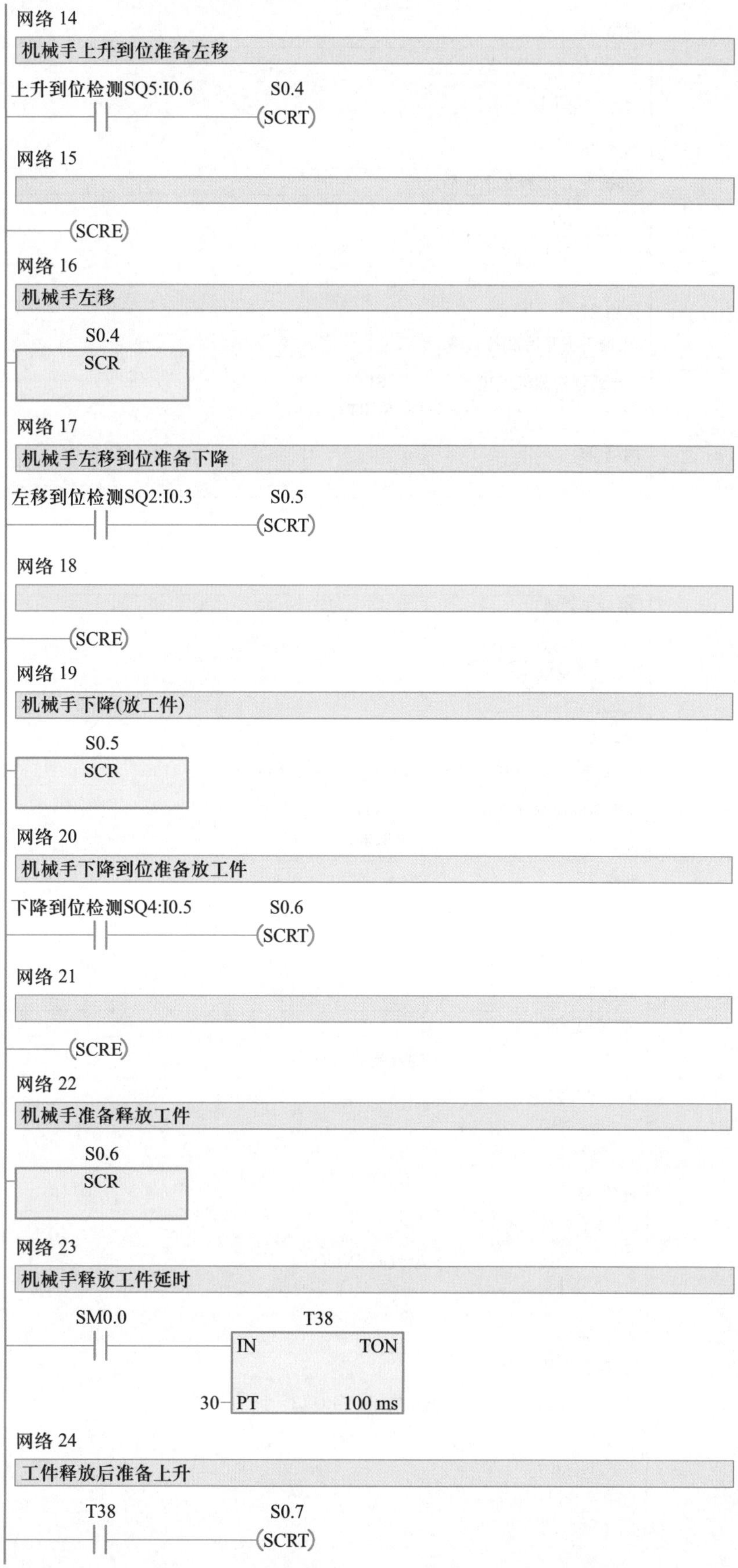

笔 记

网络 14

机械手上升到位准备左移

上升到位检测SQ5:I0.6 —| |— S0.4 (SCRT)

网络 15

—(SCRE)

网络 16

机械手左移

S0.4 SCR

网络 17

机械手左移到位准备下降

左移到位检测SQ2:I0.3 —| |— S0.5 (SCRT)

网络 18

—(SCRE)

网络 19

机械手下降(放工件)

S0.5 SCR

网络 20

机械手下降到位准备放工件

下降到位检测SQ4:I0.5 —| |— S0.6 (SCRT)

网络 21

—(SCRE)

网络 22

机械手准备释放工件

S0.6 SCR

网络 23

机械手释放工件延时

SM0.0 —| |— T38 [IN TON; 30 — PT 100 ms]

网络 24

工件释放后准备上升

T38 —| |— S0.7 (SCRT)

笔 记

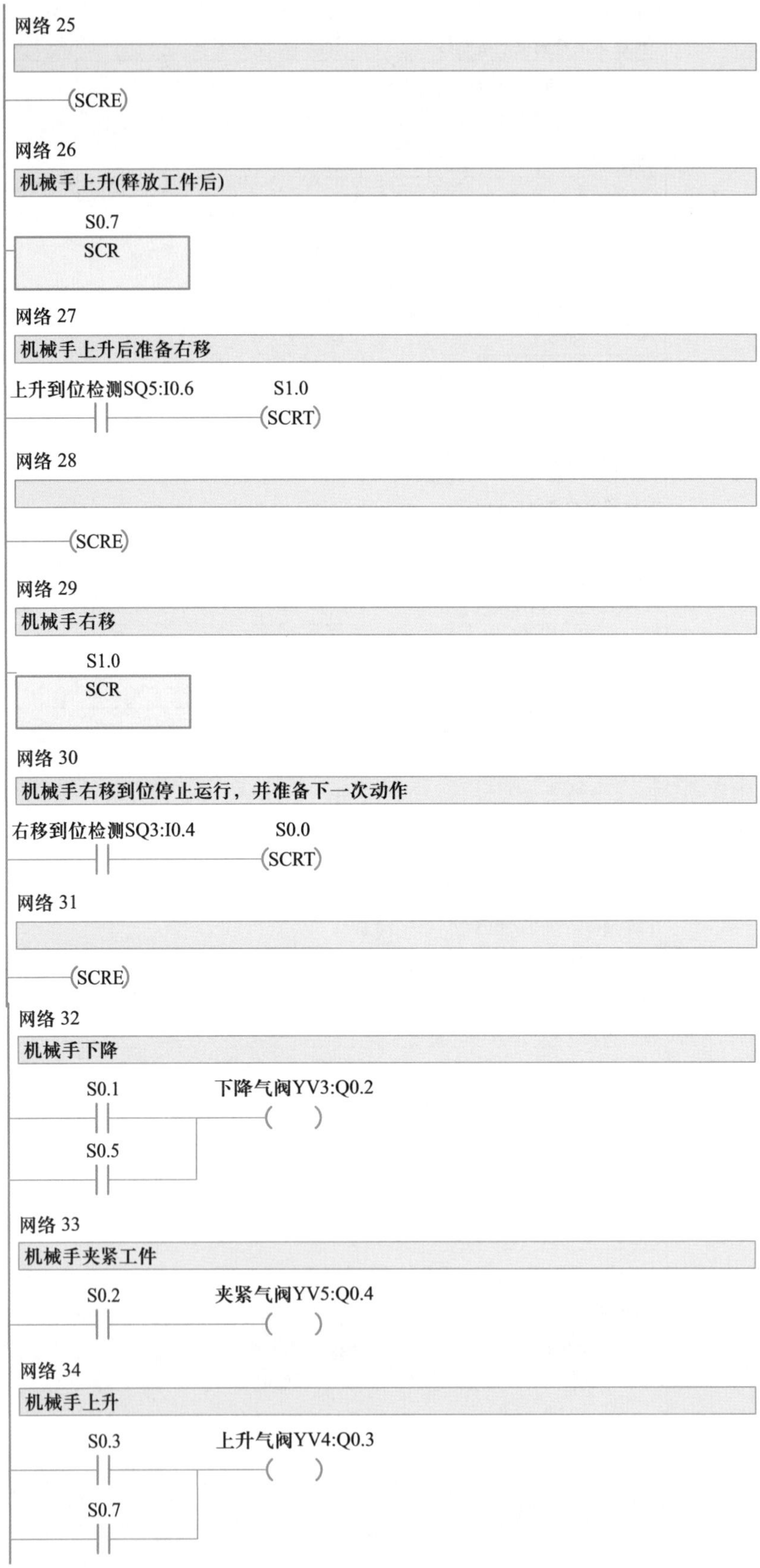

网络 25

(SCRE)

网络 26

机械手上升(释放工件后)

S0.7
SCR

网络 27

机械手上升后准备右移

上升到位检测SQ5:I0.6 S1.0
(SCRT)

网络 28

(SCRE)

网络 29

机械手右移

S1.0
SCR

网络 30

机械手右移到位停止运行，并准备下一次动作

右移到位检测SQ3:I0.4 S0.0
(SCRT)

网络 31

(SCRE)

网络 32

机械手下降

S0.1 下降气阀YV3:Q0.2
( )
S0.5

网络 33

机械手夹紧工件

S0.2 夹紧气阀YV5:Q0.4
( )

网络 34

机械手上升

S0.3 上升气阀YV4:Q0.3
( )
S0.7

笔 记

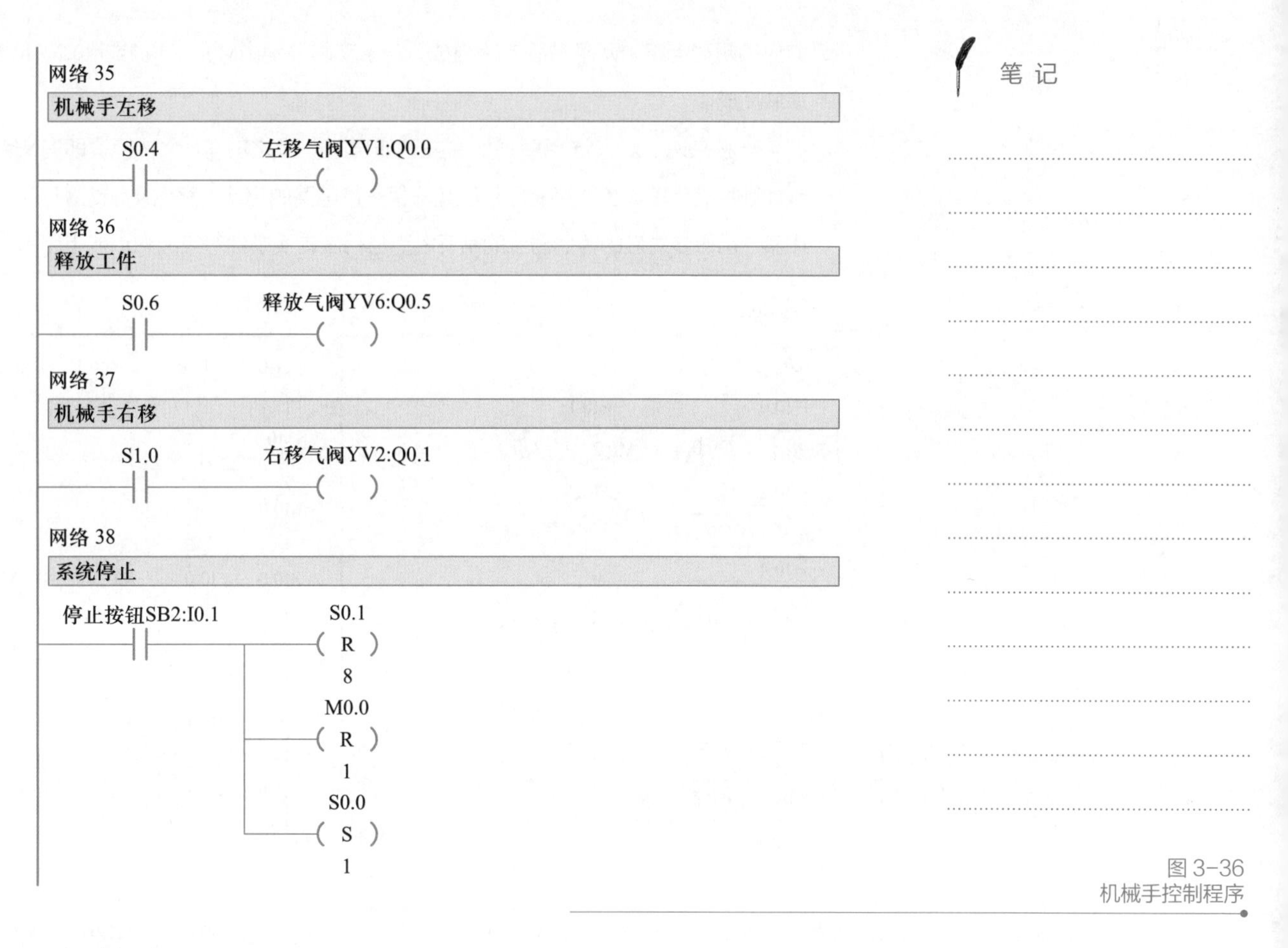

图 3-36
机械手控制程序

5. 调试程序

（1）下载程序并运行。

（2）分析程序运行的过程和结果，并编写语句表。

四、知识进阶

1. 选择序列的编程方法

（1）选择序列的分支编程方法

在此，仍以起—保—停电路设计方法为例，在图3-37中，步M0.0之后有一个选择序列的分支，设M0.0为活动步，当它的后续步M0.1或M0.2变为活动步时，它都应变为不活动步，即M0.0变为OFF状态，所以应将M0.1和M0.2的常闭触点与M0.0的线圈串联。

如果某一步的后面有一个由N条分支组成的选择序列，该步可能转换到不同的N步去，则应将这N个后续步对应的存储器位的常闭触点与该步的线圈串联，作为结束该步的条件。

（2）选择序列的合并编程方法

在图3-37中，步M0.3之前有一个选择序列的合并，当步M0.1为活动步，并且转换条件I0.2满足时，或者步M0.2为活动步，并且转换条件I0.3满足时，步M0.3都应变为活动步，即控制代表该步的存储器位M0.3的起—保—停电路的起动条件应为M0.1 · I0.2+ M0.2 · I0.3，

笔 记

对应的起动电路由两条并联支路组成，每条支路分别由M0.1、I0.2或M0.2、I0.3的常开触点串联而成。

一般来说，对于选择序列的合并，如果某一步之前有N个转换，即有N条分支进入该步，则控制代表该步的存储器位的起—保—停电路的起动电路由N条支路并联而成，各支路由某一前级步对应的存储器位的常开触点与相应转换条件对应的触点或电路串联而成。

图 3-37
选择序列与并行序列的顺序功能图和梯形图

2. 并行序列的编程方法

（1）并行序列的分支编程方法

在此，仍以起—保—停电路设计方法为例，图3-37中的步M0.3之后有一个并行序列的分支，当步M0.3是活动步并且转换条件I0.4满足时，步M0.4与步M0.6应同时变为活动步，这

笔 记

是用M0.3和I0.4的常开触点组成的串联电路分别作为M0.4和M0.6的起动电路来实现的。与此同时，步M0.3应变为不活动步。步M0.4和M0.6是同时变为活动步的，可将M0.4和M0.6的常闭触点串联后一起与M0.3的线圈相串联。

（2）并行序列的合并编程方法

图3-37中的步M1.0之前有一个并行序列的合并，该转换实现的条件是所有的前级步（即步M0.5和M0.7）都是活动步且转换条件I0.7满足。由此可知，应将M0.5、M0.7和I0.7的常开触点串联，作为控制M1.0的起—保—停电路的起动电路。

五、问题研讨

仅有两步的闭环处理

如果在顺序功能图中有且仅有两步组成的小闭环，程序还按照正常方法编写吗？只有两步组成的闭环如图3-38（a）所示，用常规方法编写的梯形图不能正常工作。在此以起—保—停电路设计为例，当M0.2和I0.2均为ON状态时，M0.3的起动电路接通，但是这时与M0.3的线圈相串联的M0.2的常闭触点却是断开的，所以M0.3的线圈不能“通电”。出现上述问题的根本原因在于步M0.2既是步M0.3的前级步，又是它的后续步。

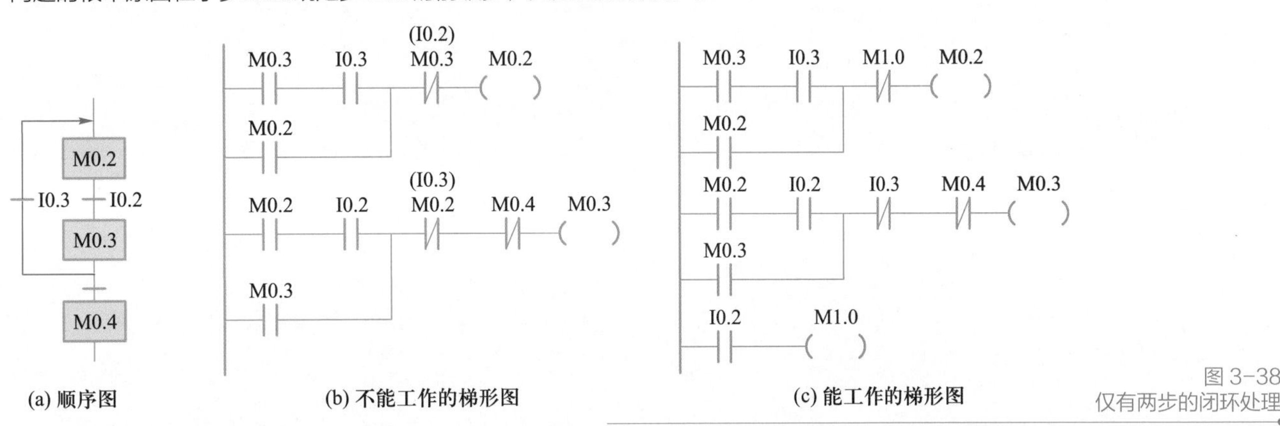

图3-38
仅有两步的闭环处理

如果用转换条件I0.2和I0.3的常闭触点分别代替后续步M0.3和M0.2的常闭触点，如图3-38（b）所示，将引发另一个问题。假设步M0.2为活动步时，I0.2变为ON状态，执行修改后的图3-38（b）中第1个起—保—停电路时，因为I0.2为ON状态，它的常闭触点断开，使M0.2的线圈断电。M0.2的常开触点断开，使控制M0.3的起—保—停电路的起动电路开路，因此不能转换到步M0.3。

为了解决这一问题，应在此梯形图中增设一个受I0.2控制的中间元件M1.0，如图3-38（c）所示，用M1.0的常闭触点取代修改后的图3-38（b）中I0.2的常闭触点。如果M0.2为活动步时，I0.2变为ON状态，执行图3-38（c）中的第1个起—保—停电路时，M1.0尚为OFF状态，它的常闭触点闭合，M0.2的线圈通电，保证了控制M0.3的起—保—停电路的起动电路接通，使M0.3的线圈通电。执行完图3-38（c）中最后一行的电路后，M1.0变为ON状态，在下一个扫描周期使M0.2的线圈断电。

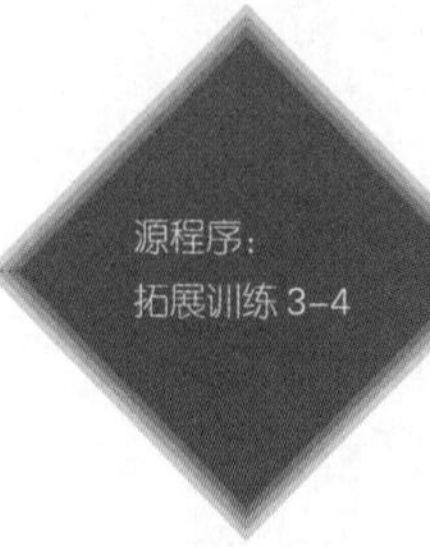

六、拓展训练

训练1. 用起—保—停电路和置复位指令设计方法实现本项目的控制要求。

训练2. 在本项目控制要求的基础上，增加如下功能：若机械手连续搬运工件，当按下停止按钮时机械手完成当前工作循环；当按下急停按钮时机械手立即停止运行。

训练3. 用顺控指令SCR实现交通灯控制，控制要求同模块二的项目四。

模块四
模拟量及脉冲量指令及其应用

在工业控制领域中常要求对温度、压力、流量、速度及脉冲等连续变化量进行控制，本模块分别以炉温、液位、钢包车行走、步进电机为控制对象，共设有4个项目。本模块的主要目标是掌握模拟量的读写指令、PID闭环控制指令、脉冲量指令（主要包括高速计数器指令、高速脉冲输出指令等）及其应用。在知识进阶中拓展了PID指令向导、HSC指令向导和PTO/PWM向导的使用；在问题研讨中拓展了模拟量模块的输入校准方法、步进电机驱动器与PLC的连接方式、步进电机驱动器的细分、PLC输入/输出点的节约方法。

项目一　炉温控制

演示文稿 4-1：炉温控制

知识目标

- 掌握模拟量的基础知识
- 掌握模拟量的编程方法
- 掌握扩展模块的I/O分配原则

能力目标

- 能进行模拟量模块的硬件连接及输入信号类型的设置
- 能进行模拟量输入的编程
- 能灵活选用S7-200 PLC的扩展模块

动画 4-1：炉温控制要求

一、要求与分析

要求：用PLC实现炉温控制。系统由一组10 kW的加热器进行加热，温度要求控制在50～60℃，炉内温度由一温度传感器进行检测，系统起动后当炉内温度低于50℃时，加热器自行起动加热；当炉内温度高于60℃时，加热器停止运行。同时，要求系统炉温在被控范围内绿灯常亮，低于50℃时黄灯亮，高于60℃时红灯亮。其控制要求示意图如图4-1所示。

笔 记

分析：根据上述控制要求可知，数字输入量有1个起动按钮、1个停止按钮，模拟输入量是炉温的实时检测电压或电流信号；输出量有1个加热器和绿色、黄色及红色指示灯。温度信号不同于前面所讲述的数字（开关）量信号，而是一个连续变化的模拟量信号，模拟量信号是如何接入到PLC中的？模拟量信号在PLC中又是如何处理的呢？通过本项目的学习，上述问题即可迎刃而解，其实质是通过模拟量扩展模块来进行信号的传输和数据的处理。

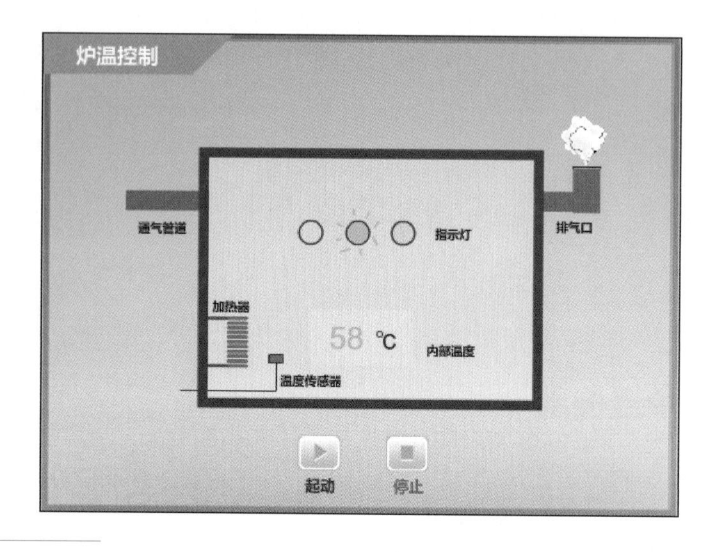

图4-1
炉温控制要求示意图

二、知识学习

微课 4-1-1：
模拟量输入存储区

微课 4-1-2：
模拟量输出存储区

1. 模拟量

模拟量是区别于数字量的连续变化的电压或电流信号。模拟量可作为PLC的输入或输出，通过传感器或控制设备对控制系统的温度、压力、流量等模拟量进行检测或控制。通过变送器可将传感器提供的电量或非电量转换为标准的直流电流（4～20mA、±20mA等）或直流电压（0～5V、0～10V、±5V、±10V等）信号。

变送器分为电流输出型和电压输出型。电压输出型变送器具有恒压源的性质。PLC模拟量输入模块的电压输出端的输出阻抗很高，如果变送器距离PLC较远，则通过电路间的分布电容和分布电感感应的干扰信号，在模块的输出阻抗上将产生较高的干扰电压，所以在远程传送模拟量电压信号时，抗干扰能力很差。电流输出型变送器具有恒流源的性质，恒流源的内阻很大，PLC的模拟量输出模块输入电流时，输入阻抗较低，线路上的干扰信号在模块的输入阻抗上产生的干扰电压很低，所以模拟量电流信号适用于远程传送，最大传送距离可达200 m。并非所有模拟量模块都需要专门的变送器。

虚拟仿真训练
4-1-1：
模拟量输入存储区

2. S7-200 PLC 模拟量扩展模块

S7-200 PLC模拟量扩展模块主要有3种类型，每种扩展模块中A/D、D/A转换器的位数均为12位。模拟量输入/输出有多种量程可供用户选择，如0～5V、0～10V、±5V、

±10V、4～20mA、±20mA等。量程为0～10V时的分辨率为2.5mV。

S7-200 PLC模拟量扩展模块主要包括EM231（模拟量输入模块）、EM232（模拟量输出模块）和EM235（模拟量混合模块）等，下面主要介绍EM235的使用。

虚拟仿真训练 4-1-2：模拟量输出存储区

（1）EM235的端子与接线

S7-200 PLC模拟量扩展模块EM235含有4路输入和1路输出，为12位数据格式，其端子及接线如图4-2所示。RA、A+、A-为第1路模拟量输入通道的端子，RB、B+、B-为第2路模拟量输入通道的端子，RC、C+、C-为第3路模拟量输入通道的端子，RD、D+、D-为第4路模拟量输入通道的端子。M0、V0、I0为模拟量输出端子，电压输出大小为-10～+10V，电流输出大小为0～20mA。L+、M接EM235的工作电源。

笔记

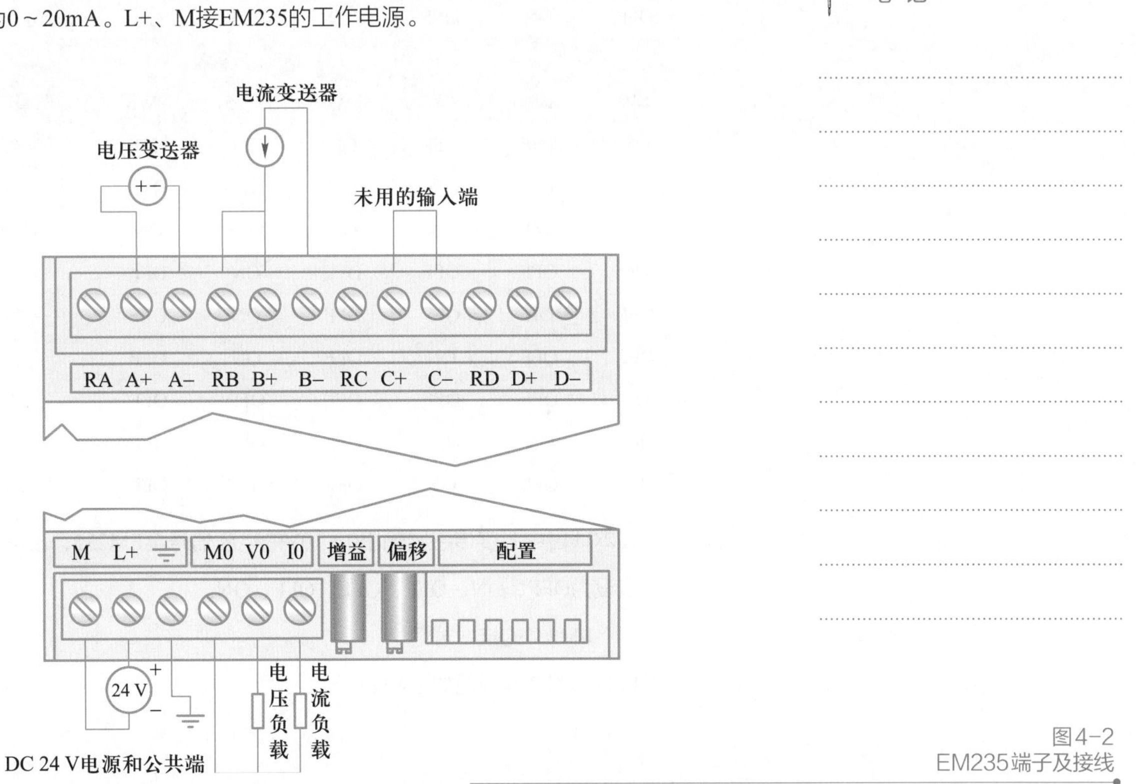

图4-2 EM235端子及接线

在图4-2中，第1路输入通道为电压信号输入接法，第2路输入通道为电流信号输入接法。若模拟量输出为电压信号，则接端子V0和M0；若输出为电流信号，则接端子I0和M0。

（2）DIP设定开关

EM235有6个DIP设定开关，如图4-3所示。通过设定开关，可选择输入信号的满量程和分辨率，所有的输入信号设置成相同的模拟量输入范围和格式，如表4-1所示。

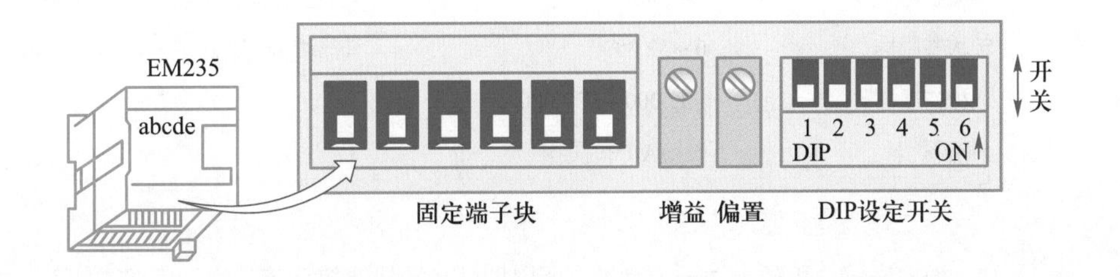

图4-3 EM235的DIP设定开关

笔 记

表 4-1 EM235 的 DIP 开关设定表

单极性							
SW1	SW2	SW3	SW4	SW5	SW6	满量程输入	分辨率
ON	OFF	OFF	ON	OFF	ON	0～50mV	12.5μV
OFF	ON	OFF	ON	OFF	ON	0～100mV	25μV
ON	OFF	OFF	OFF	ON	ON	0～500mV	125μV
OFF	ON	OFF	OFF	ON	ON	0～1V	250μV
ON	OFF	OFF	OFF	OFF	ON	0～5V	1.25mV
ON	OFF	OFF	OFF	OFF	ON	0～20mA	5μA
OFF	ON	OFF	OFF	OFF	ON	0～10V	2.5mV
双极性							
SW1	SW2	SW3	SW4	SW5	SW6	满量程输入	分辨率
ON	OFF	OFF	ON	OFF	OFF	±25mV	12.5μV
OFF	ON	OFF	ON	OFF	OFF	±50mV	25μV
OFF	OFF	ON	ON	OFF	ON	±100mV	50μV
ON	OFF	OFF	OFF	ON	OFF	±250mV	125μV
OFF	ON	OFF	OFF	ON	OFF	±500mV	250μV
OFF	OFF	ON	OFF	ON	OFF	±1V	500μV
ON	OFF	OFF	OFF	OFF	OFF	±2.5 V	1.25mV
OFF	ON	OFF	OFF	OFF	OFF	±5 V	2. 5mV
OFF	OFF	ON	OFF	OFF	OFF	±10V	5mV

如本项目中温度传感器输出0～10V的电压信号至EM235，该信号为单极性信号，则DIP开关应设为OFF、ON、OFF、OFF、OFF、ON。

（3）EM235的技术规范

EM235的技术规范如表4-2所示。

表 4-2 EM235 的技术规范

模拟量输入特性		模拟量输出特性	
模拟量输入点数	4	模拟量输出点数	1
电压（单极性）信号类型	0～10V、0～5V 0～1V、0～500mV 0～100mV、0～50mV	电压输出	±10V
电压（双极性）信号类型	±10V、±5V、±2.5V ±1V、±500mV、±250mV ±100mV、±50mV、±25mV	电流输出	0～20mA
电流信号类型	0～20mA	电压数据范围	-32 000～+32 000
单极性量程范围	0～32 000	电流数据范围	0～32 000
双极性量程范围	-32 000～+32 000		
分辨率	12位A/D转换器		

3. 模拟量扩展模块的寻址

模拟量输入和输出为一个字长，所以地址必须从偶数字节开始，其格式如下。

AIW[起始字节地址]　例如：AIW4

AQW[起始字节地址]　例如：AQW2

一个模拟量的输入被转换成标准的电压或电流信号，如0～10V，然后经A/D转换器转换成一个字长（16位）数字量，存储在模拟量存储器AI中，如AIW0。对于模拟量的输出，S7-200 PLC将一个字长的数字量，如AQW2，用D/A转换器转换成模拟量。模拟量的输入/输出都是一个字长，应从偶数地址存放。

每个模拟量输入模块，按模块的先后顺序，地址为按固定的顺序向后排，如AIW0、AIW2、AIW4、AIW6等。每个模拟量输出模块占两个通道，即使第一个模块只有一个输出AQW0，如EM235，第二个模块模拟量输出地址也应从AQW4开始寻址，以此类推。

笔 记

三、项目实施

微课 4-1-3：
如何实现炉温的 PLC 控制

1. I/O 分配

根据项目分析，对输入、输出进行分配，如表4-3所示。

表 4-3　炉温控制 I/O 分配表

输入		输出	
输入继电器	元件	输出继电器	元件
I0.0	起动按钮SB1	Q0.0	接触器KM线圈
I0.1	停止按钮SB2	Q0.4	绿灯HL1
		Q0.5	黄灯HL2
		Q0.6	红灯HL3

2. PLC 的 I/O 接线图

根据控制要求及表4-3所示的I/O分配表，可绘制炉温控制PLC的I/O接线图，如图4-4和图4-5所示。

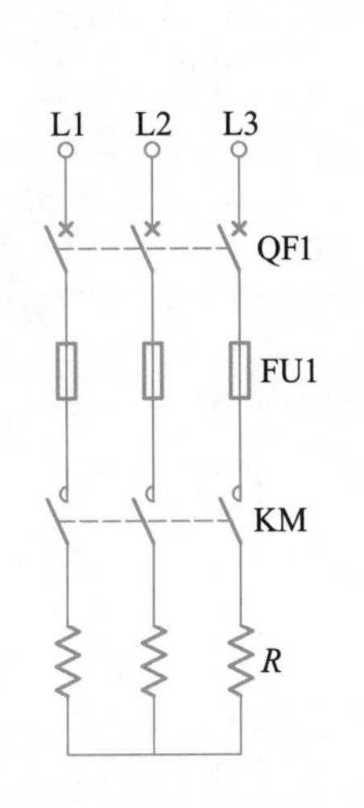

图4-4
炉温控制主电路硬件原理图

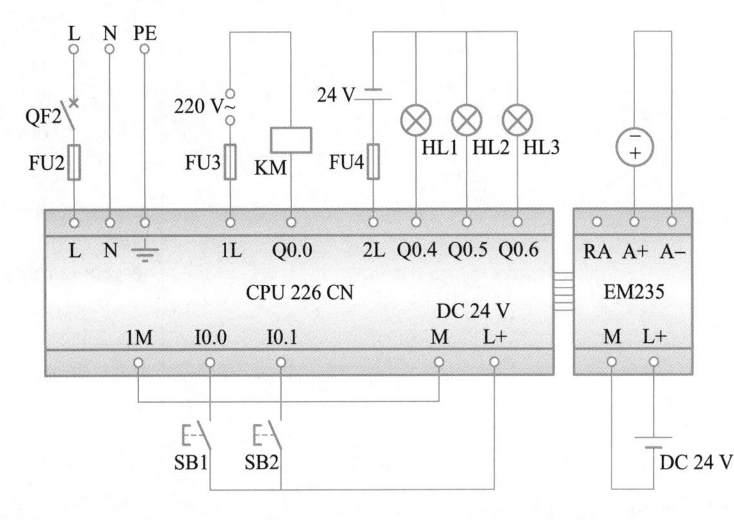

图4-5
炉温控制电路PLC的I/O接线图

笔 记

3. 创建工程项目

创建一个工程项目，并命名为炉温控制。

4. 梯形图程序

根据要求，并使用模拟量输入指令编写的梯形图如图4-6~图4-8所示。

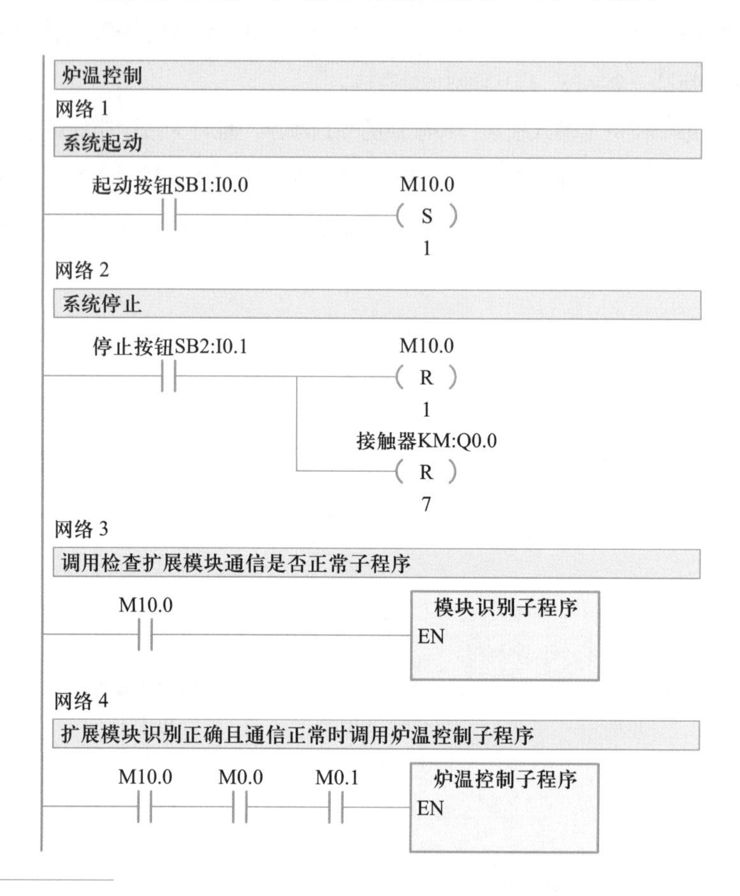

图4-6
炉温控制程序——主程序

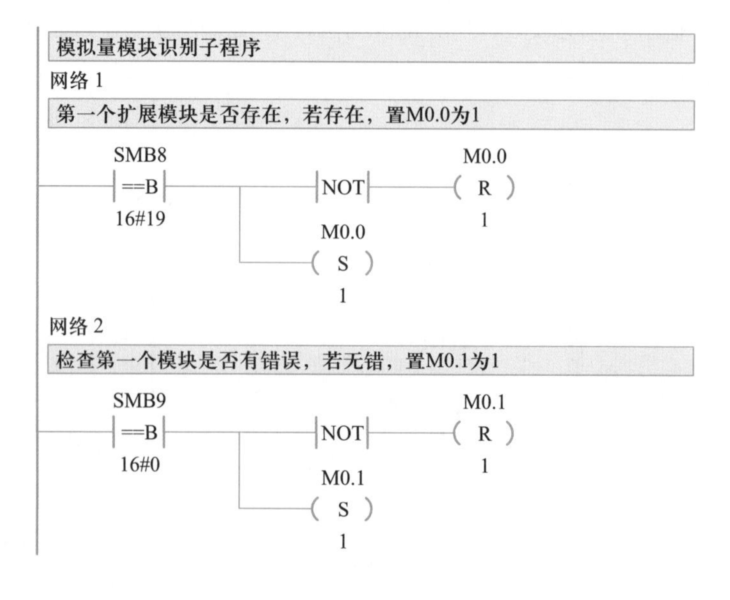

图4-7
炉温控制程序——模块识别子程序

笔 记

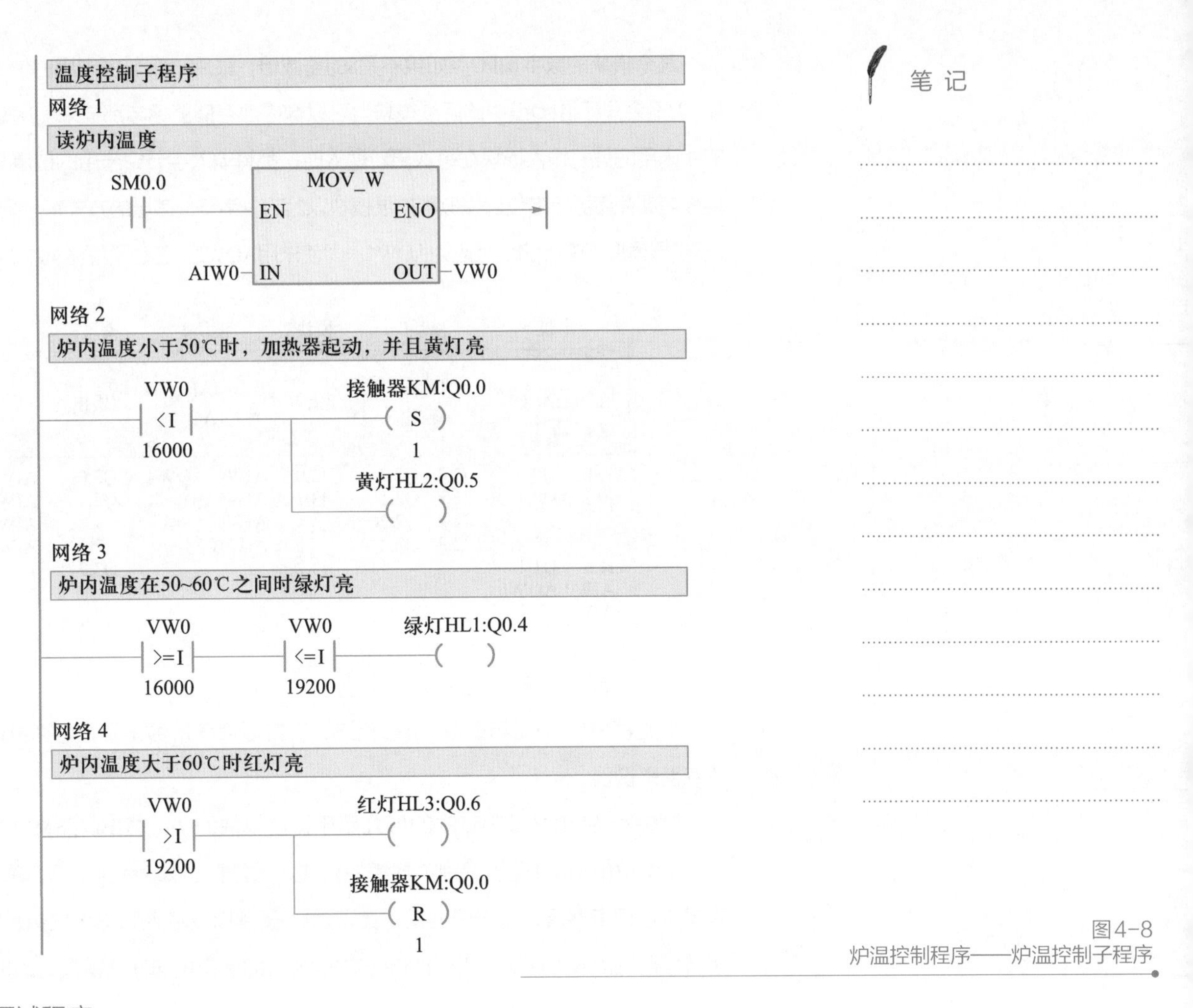

图4-8
炉温控制程序——炉温控制子程序

5. 调试程序

（1）下载程序并运行。

（2）分析程序运行的过程和结果，并编写语句表。

四、知识进阶

1. 模拟量电位器

S7-200 PLC主机本身带有两个模拟量电位器（POT0和POT1）。通过调整该电位器，可以向PLC输入一个模拟量信号。经过A/D转换器，转换成字节型数字量，存储在PLC内部的两个特殊寄存器SMB28和SMB29中。

2. 扩展模块的 I/O 分配

S7-200 PLC CPU本机的I/O数量有限，并有固定的地址分配，在本机输入/输出点不够，或模拟量输入/输出时，就需要使用扩展模块来增加输入/输出点数。扩展模块安装在本机CPU模块的右边。I/O模块分为数字量输入、数字量输出、模拟量输入和模拟量输出4类。CPU分配给数字量I/O模块的地址以字节为单位，一字节由8个数字量I/O点组成。扩展模块I/O点的字节地址由I/O的类型和模块在同类I/O模块链中的位置来决定。

某个模块的数字量I/O点如果不是8的整数倍，最后一字节中未用的位（如图4-9中的I1.6和I1.7）不会分配给I/O链中的后续模块。可以像内部存储器标志那样来使用输出模块的最后一字节中未用的位。输入模块在每次更新输入时，都将输入字节中未用的位清零，因此不能将它们用作内部存储器标志位。模拟量扩展模块以2点（4字节）递增的方式来分配地址，所以图4-9中2号扩展模拟量输出的地址应为AQW4。即使未用AQW2，它也不能分配给2号扩展模块使用。

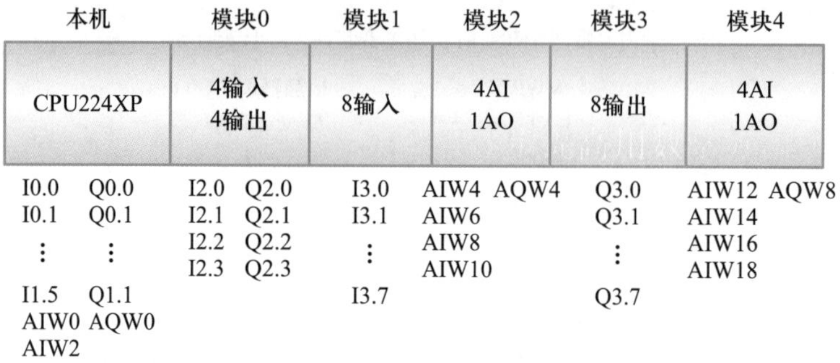

本机	模块0	模块1	模块2	模块3	模块4
CPU224XP	4输入 4输出	8输入	4AI 1AO	8输出	4AI 1AO
I0.0 Q0.0 I0.1 Q0.1 ⋮ ⋮ I1.5 Q1.1 AIW0 AQW0 AIW2	I2.0 Q2.0 I2.1 Q2.1 I2.2 Q2.2 I2.3 Q2.3	I3.0 I3.1 ⋮ I3.7	AIW4 AQW4 AIW6 AIW8 AIW10	Q3.0 Q3.1 ⋮ Q3.7	AIW12 AQW8 AIW14 AIW16 AIW18

图4-9
本机及扩展I/O地址分配举例

笔 记

3. 扩展模块与本机连接的识别

扩展模块与本机通过总线电缆相连，连接后通信是否正常，可通过I/O模块标识和错误寄存器来识别。

SMB8～SMB21以字节对的形式用于扩展模块0～6（SMB8和SMB9用于识别扩展模块0，SMB10和SMB11用于识别扩展模块1，以此类推）。如表4-4所示，每字节对的偶数字节是模块标识寄存器，用于识别模块类型、I/O类型以及输入和输出的数目。每字节对的奇数字节是模块错误寄存器，用于提供在I/O检测出的该模块的任何错误时的指示。

表4-4 特殊存储器字节SMB8 ～ SMB21

<table>
<tr><th>SM字节</th><th colspan="2">说明（只读）</th></tr>
<tr><td>格式</td><td>偶数字节：模块标识寄存器
MSB LSB
7 0
m t t a i i q q
m：0=模块已插入；1=模块未插入
tt：模块类型
00：非智能I/O模块（一般I/O模块）
01：智能I/O模块（非I/O模块）
10：保留
11：保留
a：I/O类型，0=数字量；1=模拟量
ii：输入
00：无输入
01：2AI或8DI
10：4AI或16DI
11：8AI或32DI
qq：输出
00：无输出
01：2AQ或8DQ
10：4AQ或16DQ
11：8AQ或32DQ</td><td>奇数字节：模块错误寄存器
MSB LSB
7 0
c 0 0 b r p f t
c：配置出错，0=无错；1=出错
b：总线故障或奇偶校验出错
r：超出范围出错
p：无任何用户电源出错
f：熔丝出错
t：接线盒松动出错</td></tr>
</table>

五、问题研讨

笔 记

1. 模拟量模块输入校准

有时候用户会发现模拟量模块测量的数据不准确，这是为什么呢？一般情况下，模拟量模块使用前（或测量的数据不准确时）应进行输入校准。其实模拟量模块出厂前已经进行了输入校准，若OFFSET（偏置）和GAIN（增益）电位器已被重新调整，需要重新进行输入校准，其步骤如下：

① 切断模块电源，选择需要的输入范围。

② 接通CPU和模块电源，使模块稳定15min。

③ 用一个变送器和一个电压源或一个电源流，将零值信号加到一个输入端。

④ 读取适当的输入通道在CPU中的测量值。

⑤ 调节OFFSET（偏置）电位计，直到读数为零或所需要的数字数据值。

⑥ 将一个满刻度值信号接到输入端子中的一个，读出送到CPU的值。

⑦ 调节GAIN（增益）电位计，直到读数为32 000或所需要的数字数据值。

⑧ 必要时，重复偏置和增益校准过程。

2. 模拟量模块读取电流信号的接线方式

输出为模拟直流电流信号的传感器有3种接线方式：两线制、三线制和四线制。由于它们在结构和工作原理上的不同，导致了使用模拟量模块读取这些电流信号时接线方式的不同。那如何将其与模拟量的输入端相连接呢？

两线制传感器中电源和信号共用，接线时需要将模拟量模块的电源串接到电路中，如图4-10所示。

三线制传感器中一根是电源线，一根是信号线，一根是公共线，在接线时电源负极和信号线负极应共用公共线，如图4-11所示。

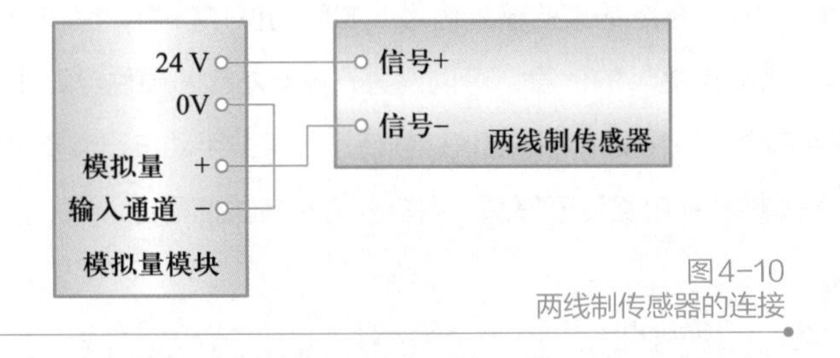

图4-10
两线制传感器的连接

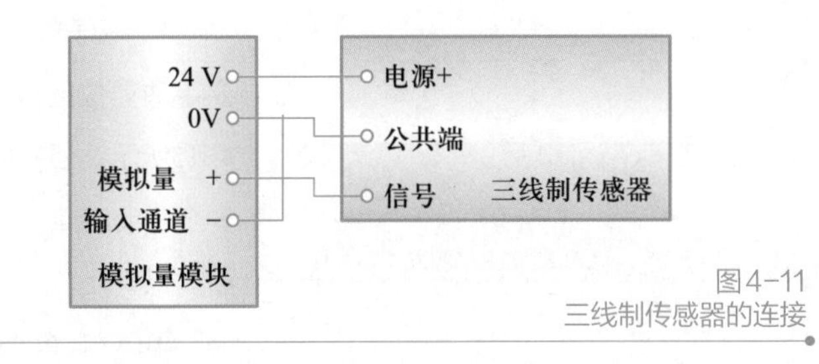

图4-11
三线制传感器的连接

四线制传感器中两根是电源线，两根是信号线，在接线时与相应线分别进行连接，如图4-12所示。

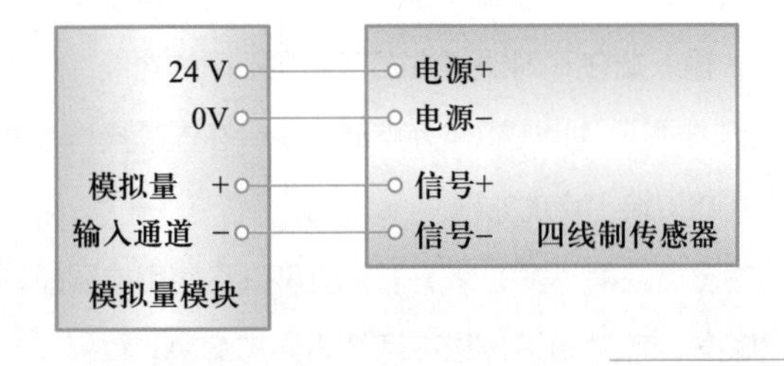

图4-12
四线制传感器的连接

3. 节约 PLC 输入 / 输出点的方法

控制系统一般不建议使用扩展模块，若I/O点缺得不多，可通过适当的方法减少I/O点，一方面可节省系统硬件成本，另一方面可提高系统运行的可靠性和稳定性。在必须扩展的情况下再选择扩展模块。那如何节约PLC的输入/输出点呢？可尝试以下方法。

（1）节约输入点

通过以下4种方法可节约PLC的输入点。

① 分组输入。很多设备都分自动和手动两种操作方式，自动程序和手动程序不会同时执行，把自动和手动信号叠加起来，按不同控制状态要求分组输入到PLC，可以节省输入点数，如图4-13所示。I1.0用来输入自动/手动操作方式信号，用于自动程序和手动程序的切换。SB1和SB3按钮同时使用了同一个I0.0输入端，但是实际代表的逻辑意义不同。很显然，I0.0输入端可以分别反映两个输入信号的状态，其他输入端I0.1～I0.7与其类似，节省了输入点数。图中的二极管用来切断寄生回路。假设图中没有二极管，系统处于自动状态，SB1、SB2、SB3闭合，SB4断开，这时电流从L+端子流出，经SB3、SB1、SB2形成的寄生回路流入I0.1端子，使输入位I0.1错误地变为ON。各按钮串联了二极管后，切断了寄生回路，避免了错误输入的产生。

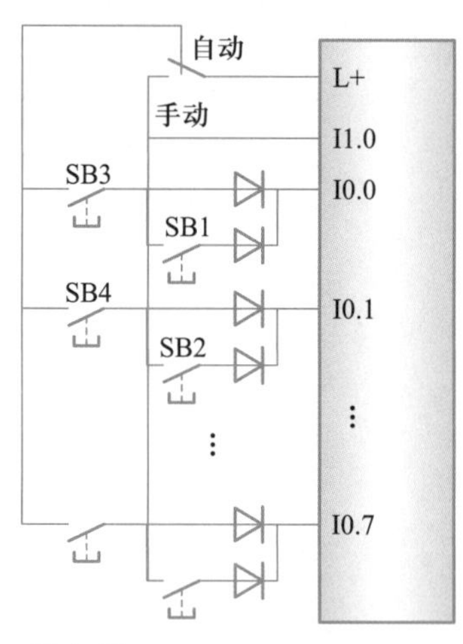

图4-13
分组输入接线图

② 输入触点的合并。如果某些外部输入信号总是以某种“与或非”组合的整体形式出现在梯形图中，可以将它们对应的触点在PLC外部串、并联后作为一个整体输入到PLC，只占PLC的一个输入点。串联时，几个开关或按钮同时闭合有效；并联时，其中任何一个触点闭合都有效。

例如要求在两处设置控制某电动机的起动和停止按钮，可以将两个起动按钮并联，将两个停止按钮串联，分别送给PLC的两个输入点，如图4-14所示。与每一个起动按钮或停止按钮占用一个输入点的方法相比，不仅节约了输入点，还简化了梯形图电路。

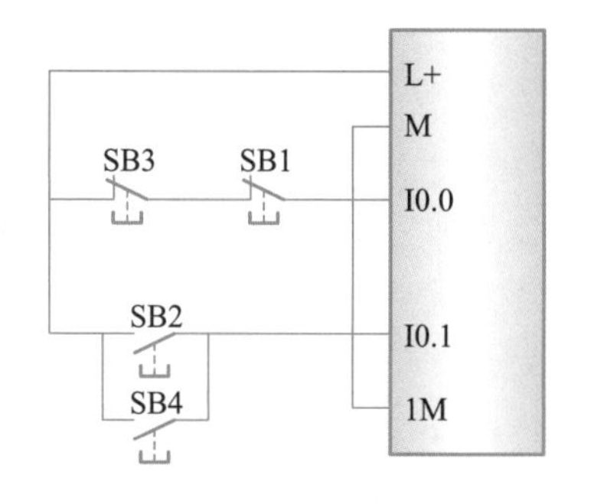

图4-14
输入触点的合并

③ 将信号设置在PLC之外。系统的某些输入信号，如手动操作按钮、保护动作后需要手动复位的热继电器常闭触点提供的信号，可以设置在PLC外部的硬件电路中，如图4-15所示。但在输入触点有余量的情况下，不建议这样使用。某些手动按钮需要串联一些安全联锁触点，如果外部硬件联锁电路过于复杂，则应考虑将有关信号送入PLC，用梯形图实现联锁。

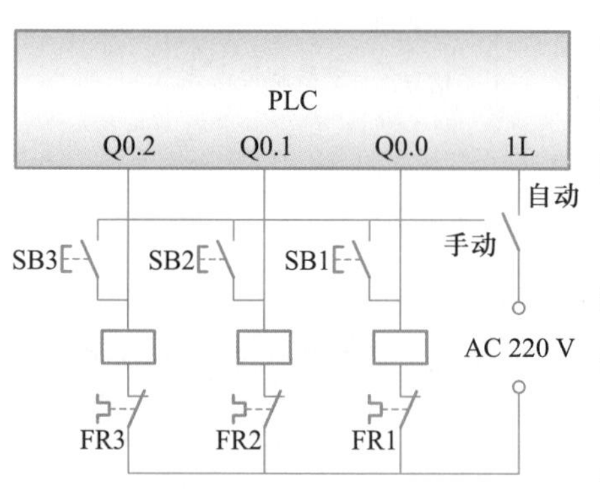

图4-15
信号设置在PLC之外接线图

④ 利用 PLC内部功能。利用转移指令，在一个输入端上接一个开关，作为自动、手动操作方式转换开关，用转移指令，可将自动和手动操作加以区别，或利用PLC内部输入继电器的常开或常闭触点加以区别。

利用计数器或利用移位寄存器移位，也可以利用求反指令实现单按钮的起动和停止。还可以利用同一输入端在不同操作方式下实现不同的功能，如电动机的点动和起动按钮，在电动机点动操作方式下，此按钮作为点动按钮；在连续操作方式下，此按钮作为起动按钮。

（2）节约PLC输出点的方法

在PLC输出点缺得不多的情况下，也可以不使用扩展模块来解决输出点不够的问题。那又如何节约输出点呢？可通过以下两个方法来解决。

笔 记

① 触点合并输出。通断状态完全相同的负载并联后，可共用PLC的一个输出点，即一个输出点带多个负载。如在需要用指示灯显示PLC驱动负载的状态时，可以将指示灯与负载并联或用其触点驱动指示灯，并联时指示灯与负载的额定电压应相同，总电流不应超过允许的值。如果多个负载的总电流超出输出点的容量，可以用一个中间继电器，再控制其他负载。

② 利用数码管功能。在用信号灯做负载时，用数码管做指示灯可以减少输出点数。例如电梯的楼层指示，如果用信号灯，则一层就要一个输出点，楼层越高，占用输出点越多，现在很多电梯使用数字显示器显示楼层就可以节省输出点，常见的是用BCD码输出，9层以下仅用4个输出点，用段译码指令（SEG）来实现。

如果直接用数字量控制输出点来控制多位LED七段显示器，所需要的输出点是很多的，这时可选择具有锁存、译码、驱动功能的芯片CD4513驱动共阴极LED。

在系统中某些相对独立或比较简单的部分，可以不用PLC，而用继电器电路来控制，这样也可以减少所需的PLC输入或输出点数。

在PLC的应用中，减少I/O是可行的，但要根据系统的实际情况来确定具体方法。

六、拓展训练

训练1. 使用多个温度传感器实现对本项目的控制。

训练2. 用电位器调节模拟量的输入，实现对指示灯的控制。要求输入电压小于3V时，指示灯以1s为周期闪烁；若输入电压大于等于3V而又小于等于8V，指示灯常亮；若输入电压大于8V，则指示灯以0.5s为周期闪烁。

项目二　液位控制

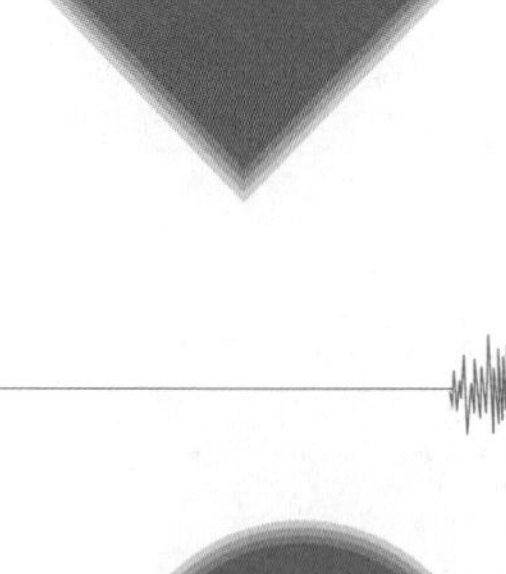

演示文稿 4-2：
液位控制

知识目标

- 掌握模拟量闭环控制系统的组成
- 掌握模拟量与数字量的相互转换
- 掌握PID指令的使用

能力目标

- 能进行模拟量输出的编程

- 能通过PID指令向导应用PID调节功能
- 能灵活运用PID指令

一、要求与分析

动画 4-2：
液位控制要求

要求：用PLC实现液位控制。泵机由变频器驱动，在系统起动后要求储水箱水位（-300 mm～+300 mm）保持在水箱中心 -150 mm～+ 150mm，若水箱水位高于+150 mm或低于-150 mm时，系统发出报警指示。其控制要求示意图如图4-16所示。

分析：根据上述控制要求可知，数字输入量有1个起动按钮、1个停止按钮，模拟输入量是储水箱中水位实时检测的电压或电流信号；输出量为1个交流接触器，通过交流接触器驱动变频器，再由变频器驱动泵机向储水箱供水。变频器的相关参数设置在项目中给出，其相关知识不作为本项目的学习内容，只需要了解由PLC提供给变频器的模拟量越大，其转速越高，供水量增加；由PLC提供给变频器的模拟量越小，其转速越低，供水量减少。那PLC是通过什么决定模拟量输出的大小呢？通过本项目对PID指令的学习，即可解决学习者上述疑惑。

笔 记

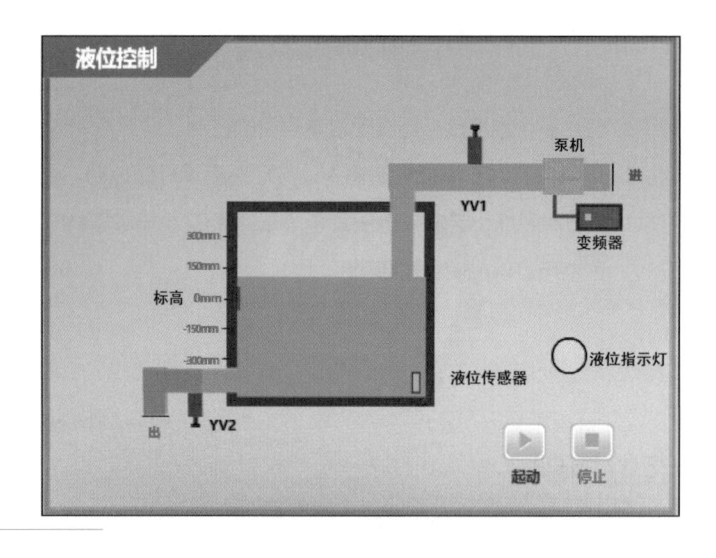

图4-16
液位控制要求示意图

二、知识学习

1. 模拟量闭环控制系统的组成

模拟量闭环控制系统的组成如图4-17所示，点画线部分在PLC内。在模拟量闭环控制系统中，被控制量$c(t)$（如温度、压力、流量等）是连续变化的模拟量，某些执行机构（如电动调节阀和变频器等）要求PLC输出模拟信号$M(t)$，而PLC的CPU只能处理数字量。$c(t)$首先被检测元件（传感器）和变送器转换为标准量程的直流电流或直流电压信号$pv(t)$，PLC的模拟量输入模块用A/D转换器将它们转换为数字量$pv(n)$。

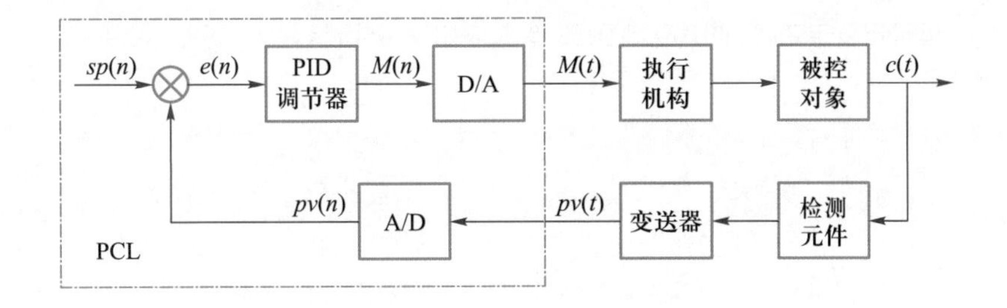

图4-17
模拟量闭环控制系统的组成框图

PLC按照一定的时间间隔采集反馈量，并进行调节控制的计算。这个时间间隔称为采样周期（或称为采样时间）。图4-17中的$sp(n)$、$pv(n)$、$e(n)$、$M(n)$均为第n次采样时的数字量，$pv(t)$、$M(t)$、$c(t)$为连续变化的模拟量。

如在温度闭环控制系统中，用传感器检测温度，温度变送器将传感器输出的微弱的电压信号转换为标准量程的电流或电压，然后送入模拟量输入模块，经A/D转换后得到与温度成比例的数字量，CPU将它与温度设定值进行比较，并按某种控制规律（如PID控制算法）对误差进行计算，将计算结果（数字量）送入模拟量输出模块，经D/A转换后变为电流信号或电压信号，用来控制加热器的平均电压，实现对温度的闭环控制。

笔 记

2. PID 指令

在工业生产过程中，模拟量PID（由比例、积分、微分构成的闭合回路）调节是常用的一种控制方法。S7-200 PLC设置了专门用于PID运算的回路表参数和PID回路指令，可以方便地实现PID运算。

（1）PID算法

在一般情况下，控制系统主要针对被控参数PV（又称为过程变量）与期望值SP（又称为给定值）之间产生的偏差e进行PID运算。

典型的PID算法包括3项：比例项、积分项和微分项。即：输出=比例项+积分项+微分项。

$$M(t)=K_c e+K_i\int e\mathrm{d}t+K_d\mathrm{d}e/\mathrm{d}t$$

计算机在周期性采样并离散化后进行PID运算，算法如下：

$$M_n = K_c\times(SP_n-PV_n)+K_c\times(T_s/T_i)\times(SP_n-PV_n)+M_x+K_c\times(T_d/T_s)\times(PV_{n-1}-PV_n)$$

① 比例项$K_c\times(SP_n-PV_n)$：能及时地产生与偏差成正比的调节作用，比例系数越大，比例调节作用越强，系统的调节速度越快，但比例系数过大会使系统的输出量振荡加剧，稳定性降低。

② 积分项$K_c\times(T_s/T_i)\times(SP_n-PV_n)+M_x$：与偏差有关，只要偏差不为0，PID控制的输出就会因积分作用而不断变化，直到偏差消失，系统处于稳定状态，所以积分项的作用是消除稳态误差，提高控制精度，但积分的动作缓慢，会给系统的动态稳定带来不良影响，很少单独使用。从式中可以看出，积分时间常数增大，积分作用减弱，消除稳态误差的速度减慢。

③ 微分项$K_c\times(T_d/T_s)\times(PV_{n-1}-PV_n)$：根据误差变化的速度（即误差的微分）进行调节，具有超前和预测的特点。微分时间常数T_d增大，超调量减少，动态性能得到改善，如T_d过大，系统输出量在接近稳态时可能上升缓慢。

S7-200 PLC根据参数表中的输入测量值、控制设定值及PID参数，进行PID运算，求得输出控制值。其参数表中有9个参数，全部为32位的实数，共占用36个字节，36～79字节保

笔 记

留给自整定变量。PID控制回路的参数表如表4-5所示。

表 4-5　PID 控制回路参数表

偏移地址	参数	数据格式	参数类型	数据说明
0	过程变量当前值（PV_n）	双字、实数	输入	在0.0 ~ 1.0之间
4	给定值（SP_n）	双字、实数	输入	在0.0 ~ 1.0之间
8	输出值（M_n）	双字、实数	输出	在0.0 ~ 1.0之间
12	增益（K_c）	双字、实数	输入	比例常量，可正可负
16	采样时间（T_s）	双字、实数	输入	以秒为单位，必须为正数
20	积分时间（T_i）	双字、实数	输入	以分钟为单位，必须为正数
24	微分时间（T_d）	双字、实数	输入	以分钟为单位，必须为正数
28	上一次的积分值（M_x）	双字、实数	输出	在0.0 ~ 1.0之间
32	上一次的过程变量（PV_{n-1}）	双字、实数	输出	最近一次PID运算值

（2）PID控制回路选项

在很多控制系统中，有时只采用一种或两种控制回路。例如，可能只要求比例控制回路或比例和积分控制回路，通过设置常量参数值选择所需的控制回路。

① 如果不需要积分运算（即在PID计算中无“I”），则应将积分时间T_i设为无限大。由于积分项有初始值，即使没有积分运算，积分项的数值也可能不为零。

② 如果不需要微分运算（即在PID计算中无“D”），则应将微分时间T_d设定为0.0。

③ 如果不需要比例运算（即在PID计算中无“P”），但需要I或ID控制，则应将增益值K_c指定为0.0。因为K_c是计算积分和微分公式中的系数，将循环增益设为0.0会导致在积分和微分项计算中使用的循环增益值为1.0。

（3）PID回路输入转换及标准化数据

S7-200 PLC为用户提供了8条PID控制回路，回路号为0 ~ 7，即可以使用8条PID指令实现8个回路的PID运算。

每个回路的给定值和过程变量都是实际数值，其大小、范围和工程单位可能不同。在PLC进行PID控制之前，必须将其转换成标准化浮点数表示法，步骤如下。

① 将回路输入量数值从16位整数转换成32位浮点数或实数。下列指令说明如何将整数数值转换成实数。

```
ITD        AIW0，AC0              // 将输入数值转换成双整数
DTR        AC0， AC0              // 将32位整数转换成实数
```

② 将实数转换成0.0 ~ 1.0之间的标准化数值。用下式：

实际数值的标准化数值=实际数值的非标准化数值或原始实数/取值范围+偏移量

其中，取值范围=最大可能数值-最小可能数值=32 000（单极数值）或64 000（双极数值）；偏移量：对单极数值取0.0，对双极数值取0.5；单极范围为0 ~ 32 000，双极范围为-32 000 ~ +32 000。

将上述AC0中的双极数值（间距为64 000）标准化，程序如下。

```
/R         64000.0，AC0           // 使累加器中的数据标准化
```

笔 记

```
+R        0.5，AC0          // 加偏移量
MOVR      AC0，VD100        // 将标准化数值写入PID回路参数表中
```

（4）PID回路输出转换为成比例的整数

上述程序执行后，PID回路输出0.0～1.0的标准化实数数值，必须被转换成16位成比例整数数值，才能驱动模拟输出。

PID回路输出成比例实数数值=（PID回路输出标准化实数值-偏移量）×取值范围

程序如下。

```
MOVR      VD108，AC0        // 将PID 回路输出送入AC0
-R        0.5，AC0          // 双极数值减偏移量0.5
*R        64000.0，AC0      // AC0的值乘以取值范围，变成比例实数数值
ROUND     AC0，AC0          // 将实数四舍五入，变为32位整数
DTI       AC0，AC0          // 32位整数转换成16位整数
MOVW      AC0，AQW0         // 16位整数写入AQW0
```

（5）PID指令

PID指令：使能有效时，根据回路参数表中的过程变量当前值、控制设定值及PID参数进行PID运算。PID指令格式如表4-6所示。

表4-6 PID指令格式

梯形图	语句表	说明
PID EN ENO TBL LOOP	PID TBL，LOOP	TBL：参数表起始地址VB，数据类型：字节 LOOP：回路号，常量（0～7），数据类型：字节

说明如下。

① 程序中可使用8条PID指令，不能重复使用。

② 使ENO=0的错误条件：0006（间接地址），SM1.1（溢出，参数表起始地址或指定的PID回路指令号码操作数超出范围）。

③ PID指令不对参数表输入值进行范围检查，必须保证过程变量和给定值积分项当前值和过程变量当前值在0.0～1.0范围内。

（6）PID控制回路的编程步骤

使用PID指令进行系统控制调节，可遵循以下步骤。

① 指定内存变量区回路表的首地址，如VB200。

② 根据表4-5的格式及地址，把设定值SP_n写入指定地址VD204（双字、下同），增益K_c写入VD212，采样时间T_s写入VD216，积分时间T_i写入VD220，微分时间T_d写入VD224，PID输出值由VD208输出。

③ 设置定时中断初始化程序。PID指令必须用在定时中断程序中（中断事件10和11）。

④ 读取过程变量模拟量AIWx，进行回路输入转换及标准化处理后写入回路表首地址

VD200。

⑤ 执行PID回路运算指令。

⑥ 对PID回路运算的输出结果VD208进行数据转换，然后送入模拟量输出AQWx作为控制调节的信号。

微课 4-2-1：
如何实现液位的 PLC 控制

三、项目实施

1. I/O 分配

根据项目分析，对输入、输出进行分配，如表4-7所示。

表 4-7 液位控制 I/O 分配表

输入		输出	
输入继电器	元件	输出继电器	元件
I0.0	起动按钮SB1	Q0.0	接触器KM线圈
I0.1	停止按钮SB2	Q0.4	泵机运行指示HL1
		Q0.5	水位上限报警指示HL2
		Q0.6	水位下限报警指示HL3

2. PLC 的 I/O 接线图

根据控制要求及表4-7所示的I/O分配表，可绘制液位控制PLC的I/O接线图，如图4-18和图4-19所示（以西门子变频器MM440为例）。

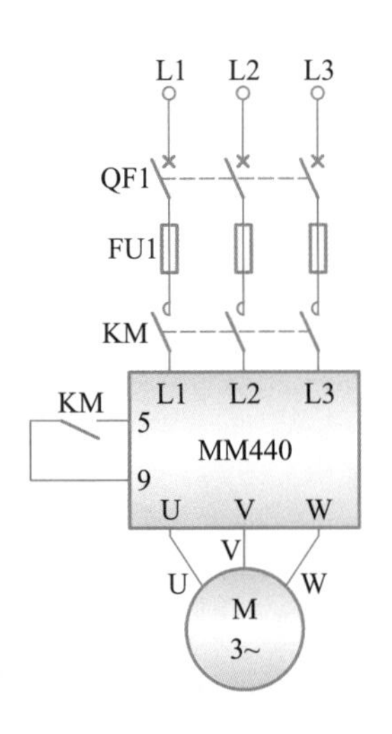

图4-18
液位控制主电路硬件原理图

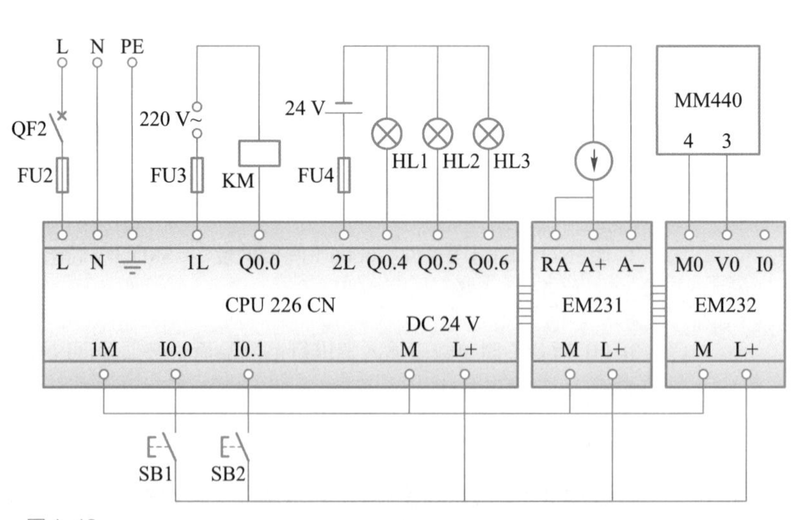

图4-19
液位控制控制电路PLC的I/O接线图

源程序：
应用 PID 指令实现液位控制

3. 创建工程项目

创建一个工程项目，并命名为液位控制。

4. 梯形图程序

本项目中水位由压差变送器检测，变送器的输出信号为4～20mA。模拟量输入模块将输入的信号转换为12位的数字量。输入信号与A/D转换数值表如表4-8所示。

笔 记

表4-8　输入信号与A/D转换数值表

	测量物理范围 -300～+300mm	控制范围 -150～+150mm	报警点 <-150mm或>+150mm
输入信号	4～20mA		
A/D转换后数据	6400～32000	12800～25600	<12800或>25600

根据要求，并使用PID指令编写的梯形图如图4-20~图4-22所示。

5. 变频的参数设置

本项目采用模拟量输入控制变频器的输出频率，变频器的相关参数设置（电动机的额定数据除外）如表4-9所示。

表4-9　变频器的相关参数设置

参数号	设置值	参数号	设置值
P0700	2	P0758	0
P0701	1	P0759	10
P0756	0	P0760	100
P0757	0	P1000	2

6. 调试程序

（1）下载程序并运行。

（2）分析程序运行的过程和结果，并编写语句表。

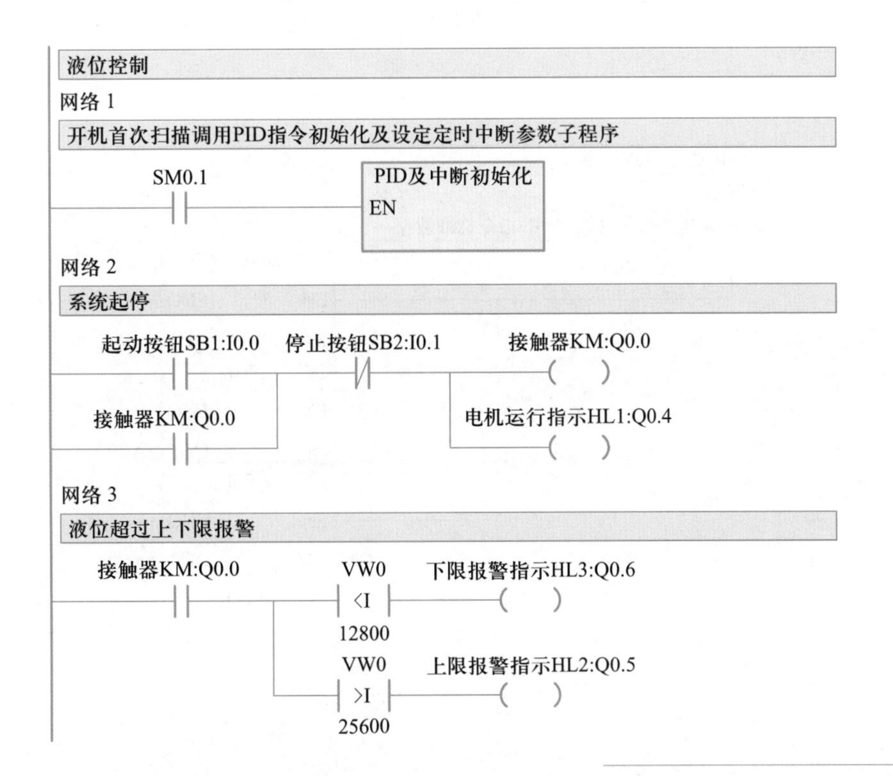

图4-20
液位控制程序——主程序

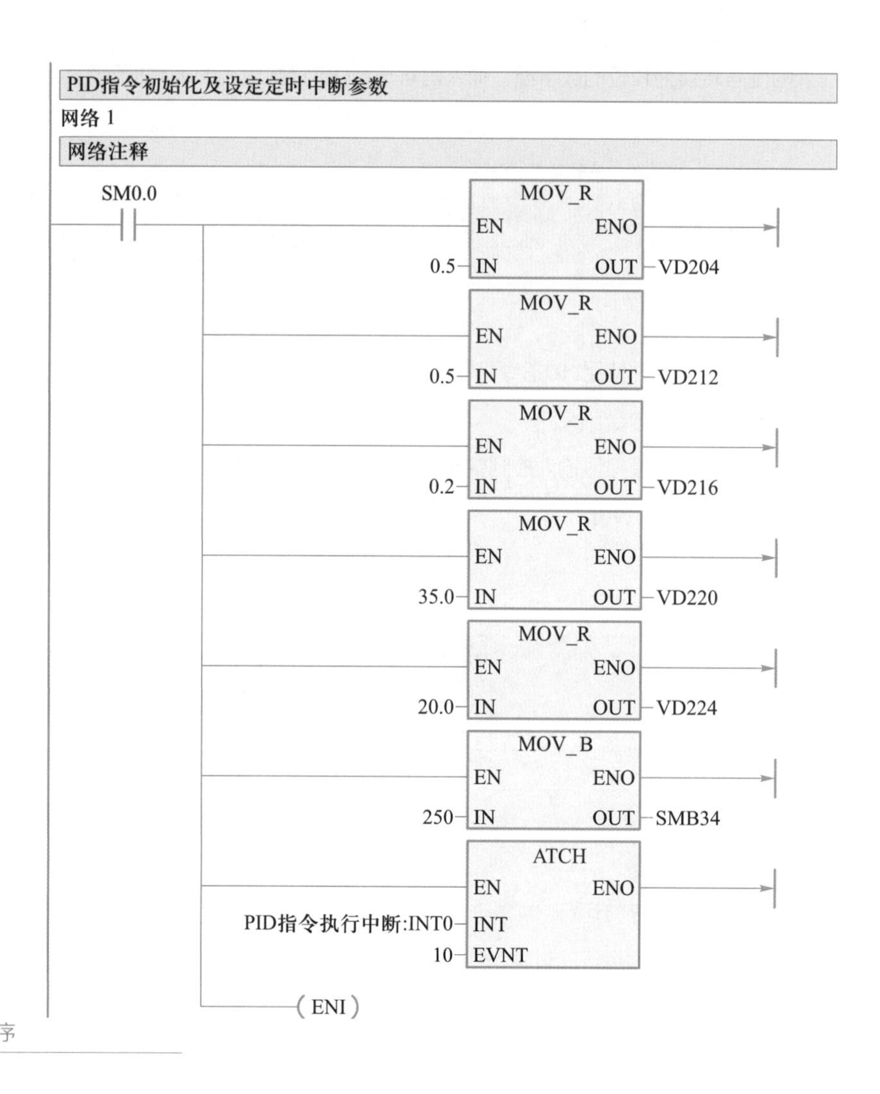

图4-21
液位控制程序——PID指令及定时中断初始化子程序

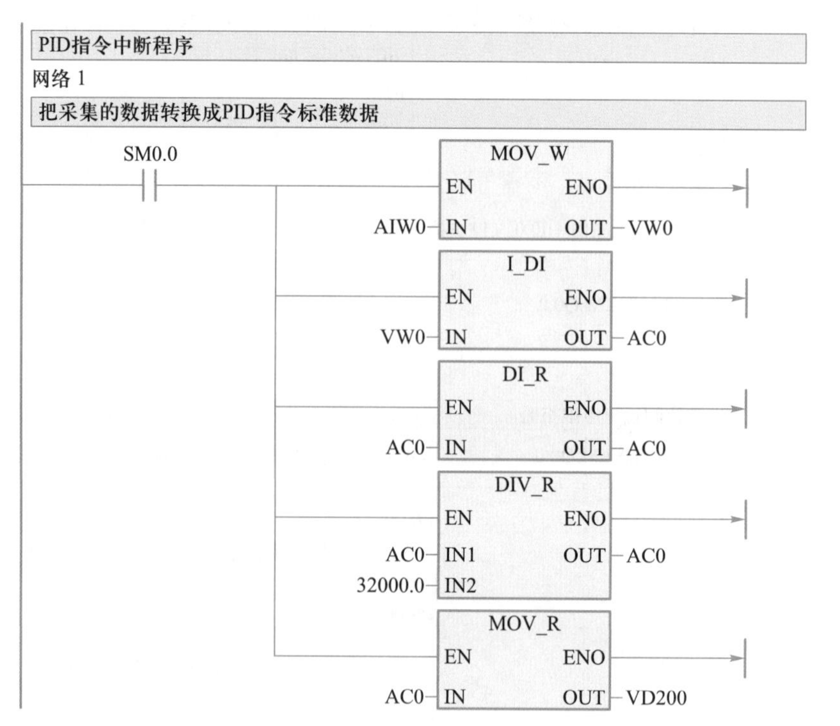

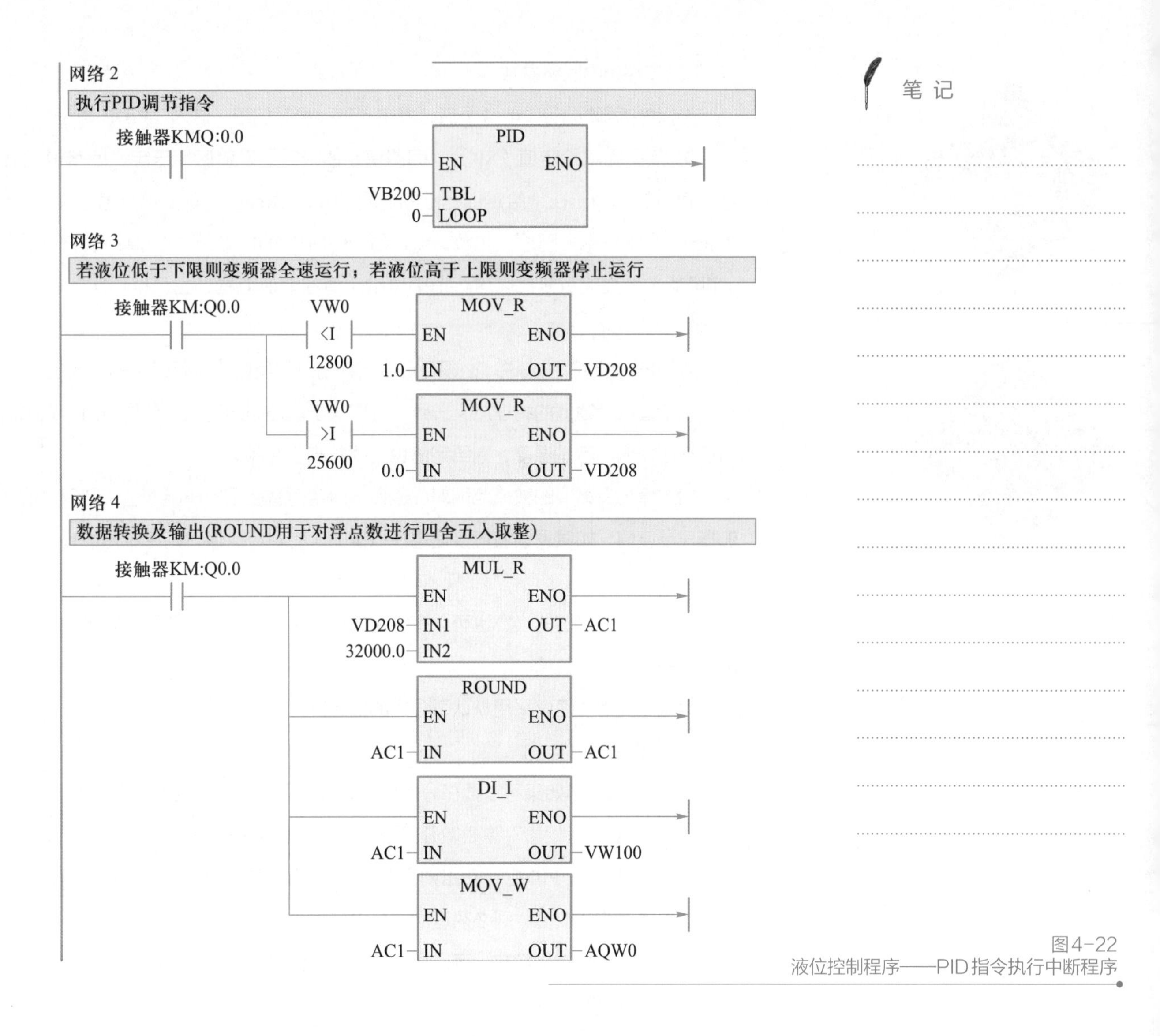

图4-22
液位控制程序——PID指令执行中断程序

笔 记

四、知识进阶

微课 4-2-2：
PID 向导的配置

PID 指令向导的应用

S7-200 PLC指令与回路表配合使用，CPU的回路表有23个变量。编写PID控制程序时，首先要把过程变量（PV）转换为0.0～1.0的标准化的实数。PID运算结束后，需要将回路输出（0.0～1.0的标准化的实数）转换为可以送给模拟量输出模块的整数。为了让PID指令以稳定的采样周期工作，应在定时中断程序中调用PID指令。综上所述，如果直接使用PID指令，则编程的工作量和难度都比较大。为了降低编写PID控制程序的难度，S7-200 PLC的编程软件设置了PID指令向导。

虚拟仿真训练
4-2-1：
PID 向导编程
练习 1

（1）打开“PID指令向导”对话框

打开STEP 7-Micro/WIN编程软件，单击“指令树”→“向导”，双击PID图标，或选择“工具”→“指令向导”菜单命令，在弹出的对话框中选择PID，单击“下一步”按钮，即可打开“PID指令向导”对话框。

虚拟仿真训练
4-2-2：
PID 向导编程
练习 2

虚拟仿真训练
4-2-3：
PID 向导编程
练习 3

笔 记

（2）设定PID回路参数

选择PID回路编号（0~7）后，单击“下一步”按钮，进入“PID参数设置”对话框。

① 定义回路给定值（SP）：“回路给定值标定”设置区用于定义回路设定值（SP，即给定值）的范围，在“给定值范围的低限”（Low Range）和“给定值范围的高限”（High Range）文本框中分别输入实数，默认值为0.0和100.0，表示给定值的取值范围占过程反馈（实际值）量程的百分比。这个范围是给定值的取值范围，也可以用实际的工程单位数值表示。

对于PID控制系统来说，必须保证给定值与过程反馈（实际值）的一致性。

给定值与反馈值的物理意义一致：这取决于被控制的对象，若是压力，则给定值也必须对应于压力值；若是温度，则给定值也必须对应于温度。

给定值与反馈值的数值范围对应：如果给定值直接是摄氏温度值，则反馈值必须是对应的摄氏温度值；如果反馈值直接使用模拟量输入的对应数值，则给定值也必须向反馈的数值范围换算。

给定值与反馈值的换算也可以有特定的比例关系，如给定值可以表示为与反馈的数值范围成比例的百分比数值。

为避免混淆，建议采用默认百分比的形式。

② 比例增益：比例常数。

③ 积分时间：如果不需要积分作用，则可以把积分时间设为无穷大（INF）。

④ 微分时间：如果不需要微分回路，则可以把微分时间设为0。

⑤ 采样时间：PID控制回路对反馈采样和重新计算输出值的时间间隔。在向导完成后，若想要修改此数值，则必须返回向导中修改，不可在程序中或状态表中修改。

以上这些参数都是实数。可以根据经验或需要粗略设定这些参数，甚至采用默认值，具体参数还要进行整定。

（3）设定回路输入/输出值

单击“下一步”按钮，进入“PID输入/输出参数设定”对话框。“回路输入选项”设置区用于设定过程变量的输入类型和范围。首先设定过程变量PV（Process Variable）的范围，然后定义输出类型。

① 指定输入类型及取值范围。

单极性（Unipolar）：输入的信号为正，如0~10V或0~20mA等。

双极性（Bipolar）：输入信号在从负到正的范围内变化，如输入信号为±10V、±5V等。

使用20%偏移量：当类型设置为单极性时，反馈输入取值范围的默认值为0~32 000，对应输入量程范围为0~10V或0~20mA，输入信号为正；当类型设置为双极性时，默认值为-32 000~+32 000，对应的输入范围根据量程不同，可以是±10V、±5V等；在选中“使用20%偏移量”时，取值范围为6 400~32 000，不可改变。如果输入为4~20mA，则选择单极性及此项，4mA是0~20mA信号的20%，所以选用20%偏移，即4mA对应6 400，20mA对应32 000。

注意：前面所提到的给定值范围、反馈输入也可以用工程制单位的数值。

② 设定输出类型及取值范围。

“回路输出选项”设置区用于定义输出类型，可以选择模拟量输出或数字量输出。模拟量输出用来控制一些需要模拟量设定的设备，如比例阀、变频器等；数字量输出实际上是控制输出点的通断状态按一定的占空比变化，可以控制固态继电器。选择模拟量输出则需要设定回路输出变量值的范围，可以进行如下选择。

单极性输出（Unipolar）：可为0～10V或0～20mA等，范围低高限默认值为0～32 000。

双极性输出（Bipolar）：可为±10V、±5V等，范围低高限取值为-32 000～+32 000。

20%偏移：如果选中20%偏移，使输出为4～20mA，范围低高限取值为6 400～32 000，不可改变。

如果选择了数字量输出，需要设定占空比的周期。

（4）设定回路报警选项

单击“下一步”按钮，进入“回路报警设定”对话框。

PID指令向导提供了3个输出来反映过程值（PV）的低限报警、高限报警及模拟量输入模块错误状态。当报警条件满足时，输出置位为1。这些功能只有在选中了相应的复选框后才起作用。

使能低限报警（PV）：用于设定过程值（PV）报警的低限，此值为过程值的百分数，默认值为0.10，即报警的低限为过程值的10%。此值最低可设为0.01，即满量程的1%。

使能高限报警（PV）：用于设定过程值（PV）报警的高限，此值为过程值的百分数，默认值为0.90，即报警的高限为过程值的90%。此值最高可设为1.00，即满量程的100%。

使能模拟量模块报错：用于设定模块与CPU连接时所处的模块位置。“0”就是第一个扩展模块的位置。

（5）指定PID运算数据存储区

单击“下一步”按钮，为PID指令向导分配存储区。

PID指令（功能块）使用了一个120B的V区参数表来进行控制回路的运算工作。此外，PID向导生成的输入/输出量的标准化程序也需要运算数据存储区，需要为它们定义一个起始地址，要保证该起始地址的若干字节在程序的其他地方没有被重复使用。单击“建议地址”按钮，则向导将自动设定当前程序中没有用过的V区地址。自动分配的地址只是在执行PID向导时编译检测到的空闲地址。向导将自动为该参数表分配符号名，用户不必再为这些参数分配符号名，否则将导致PID控制不执行。

（6）定义向导创建的初始化子程序和中断程序的程序名

单击“下一步”按钮，则进入“定义向导所生成的PID初始化子程序和中断程序名及手/自动模式”对话框。

向导定义的默认的初始化子程序名为“PID0_INIT”，中断程序名为“PID_EXE”，可以自行修改。

在该对话框中可以增加PID手动控制模式。在“PID手动控制模式”设置区下，选中

笔 记

“增加PID手动控制”复选框，将回路输出设定为手动输出控制，此时还需要输入手动控制输出参数，它是一个介于0.0～1.0之间的实数，代表输出的0%～100%，而不是直接去改变输出值。

注意：如果项目中已经存在一个PID配置，则中断程序名为只读，不可更改。因为一个项目中所有PID共用一个中断程序，它的名字不会被任何新的PID所更改。

PID向导中断用的是SMB34定时中断，在使用了PID向导后，在其他编程时不要再用此中断，也不要向SMB34中写入新的数值，否则PID将停止工作。

（7）生成PID子程序、中断程序及符号表等

单击“下一步”按钮，将生成PID子程序、中断程序及符号表等。单击“完成”按钮，即完成PID向导的组态。之后，可在符号表中查看PID向导生成的符号表，包括各参数所用的详细地址及其注释，进而在编写程序时使用相关参数。

完成PID指令向导的组态后，指令树的子程序文件夹中已经生成了PID相关子程序和中断程序，需要在用户程序中调用向导生成的PID子程序。

（8）在程序中调用PID子程序

微课 4-2-3：
调用向导生成的 PID 子程序

配置完PID向导，需要在程序中调用向导生成的PID子程序。需要注意的是，必须用SM0.0来无条件调用PID0_INIT程序。调用PID子程序时，不用考虑中断程序。子程序会自动初始化相关的定时中断处理事项，然后中断程序会自动执行。

PIDx_INIT指令中的PV_I是模拟量输入模块提供的反馈值的地址，Setpoint_R是以百分比为单位的实数给定值（SP）。假设AIW0对应的是0～400℃的温度值，如果在向导中设置给定范围为0.0～200（400℃对应于200%），则设定值80.0 (%)相当于160℃。

BOOL变量Auto_Manual为1时，该回路为自动工作方式（PID闭环控制），反之为手动工作方式。Manual Output是手动工作方式时标准化的实数输入值。

虚拟仿真训练 4-2-4：调用向导生成的 PID 子程序

Output是PID控制器的INT型输出值的地址，HighAlarm和LowAlarm分别是PV超过上限和下限的报警信号输出，ModuleErr是模拟量模块的故障输出信号。

五、问题研讨

1. PID 指令使用注意事项

（1）在使用该指令前必须建立回路表（TBL），因为该指令是以回路表提供的过程变量、设定值、增益、积分时间、微分时间、输出等参数为基础进行运算的。

（2）PID指令不检查回路表中的一些输入值，必须保证过程变量和设定值在0.0～1.0范围内。

（3）该指令必须使用在以定时产生的中断程序中。

（4）如果指令指定的回路表起始地址或PID回路号操作数超出范围，则在编译期间，CPU将产生编译错误（范围错误），从而导致编译失败。如果PID算术运算发生错误，则特殊存储器标志位SM1.1置1，并且中止PID指令的执行。在下一次执行PID运算之前，应改变

引起算术运算错误的输入值。

笔 记

2. PID 指令参数的在线修改

没有一个PID项目的参数是不需要修改而能直接运行的，因此在实际运行时，需要调试PID参数。在符号表中可以找到包括PID核心指令所用的控制回路表，包括比例系数、积分时间等。将此表中的地址复制到状态表中，可以在监控模式下在线修改PID参数，不必停机再次做配置。参数调试合适后，可以在数据块中写入，也可以再做一次向导，或者编程向相应的数据区传送参数。

六、拓展训练

训练1. 用模拟量指令实现手动调节变频器驱动的电动机速度。要求当长按调速按钮3s以上后进入调速状态，每次按下增加按钮，变频器输出增加2Hz；每次按下减小按钮，变频器输出减小2Hz。若3s内未按下增加或减少按钮，系统自动退出调速状态。

训练2. 用PID指令实现恒温排风系统的控制，要求当温度在被控范围里（50~60℃）时，由变频器驱动的排风机转速为0；若温度高于60℃时，排风机转速变快，温度越高，排风机的转速也相应越快。

项目三　钢包车行走控制

知识目标

- 了解编码器有关知识
- 掌握高速计数器的基础知识
- 掌握高速计数器的编程方法

演示文稿 4-3：钢包车行走控制

能力目标

- 能使用高速计数器进行简单编程
- 会通过高速计数器的向导进行程序设计
- 能灵活运用高速计数器

一、要求与分析

动画 4-3：钢包车行走控制要求

要求：用PLC实现钢包车行走控制。系统起动后钢包车低速起步；运行至中段时，可加速至高速运行；在接近工位（如加热位或吊包位）时，低速运行以保证平稳、准确停车。按下停止按钮时，若钢包车高速运行，则应先低速运行5s后，再停车（考虑钢包车的载荷惯性）；若低速运行，则可立即停车。在此，为减小项目难度，对钢包车返回不作要求。其控制要求示意图如图4-23所示。

分析：根据上述控制要求可知，数字输入量有1个起动按钮、1个停止按钮和高速脉冲输入信号；输出量有电动机起停信号、低速运行信号、高速运行信号和钢包车运行指示灯。如何实现本项目要求的钢包车的准确定位呢？可通过钢包车行驶的长度，也就是钢包车电动机旋转的圈数来实现对钢包车速度的转换及停止的控制。可使用旋转编码器对快速旋转的钢包车电动机转过的圈数进行计数，即根据高速计数器提供的高速脉冲数量间接明确钢包车运行的位置，从而实现对其准确控制。

笔 记

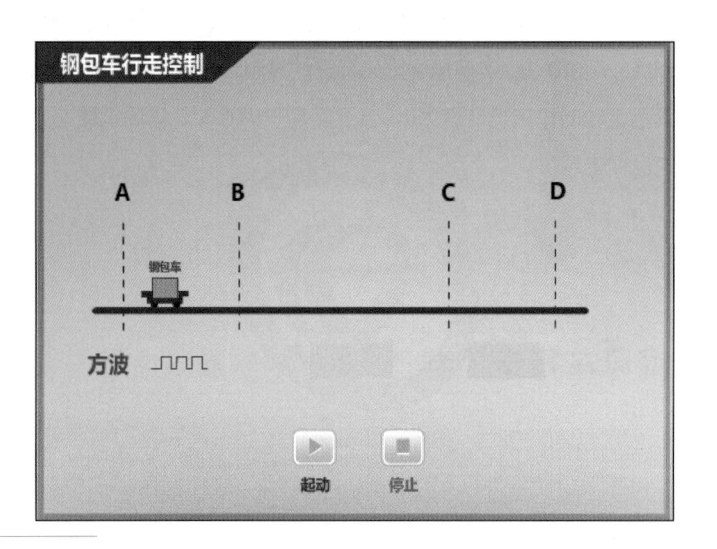

图4-23
钢包车行走控制要求示意图

二、知识学习

1. 编码器

编码器（Encoder）是将角位移或直线位移转换成电信号的一种装置，是把信号（如比特流）或数据编制转换为可用于通信、传输和存储的信号形式的设备。按照其工作原理，编码器可分为增量式和绝对式两类。增量式编码器是将位移转换成周期性的电信号，再把这个电信号转变成计数脉冲，用脉冲的个数表示位移的大小。绝对式编码器的每一个位置对应一个确定的数字码，因此它的实际值只与测量的起始和终止位置有关，而与测量的中间过程无关。

微课 4-3-1：增量式编码器

（1）增量式编码器

增量式编码器的码盘上有均匀刻制的光栅。码盘旋转时，输出与转角的增量成正比的脉冲，需要用计数器来统计脉冲数。根据输出信号的个数，有3种增量式编码器。

① 单通道增量式编码器。

单通道增量式编码器内部只有1对光耦合器，只能产生一个脉冲序列。

② 双通道增量式编码器。

双通道增量式编码器又称为A、B相型编码器，内部有两对光耦合器，能输出相位差为90° 的两组独立脉冲序列。正转和反转时，两路脉冲的超前、滞后关系刚好相反，如图4-24所示。如果使用A、B相型编码器，PLC可以识别出转轴旋转的方向。

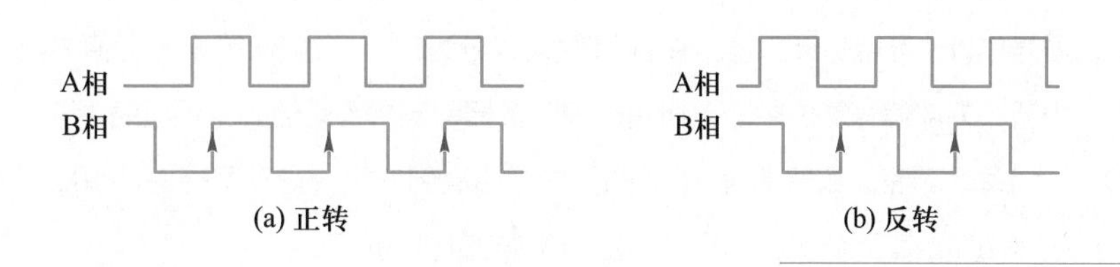

图4-24
A、B相型编码器的输出波形

③ 三通道增量式编码器。

在三通道增量式编码器内部除了有双通道增量式编码器的两对光耦合器外，在脉冲码盘的另外一个通道还有一个透光段，每转1圈，输出一个脉冲，该脉冲称为Z相零位脉冲，用作系统清零信号，或坐标的原点，以减少测量的累积误差。

笔 记

（2）绝对式编码器

N位绝对式编码器有N个码道，最外层的码道对应于编码的最低位。每一码道有一个光耦合器，用来读取该码道的0、1数据。绝对式编码器输出的N位二进制数反映了运动物体所处的绝对位置，根据位置的变化情况，可以判别旋转的方向。

2. 高速计数器

在工业控制中有很多场合输入的是一些高速脉冲，如编码器信号，这时PLC可以使用高速计数器对这些特定的脉冲进行加/减计数，来最终获取所需要的工艺数据（如转速、角度、位移等）。PLC的普通计数器的计数过程与扫描工作方式有关，CPU通过每一扫描周期读取一次被测信号的方法来捕捉被测信号的上升沿。当被测信号的频率较高时，将会丢失计数脉冲，因此普通计数器的工作频率很低，一般仅有几十赫兹。高速计数器可以对普通计数器无法计数的高速脉冲进行计数。

（1）高速计数器简介

高速计数器（HSC，High Speed Counter）在现代自动控制中的精确控制领域有很高的应用价值，它用来累计比PLC扫描频率高得多的脉冲输入，利用产生的中断事件来完成预定的操作。

① 数量及编号。

高速计数器在程序中使用时，地址编号用HSCn（或HCn）来表示，HSC表示编程元件名称为高速计数器，n为编号。

HSCn除了表示高速计数器的编号之外，还代表两方面的含义，即高速计数器位和高速计数器当前值。编程时，从所用的指令中可以看出是位还是当前值。

对于不同型号的S7-200 PLC主机，高速计数器的数量如表4-10所示。CPU 22×系列的

笔 记

PLC最高计数频率为30kHz，CPU 224XP CN的PLC最高计数频率为230kHz。

表 4-10　不同型号的 S7-200 PLC 的高速计数器数量

主机型号	CPU221	CPU222	CPU224	CPU226
可用HSC数量	4		6	
HSC编号范围	HSC0、HSC3、HSC4、HSC5		HSC0 ~ HSC5	

② 中断事件类型。

高速计数器的计数和动作可采用中断方式进行控制，与CPU的扫描周期关系不大，各种型号的PLC可用的计数器的中断事件大致分为3类：当前值等于预置值中断、输入方向改变中断和外部信号复位中断。所有高速计数器都支持当前值等于预置值中断。

每个高速计数器的3种中断的优先级由高到低执行，不同高速计数器之间的优先级又按编号顺序由高到低执行，具体对应关系如表4-11所示。

表 4-11　高速计数器中断

高速计数器	当前值等于预置值中断		计数方向改变中断		外部信号复位中断	
	中断事件号	优先级	中断事件号	优先级	中断事件号	优先级
HSC0	12	10	27	11	28	12
HSC1	13	13	14	14	15	15
HSC2	16	16	17	17	18	18
HSC3	32	19	无	无	无	无
HSC4	29	20	30	21	无	无
HSC5	33	23	无	无	无	无

③ 高速计数器输入端子的连接。

各高速计数器对应的输入端子如表4-12所示。

表 4-12　高速计数器的输入端子

高速计数器	使用的输入端子	高速计数器	使用的输入端子
HSC0	I0.0，I0.1，I0.2	HSC3	I0.1
HSC1	I0.6，I0.7，I1.0，I1.1	HSC4	I0.3，I0.4，I0.5
HSC2	I1.2，I1.3，I1.4，I1.5	HSC5	I0.4

在表4-12中所用到的输入点，如果不使用高速计数器，可作为一般的数字量输入点，或者作为输入/输出中断的输入点。只有在使用高速计数器时，才分配给相应的高速计数器，实现高速计数器产生的中断。在PLC实际应用中，每个输入点的作用是唯一的，不能对某一个输入点分配多个用途。因此要合理分配每一个输入点的用途。

（2）高速计数器的工作模式

① 高速计数器的计数方式。

● 单路脉冲输入的内部方向控制加/减计数，即只有一个脉冲输入端，通过高速计数器的控制字节的第3位来控制做加/减计数。该位为1时，加计数；该位为0时，减计数，如图4-25所示。

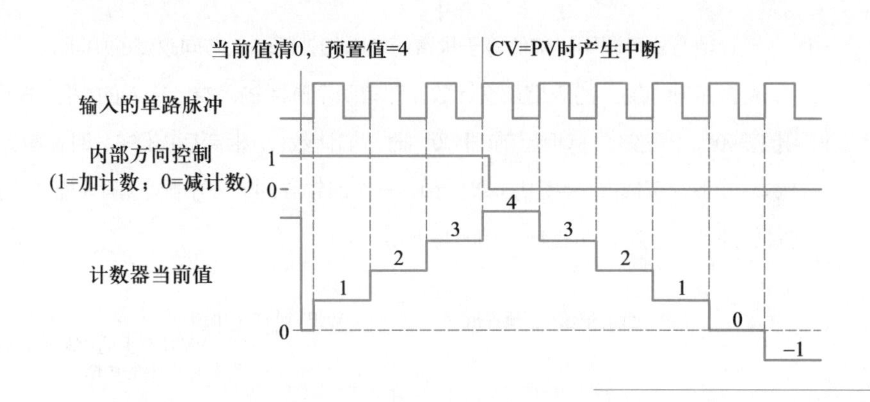

图4-25
内部方向控制的单路加/减计数

该计数方式可调用当前值等于预置值中断，即当高速计数器的计数当前值与预置值相等时，调用中断程序。

● 单路脉冲输入的外部方向控制加/减计数，即只有一个脉冲输入端，有一个方向控制端，方向输入信号等于1时，加计数；方向输入信号等于0时，减计数，如图4-26所示。

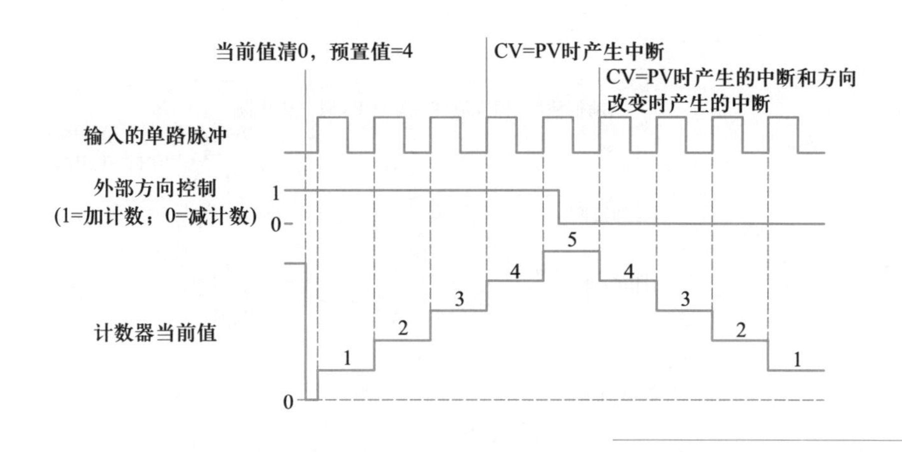

图4-26
外部方向控制的单路加/减计数

该计数方式可调用当前值等于预置值中断和外部输入方向改变的中断。

● 两路脉冲输入的单相加/减计数，即有两个脉冲输入端，一个是加计数脉冲，一个是减计数脉冲，计数值为两个输入端脉冲的代数和，如图4-27所示。

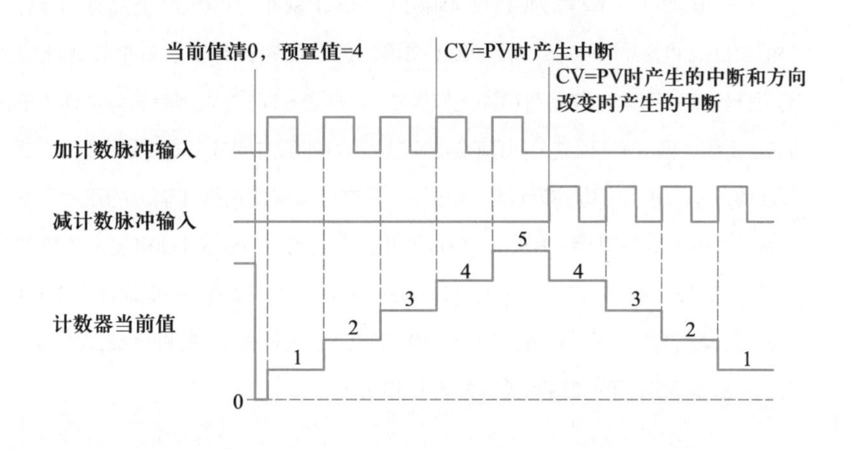

图4-27
双路脉冲输入的单相加/减计数

笔 记

该计数方式可调用当前值等于预置值中断和外部输入方向改变的中断。

- 两路脉冲输入的双相正交计数，即有两个脉冲输入端，输入的A相、B相两路脉冲，相位差90°（正交）。A相超前B相90°时，加计数；A相滞后B相90°时，减计数。在这种计数方式下，可选择1×模式（单倍频，一个时钟脉冲计一个数）和4×模式（4倍频，一个时钟脉冲计4个数），如图4-28和图4-29所示。

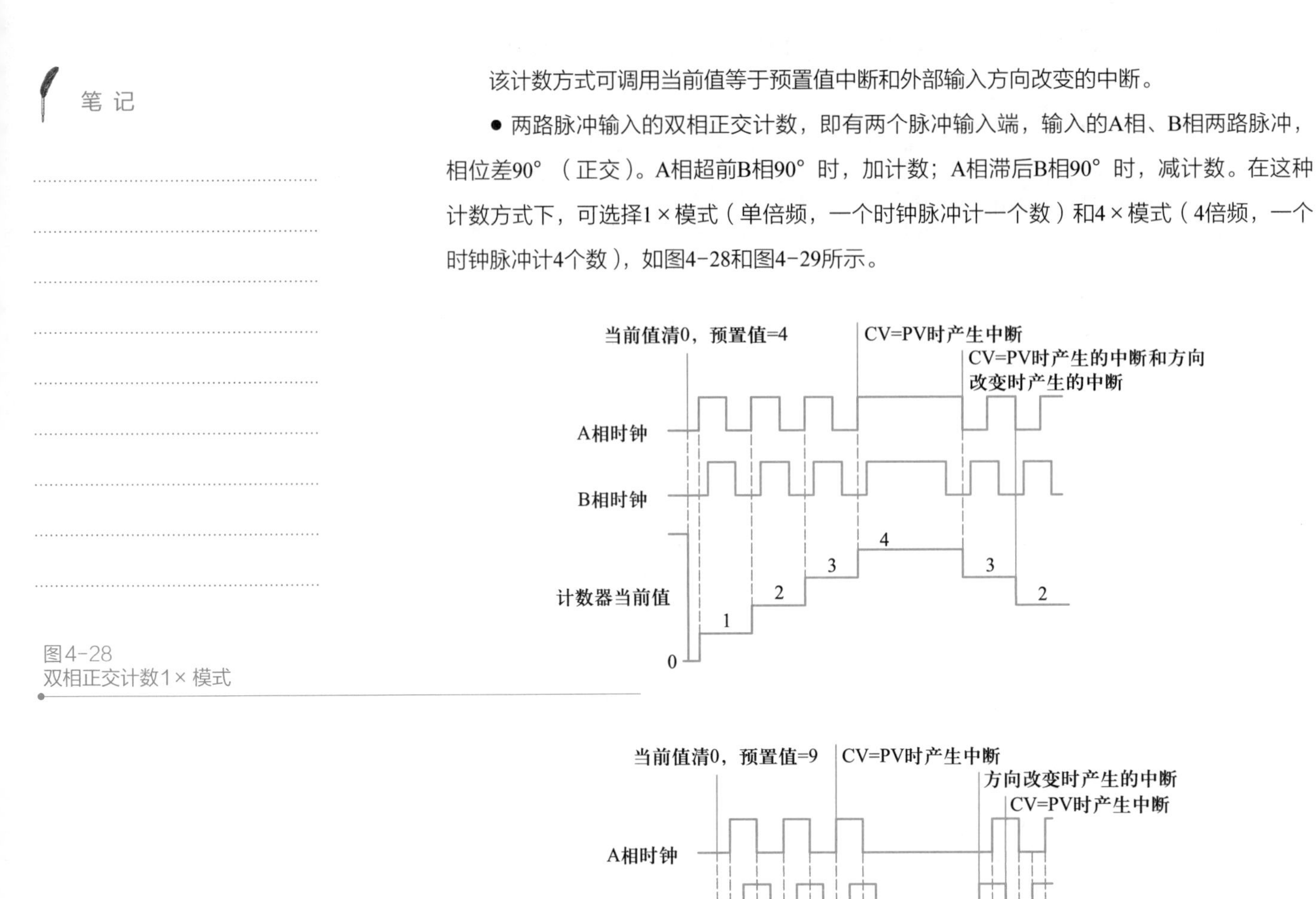

图4-28
双相正交计数1×模式

图4-29
双相正交计数4×模式

② 高速计数器的工作模式。

S7-200 PLC中型号为CPU224和CPU226有HSC0～HSC5六个高速计数器，而型号为CPU221和CPU222只有HSC0及HSC3～HSC5四个高速计数器，每个高速计数器有多种不同的工作模式。高速计数器有13种工作模式，模式0～模式2采用单路脉冲输入的内部方向控制加/减计数；模式3～模式5采用单路脉冲输入的外部方向控制加/减计数；模式6～模式8采用两路脉冲输入的单相加/减计数；模式9～模式11采用两路脉冲输入的双相正交计数；模式12只有HSC0和HSC3支持（HSC0计Q0.0发出的脉冲数，HSC3计Q0.1发出的脉冲数）。HSC0有模式0、1、3、4、6、7、9、10、12；HSC1和HSC2有模式0～模式11；HSC3有模式0、12；HSC4有模式0、1、3、4、6、7、9、10；HSC5只有模式0。每种计数器所拥有的工作模式和其占有的输入端子的数目有关，如表4-13所示。

笔 记

表 4-13　高速计数器的工作模式和输入端子的关系及说明

HSC模式	HSC编号及其对应的输入端子功能及说明	占用的输入端子及其功能			
	HSC0	I0.0	I0.1	I0.2	×
	HSC4	I0.3	I0.4	I0.5	×
	HSC1	I0.6	I0.7	I1.0	I1.1
	HSC2	I1.2	I1.3	I1.4	I1.5
	HSC3	I0.1	×	×	×
	HSC5	I0.4	×	×	×
0	单路脉冲输入的内部方向控制加/减计数。控制字SM37.3=0，减计数；SM37.3=1，加计数	脉冲输入端	×	×	×
1			×	复位端	×
2			×	复位端	起动
3	单路脉冲输入的外部方向控制加/减计数。方向控制端=0，减计数；方向控制端=1，加计数	脉冲输入端	方向控制端	×	×
4				复位端	×
5				复位端	起动
6	两路脉冲输入的双相正交计数。加计数端有脉冲输入，加计数；减计数端有脉冲输入，减计数	加计数脉冲输入端	减计数脉冲输入端	×	×
7				复位端	×
8				复位端	起动
9	两路脉冲输入的双相正交计数。A相脉冲超前B相脉冲，加计数；A相脉冲滞后B相脉冲，减计数	A相脉冲输入端	B相脉冲输入端	×	×
10				复位端	×
11				复位端	起动

选用某个高速计数器在某种工作模式下工作后，高速计数器所使用的输入不是任意选择的，必须按指定的输入点输入信号。

（3）高速计数器的控制字节和状态字节

① 控制字节。

定义了高速计数器的工作模式后，还要设置高速计数器的有关控制字节。每个高速计数器均有一个控制字节，它决定了计数器的计数允许或禁用、方向控制（仅限模式0、1和2）或对所有其他模式的初始化计数方向、装入初始值和预置值等。控制字节每个控制位的说明如表4-14所示。

表 4-14　高速计数器的控制字节

HSC0	HSC1	HSC2	HSC3	HSC4	HSC5	说明
SM37.0	SM47.0	SM57.0	SM137.0	SM147.0	SM157.0	复位有效电平控制： 0=高电平有效；1=低电平有效
SM37.1	SM47.1	SM57.1	SM137.1	SM147.1	SM157.1	起动有效电平控制： 0=高电平有效；1=低电平有效
SM37.2	SM47.2	SM57.2	SM137.2	SM147.2	SM157.2	正交计数器计数倍率选择： 0=4×计数倍率；1=1×计数倍率
SM37.3	SM47.3	SM57.3	SM137.3	SM147.3	SM157.3	计数方向控制位： 0=减计数；1=加计数
SM37.4	SM47.4	SM57.4	SM137.4	SM147.4	SM157.4	向HSC写入计数方向： 0=无更新；1=更新计数方向
SM37.5	SM47.5	SM57.5	SM137.5	SM147.5	SM157.5	向HSC写入预置值： 0=无更新；1=更新预置值

笔 记

续表

HSC0	HSC1	HSC2	HSC3	HSC4	HSC5	说明
SM37.6	SM47.6	SM57.6	SM137.6	SM147.6	SM157.6	向HSC写入初始值： 0=无更新；1=更新初始值
SM37.7	SM47.7	SM57.7	SM137.7	SM147.7	SM157.7	HSC指令执行允许控制： 0=禁用HSC；1=起用HSC

② 状态字节。

每个高速计数器都有一个状态字节，状态位表示当前计数方向以及当前值是否大于或等于预置值。每个高速计数器状态字节的状态位如表4-15所示，状态字节的0～4位不用。监控高速计数器状态的目的是使外部事件产生中断，以完成重要的操作。

表 4-15 高速计数器状态字节的状态位

HSC0	HSC1	HSC2	HSC3	HSC4	HSC5	说明
SM36.5	SM46.5	SM56.5	SM136.5	SM146.5	SM156.5	当前计数方向状态位： 0=减计数；1=加计数
SM36.6	SM46.6	SM56.6	SM136.6	SM146.6	SM156.6	当前值等于预置值状态位： 0=不相等；1=相等
SM36.7	SM46.7	SM56.7	SM136.7	SM146.7	SM156.7	当前值大于预置值状态位： 0=小于或等于；1=大于

（4）高速计数器指令及使用

① 高速计数器指令。

高速计数器指令有两条：高速计数器定义（HDEF）指令和高速计数器（HSC）指令。指令格式如表4-16所示。

表 4-16 高速计数器指令格式

梯形图	HDEF EN ENO HSC MODE	HSC EN ENO N
语句表	HDEF HSC, MODE	HSC N
功能说明	高速计数器定义指令HDEF	高速计数器指令HSC
操作数	HSC：高速计数器的编号，为常量（0～5） MODE工作模式，为常量（0～11）	N：高速计数器的编号，为常量（0～5）
ENO=0的出错条件	SM4.3（运行时间），0003（输入点冲突），0004（中断中的非法指令），000A（HSC重复定义）	SM4.3（运行时间），0001（HSC在HDEF之前），0005（HSC/PLS同时操作）

- 高速计数器定义（HDEF）指令。指令指定高速计数器HSC×的工作模式。工作模式的选择即选择了高速计数器的输入脉冲、计数方向、复位和起动功能。每个高速计数器只能用一条“高速计数器定义”指令。
- 高速计数器（HSC）指令。根据高速计数器控制位的状态和按照HDEF指令指定的工作模式，控制高速计数器。参数N指定高速计数器的编号。

笔 记

② 高速计数器指令的使用。

● 每个高速计数器都有一个32位初始值和一个32位预置值，初始值和预置值均为带符号的整数值。要设置高速计数器的初始值和预置值，必须设置控制字，如表4-14所示，令其第5位和第6位为1，允许更新预置值和初始值，预置值和初始值写入特殊内部标志位存储区。然后执行HSC指令，将新数值传输到高速计数器。预置值和初始值占用的特殊内部标志位存储区如表4-17所示。

表 4-17　HSC0 ~ HSC5 预置值和初始值占用的特殊内部标志位存储区

要装入的数值	HSC0	HSC1	HSC2	HSC3	HSC4	HSC5
初始值	SMD38	SMD48	SMD58	SMD138	SMD148	SMD158
预置值	SMD42	SMD52	SMD62	SMD142	SMD152	SMD162

除控制字节以及预置值和初始值外，还可以使用数据类型HSC（高速计数器当前值）加计数器编号（0、1、2、3、4或5）读取每个高速计数器的当前值。因此，读取操作可直接读取当前值，但只有用上述HSC指令才能执行写入操作。

● 执行HDEF指令之前，必须将高速计数器控制字节的位设置成需要的状态，否则将采用默认设置。默认设置如下：复位和起动输入高电平有效，正交计数速率选择4×模式。执行HDEF指令后，就不能再改变计数器的设置。

③ 高速计数器指令的初始化。

● 用SM0.1对高速计数器指令进行初始化（或在启用时对其进行初始化）。

● 在初始化程序中，根据希望的控制设置控制字（SMB37、SMB47、SMB57、SMB137、SMB147、SMB157），如设置SMB47=16#F8，则允许计数、允许写入初始值、允许写入预置值、更新计数方向为加计数，若将正交计数设为4×模式，则复位和起动设置为高电平有效。

● 执行HDEF指令，设置HSC的编号（0~5），设置工作模式（0~11）。如HSC的编号设置为1，工作模式输入设置为11，则为既有复位又有起动的正交计数工作模式。

● 把初始值写入32位当前寄存器（SMD38、SMD48、SMD58、SMD138、SMD148、SMD158）。如写入0，则清除当前值，用指令“MOVD 0，SMD48”实现。

● 把预置值写入32位当前寄存器（SMD42、SMD52、SMD62、SMD142、SMD152、SMD162）。如执行指令“MOVD 1000，SMD52”，则设置预置值为 1000。若写入预置值为16#00，则高速计数器处于不工作状态。

● 为了捕捉当前值等于预置值的事件，将条件CV=PV中断事件（如事件13）与一个中断程序相联系。

● 为了捕捉计数方向的改变，将方向改变的中断事件（如事件14）与一个中断程序相联系。

● 为了捕捉外部复位，将外部复位中断事件（如事件15）与一个中断程序相联系。

● 执行全部中断允许指令（ENI），允许HSC中断。

● 执行HSC指令使S7-200 PLC对高速计数器进行编程。

● 编写中断程序。

微课 4-3-2：
如何编程实现钢包车的PLC控制

三、项目实施

1. I/O 分配

根据项目分析，对输入、输出进行分配，如表4-18所示。

笔 记

表 4-18　钢包车控制 I/O 分配表

输入		输出	
输入继电器	元件	输出继电器	元件
I0.0	编码器脉冲输入	Q0.0	电动机运行
I0.4	起动按钮SB1	Q0.1	低速运行
I0.5	停止按钮SB2	Q0.2	高速运行
		Q0.4	电动机运行指示HL

2. PLC 的 I/O 接线图

根据控制要求及表4-18所示的I/O分配表，可绘制钢包车控制PLC的I/O接线图，如图4-30所示。

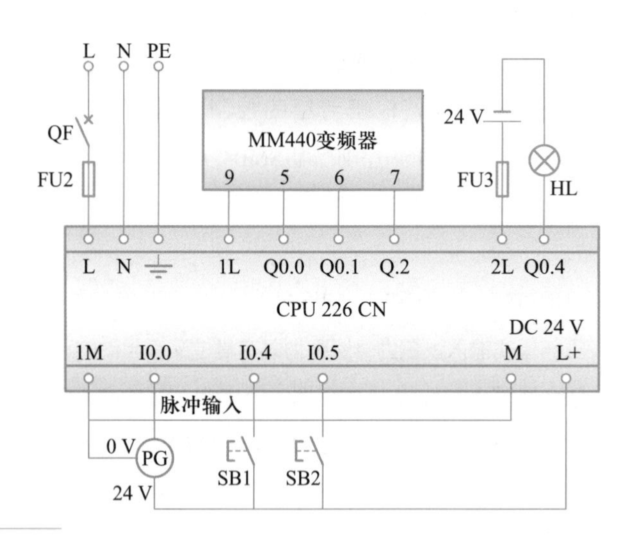

图4-30
钢包车行走控制电路PLC的I/O接线图

3. 创建工程项目

创建一个工程项目，并命名为钢包车行走控制。

4. 梯形图程序

源程序：
应用高速计数器指令实现钢包车行走控制

根据要求，并使用高速计数器指令编写的梯形图如图4-31~图4-36所示。

本项目将电动机的运行分3个阶段控制，即对应高速计数器HSC的3个计数段：第一计数段为0~500（低速起动阶段）；第二计数段为500~1500（高速运行阶段）；第三计数段为1500~2000（低速停止阶段）。

笔 记

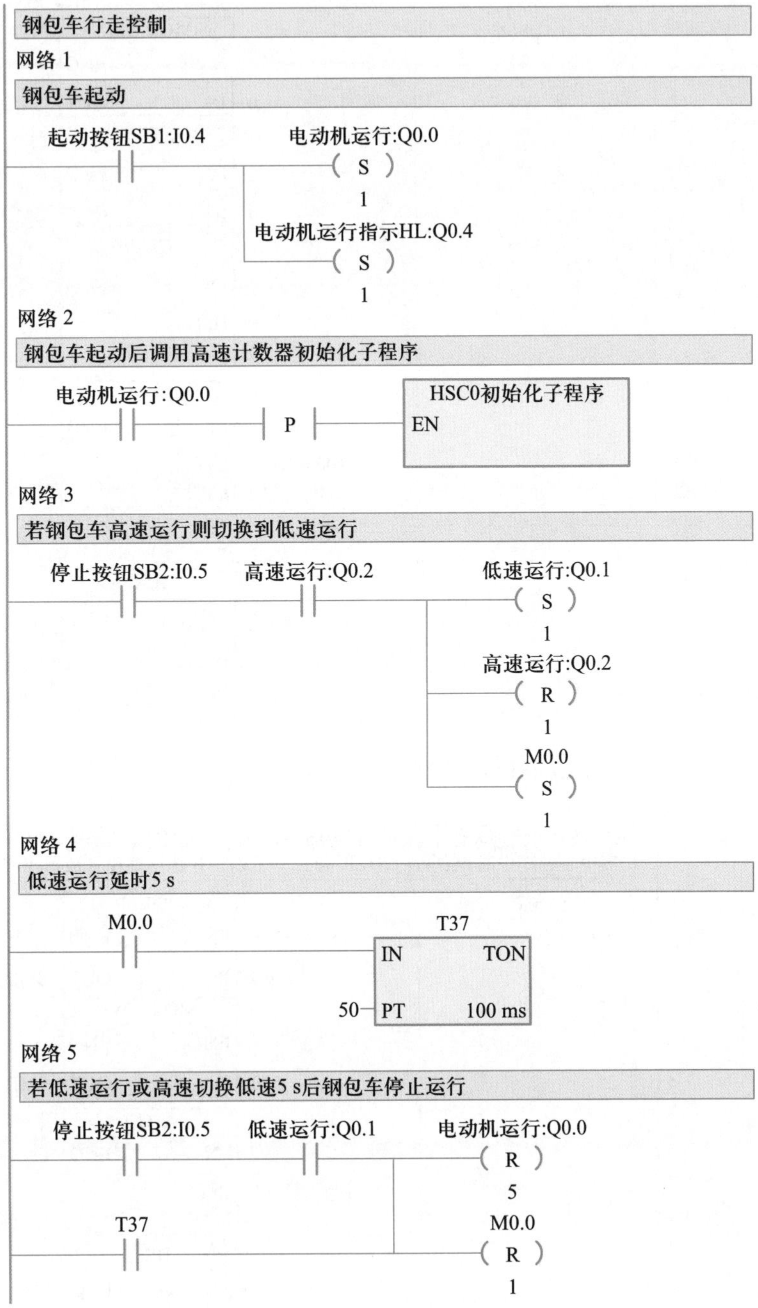

钢包车行走控制

网络 1

钢包车起动

起动按钮SB1:I0.4
电动机运行:Q0.0
(S)
1
电动机运行指示HL:Q0.4
(S)
1

网络 2

钢包车起动后调用高速计数器初始化子程序

电动机运行:Q0.0
P
HSC0初始化子程序
EN

网络 3

若钢包车高速运行则切换到低速运行

停止按钮SB2:I0.5
高速运行:Q0.2
低速运行:Q0.1
(S)
1
高速运行:Q0.2
(R)
1
M0.0
(S)
1

网络 4

低速运行延时5 s

M0.0
T37
IN TON
50 PT 100 ms

网络 5

若低速运行或高速切换低速5 s后钢包车停止运行

停止按钮SB2:I0.5
低速运行:Q0.1
电动机运行:Q0.0
(R)
5
T37
M0.0
(R)
1

图4-31
钢包车行走控制程序——主程序

笔 记

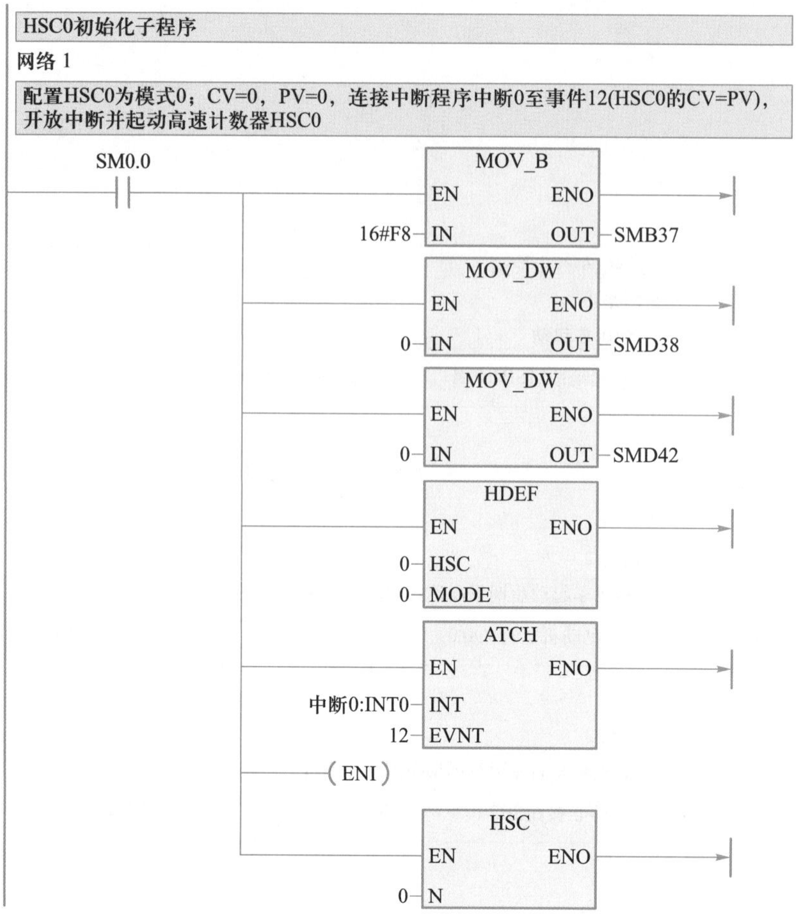

HSC0初始化子程序

网络 1

配置HSC0为模式0；CV=0，PV=0，连接中断程序中断0至事件12(HSC0的CV=PV)，开放中断并起动高速计数器HSC0

SM0.0

MOV_B EN ENO 16#F8 IN OUT SMB37

MOV_DW EN ENO 0 IN OUT SMD38

MOV_DW EN ENO 0 IN OUT SMD42

HDEF EN ENO 0 HSC 0 MODE

ATCH EN ENO 中断0:INT0 INT 12 EVNT

(ENI)

HSC EN ENO 0 N

图4-32
钢包车行走控制程序——初始化子程序

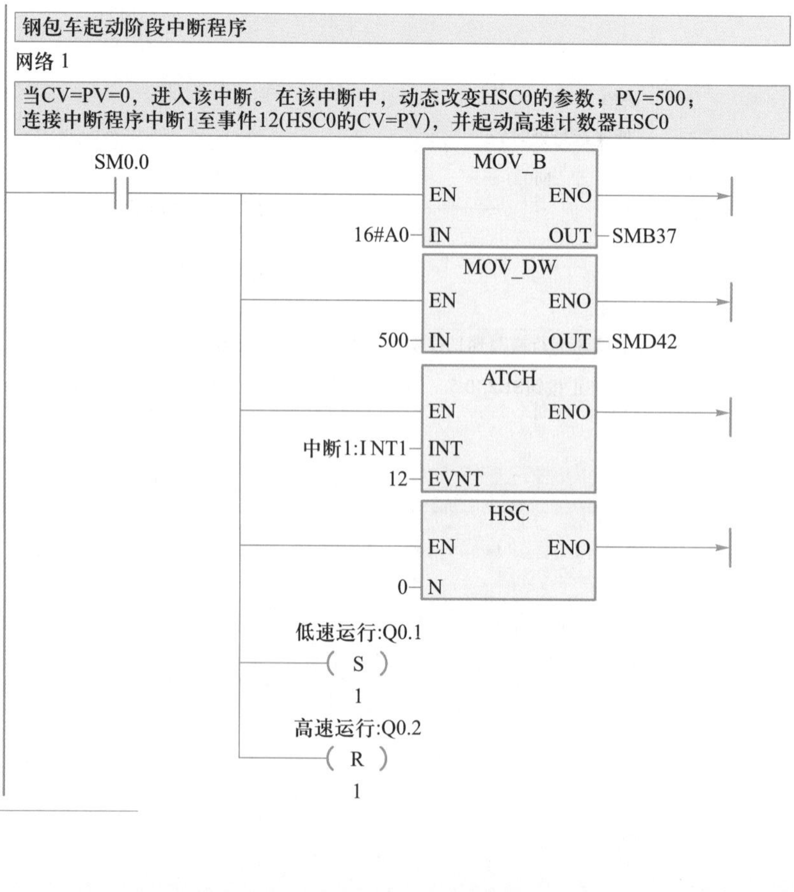

钢包车起动阶段中断程序

网络 1

当CV=PV=0，进入该中断。在该中断中，动态改变HSC0的参数；PV=500；连接中断程序中断1至事件12(HSC0的CV=PV)，并起动高速计数器HSC0

SM0.0

MOV_B EN ENO 16#A0 IN OUT SMB37

MOV_DW EN ENO 500 IN OUT SMD42

ATCH EN ENO 中断1:INT1 INT 12 EVNT

HSC EN ENO 0 N

低速运行:Q0.1 (S) 1

高速运行:Q0.2 (R) 1

图4-33
钢包车行走控制程序——中断程序0

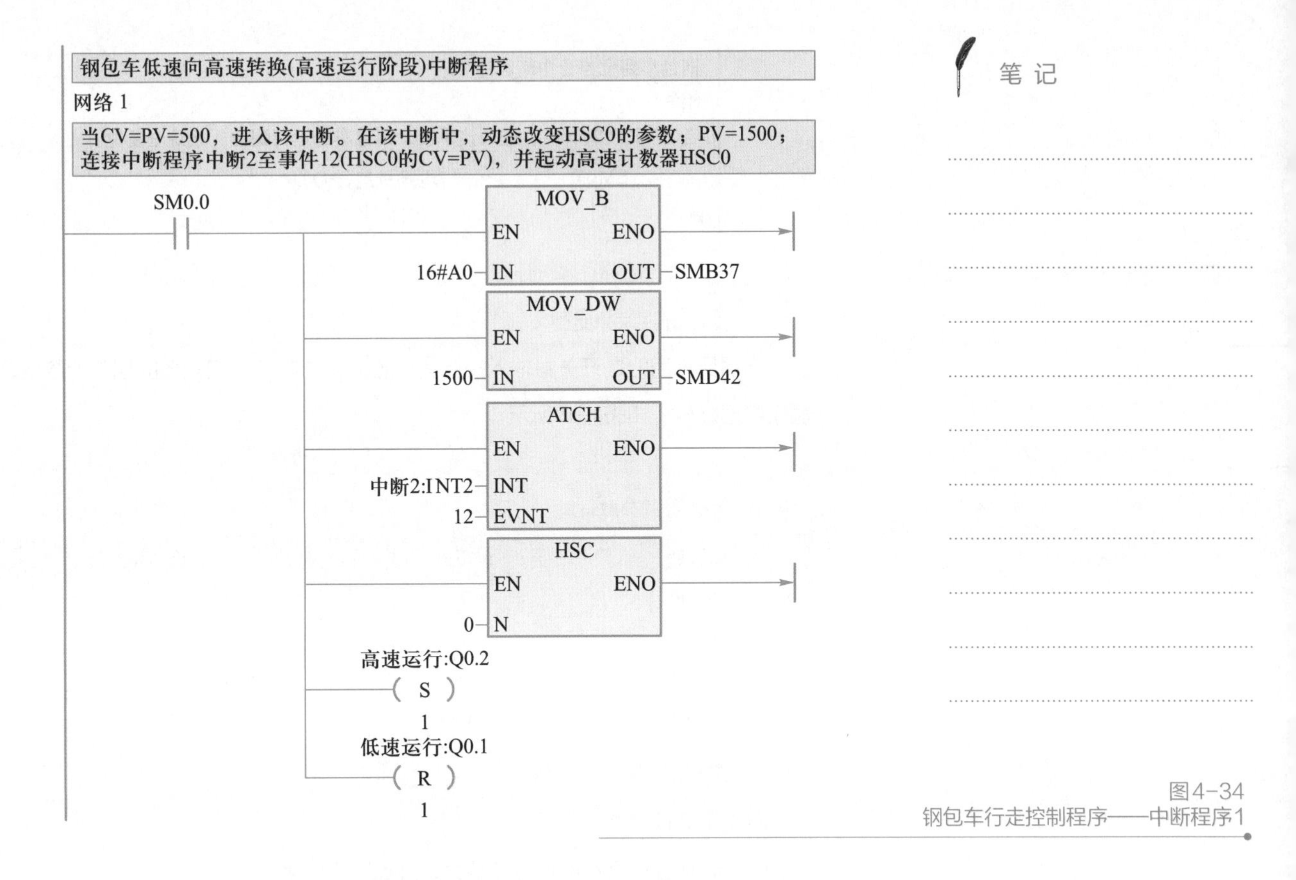

图4-34
钢包车行走控制程序——中断程序1

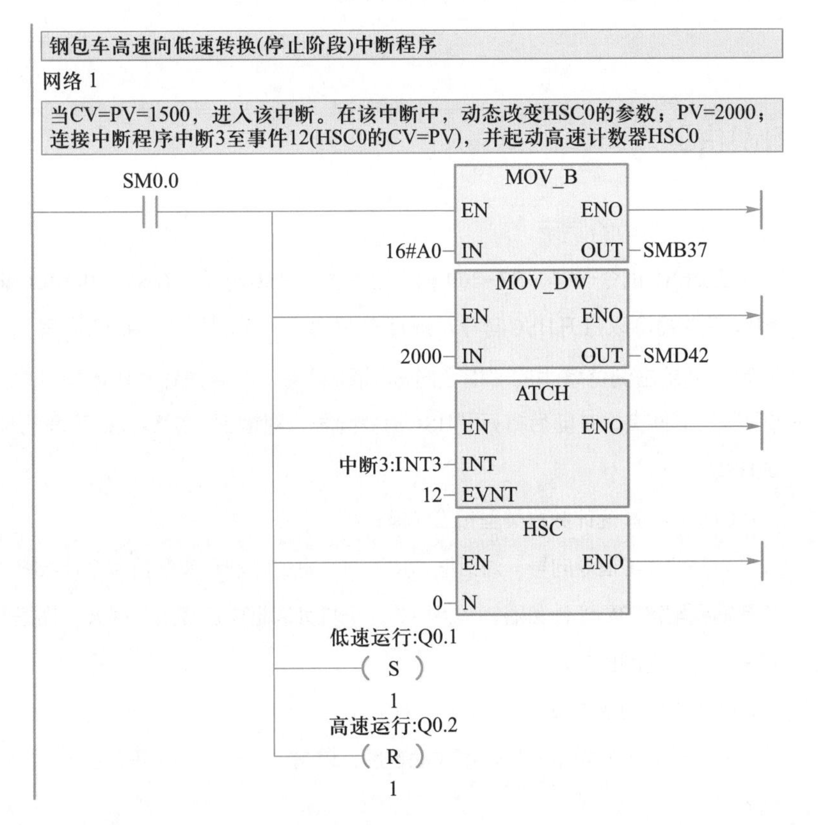

图4-35
钢包车行走控制程序——中断程序2

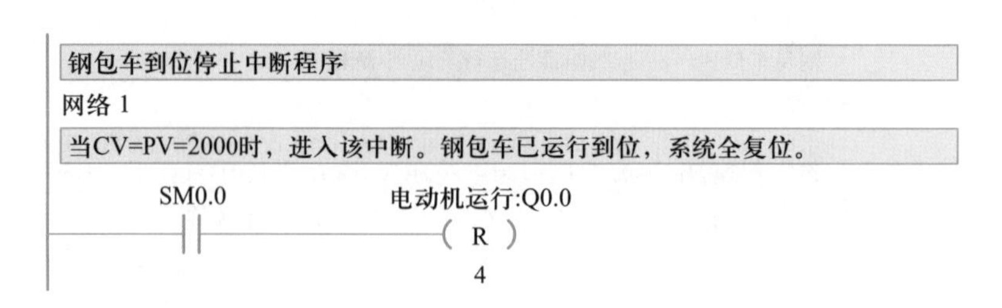

图4-36
钢包车行走控制程序——中断程序3

5. 变频的参数设置

本项目采用的是开关量输入控制变频器的输出频率，变频器的相关参数设置（电动机的额定数据除外）如表4-19所示。

表 4-19　变频器的参数设置

参数号	设置值	参数号	设置值
P0700	2	P1000	3
P0701	1	P1002	20
P0702	15	P1003	40
P0703	15		

6. 调试程序

（1）下载程序并运行。

（2）分析程序运行的过程和结果，并编写语句表。

四、知识进阶

微课 4-3-3：
高速计数器向导的使用

笔 记

HSC 向导的使用

正如PID指令一样，S7-200 PLC也提供了HSC向导。在S7-200 PLC编程环境中，使用以下方式可以打开HSC向导。选择菜单命令“工具”→“指令向导”，选择“HSC”即可；或单击浏览条中的“指令向导”图标，然后选择“HSC”；或打开指令树中的“向导”文件夹，并随后打开“HSC指令向导”对话框，然后按照下面的步骤即可自动生成HSC。

（1）选择高速计数器类型和工作模式

打开“HSC指令向导”对话框，从该对话框的“您希望配置哪个计数器”下拉列表框中选择需要配置的高速计数器，从“模式”下拉列表框中选择工作模式，根据选择的高速计数器决定其可用的模式。

（2）指定初始参数

高速计数器的类型和工作模式确定后，单击“下一步”按钮，进入“指定初始参数”对话框。

初始化参数包括：为初始化计数器创建的子程序指定一个默认名称，用户也可以指定一个不同的名称，但不要使用现有子程序名称；为高速计数器CV和PV指定一个双字地址、全

笔 记

局符号或整型常数；指定初始计数方向。

（3）程序中断事件/编程多步操作

高速计数器的有关参数初始化后，单击“下一步”按钮，进入“指定程序中断事件/编程多步操作”对话框。

高速计数器类型和工作模式的选择决定了可用的中断事件。当用户选择对当前数值等于预置值事件（CV=PV）进行编程时，向导允许指定多步计数器操作。

SBR_0：该子程序包含高速计数器的初始化。高速计数器的当前值被指定为0（CV=0），高速计数器的预置值被指定为1000（PV=1000），计数方向为增。中断事件12（HSC0 CV=PV）被连接至INT0，高速计数器启动。

INT_0：当高速计数器达到第一个预置值1000时，执行INT_0。高速计数器值被更改为1500，方向不变。中断事件12（HSC0 CV=PV）被重新连接至INT_1，高速计数器被重新启动。

INT_1：当高速计数器再次达到预置值1500时，执行INT_1。此时，若将预置值更改为1000，计数方向为减，将INT_1连接至中断事件12，并重新启动高速计数器。

INT_2：当高速计数器减计数达到预置值1000时，执行INT_2。此时，将当前值设为0（CV=0），将计数器更改为增计数方向。中断事件12被重新连接至INT_0，至此则完成了高速计数器操作的循环。

每个（CV=PV）中断事件均标有该事件调用的INT程序。

（4）生成代码

完成HSC参数配置后，可以检查高速计数器使用的子程序/中断程序列表。在单击“完成”按钮后，允许向导为HSC生成必要的程序代码。代码包括用于高速计数器初始化的子程序。另外，为用户选择编程的每一个事件生成一个中断程序。对于多步应用，则为每一个步生成一个中断程序。

要使能高速计数器操作，必须从主程序中调用含初始化代码的子程序，如使用SM0.1或边沿触发指令确保该子程序只被调用一次。

五、问题研讨

1. 高速计数器当前值清 0

在使用高速计数器时，若想将其当前值清0，如何操作呢？一般用户会使用MOV_DW指令，将数值0送入HC0，其实这种操作是不对的，程序编译时会出错。应该使用MOV_DW指令将0传送给SMD38（以高速计数HSC0为例）即可。

2. HSC 中断的应用注意事项

在使用HSC中断时应注意哪些问题呢？应主要注意：如果一个高速计数器编程时要使用多个中断（如HSC1在工作模式3下可以产生当前值等于预置值中断和计数方向改变中断），则每个中断可以分别地被允许和禁止；使用外部复位中断时，不能在中断程序中写入一个新的当前值；在中断程序内部不能改变控制字节中的HSC执行允许位。

六、拓展训练

训练1. 使用高速计数器指令向导实现对Q0.0和Q0.1的控制，当计数器当前值在1000~1500范围内时Q0.0得电，计数器当前值在1500~5000范围内时Q0.1得电。

训练2. 用PLC的高速计数器测量电动机的转速。电动机的转速由编码器提供，通过高速计数器HSC并利用定时中断（50ms）测量电动机的实时转速。

项目四　步进电机控制

知识目标

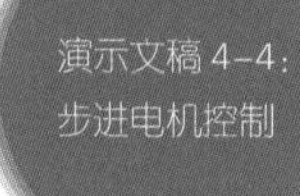

- 掌握高速脉冲输出有关寄存器的设置
- 掌握PTO的应用步骤
- 掌握PWM的应用步骤

能力目标

- 能使用高速脉冲串输出PTO进行编程
- 能使用宽度可调高速脉冲输出PWM进行编程
- 能使用PTO/PWM的向导

一、要求与分析

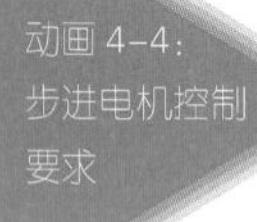

要求：用PLC实现步进电机控制。步进电机的运行曲线如图4-37所示，电动机从*A*点（频率为2kHz）开始加速运行，加速阶段的脉冲数为400个；到*B*点（频率为10 kHz）后变为恒速运行，恒速阶段的脉冲数为4000个，到*C*点（频率为10 kHz）后开始减速，减速阶段的脉冲数为200个；到*D*点（频率为2 kHz）后指示灯亮，表示从*A*点到*D*的运行过程结束。其控制要求示意图如图4-38所示。

分析：根据上述控制要求可知，数字输入量有1个起动按钮和1个停止按钮；输出量只有1个发出高速脉冲串端子。步进电机是如何旋转的呢？它是由步进电机驱动器驱动的，而步进电机驱动器的输入信号是由PLC输出端提供的，输出端产生的高速脉冲经驱动器细分后送至步进电机绕组。那PLC输出端是如何产生高速脉冲的呢？通过本项目的学习，上述问题则可迎刃而解，其实质是通过PLC控制器提供的高速脉冲指令PLS实现的。

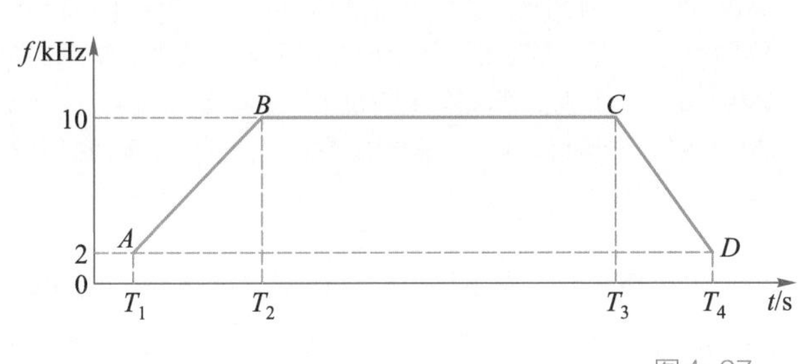

图4-37
步进电机运行曲线

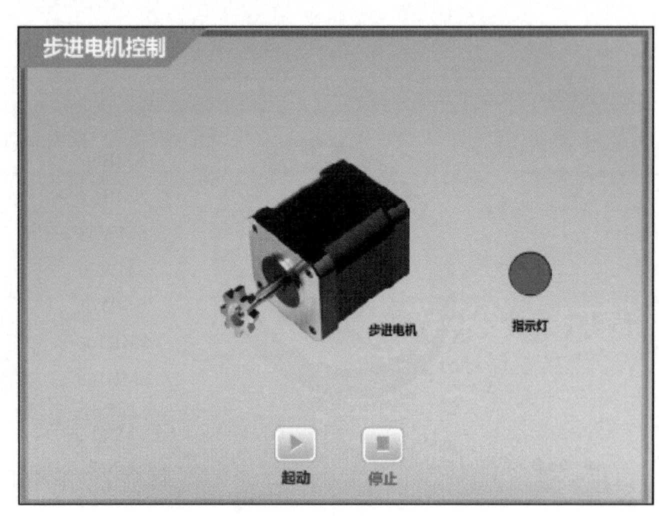

图4-38
步进电机控制要求示意图

二、知识学习

笔 记

1. 高速脉冲输出概述

高速脉冲输出功能是指可以在PLC的某些输出端产生高速脉冲，用来驱动负载实现精确控制，这在步进电动机控制中有广泛的应用。PLC的数字量输出可分为继电器输出和晶体管输出，继电器输出一般用于开关频率不高于0.5Hz（通1s，断1s）的场合，对于开关频率较高的应用场合则应选用晶体管输出。

（1）高速脉冲输出的形式

高速脉冲有两种输出形式：高速脉冲序列（或称为高速脉冲串）输出（PTO，Pulse Train Output）和宽度可调脉冲输出（PWM，Pulse Width Modulation）。

脉冲串输出数量：每种S7-200 PLC 主机最多可提供两个高速脉冲输出端，支持的最高脉冲频率为100kHz，种类可以是以上两种形式的任意组合。

（2）高速脉冲的输出端子

在S7-200 PLC中，只有Q0.0和Q0.1具有高速脉冲输出功能。如果不需要使用高速脉冲输出时，Q0.0和Q0.1可以作为普通的数字量输出点使用；一旦需要使用高速脉冲输出功能时，必须通过Q0.0和Q0.1输出高速脉冲，此时，如果对Q0.0和Q0.1执行输出刷新，强制输出，立即输出等指令时，均无效。

在Q0.0和Q0.1编程时用做高速脉冲输出，但未执行脉冲输出指令时，可以用普通位操作指令设置这两个输出位，以控制高速脉冲的起始和终止电位。

（3）相关寄存器

笔 记

每个高速脉冲发生器对应一定数量特殊标志寄存器，这些寄存器包括控制字节寄存器、状态字节寄存器和参数数值寄存器，用以控制高速脉冲的输出形式、反映输出状态和参数值，各寄存器分配如表4-20所示。

表 4-20 相关寄存器表

Q0.0寄存器	Q0.1寄存器	名称及功能描述
SMB66	SMB76	状态字节，在PTO方式下，跟踪脉冲串的输出状态
SMB67	SMB77	控制字节，控制PTO/PWM脉冲输出的基本功能
SMW68	SMW78	周期值，字型，PTO/PWM的周期值，范围：2 ~ 65 535
SMW70	SMW80	脉宽值，字型，PWM的脉宽值，范围：0 ~ 65 535
SMD72	SMD82	脉冲数，双字型，PTO的脉冲数，范围：1 ~ 4 294 967 295
SMB166	SMB176	段数，多段管线PTO进行中的段数，范围：1 ~ 255
SMB168	SMB178	偏移地址，多段管线PTO包络表的起始字节的偏移地址

① 状态字节。

每个高速脉冲输出都有一个状态字节，程序运行时，根据运行状况，自动使某些位置位，可以通过程序来读相关位的状态，用以作为判断条件来实现相应的操作。状态字节中各状态位的功能如表4-21所示。

表 4-21 状态字节表

Q0.0寄存器	Q0.1寄存器	功能描述
SM66.0	SM76.0	保留不用
SM66.1	SM76.1	
SM66.2	SM76.2	
SM66.3	SM76.3	
SM66.4	SM76.4	PTO包络表因计算错误而终止：0=无错误，1=终止
SM66.5	SM76.5	PTO包络表因用户命令而终止：0=无错误，1=终止
SM66.6	SM76.6	PTO管线益出：0=无溢出，1=有溢出
SM66.7	SM76.7	PTO空闲：0=执行中，1=空闲

② 控制字节。

每个高速脉冲输出都对应一个控制字节，可以对控制字节中指定的位编程，可以根据操作要求，设置字节中的各控制位，如脉冲输出允许、PTO/PWM模式选择、单段/多段选择、更新方式、时间基准、允许更新等。控制字节中各控制位的功能如表4-22所示。

表 4-22 控制字节表

Q0.0寄存器	Q0.1寄存器	功能描述
SM67.0	SM77.0	允许更新PTO/PWM周期值：0=不更新，1=更新
SM67.1	SM77.1	允许更新PWM脉冲宽度值：0=不更新，1=更新
SM67.2	SM77.2	允许更新PTO脉冲输出数：0=不更新，1=更新
SM67.3	SM77.3	PTO/PWM的时间基准选择：0=μs，1=ms
SM67.4	SM77.4	PWM的更新方式：0=异步更新，1=同步更新
SM67.5	SM77.5	PTO单段/多段输出选择：0=单段，1=多段
SM67.6	SM77.6	PTO/PWM的输出模式选择：0=PTO，1=PWM
SM67.7	SM77.7	允许PTO/PWM脉冲输出：0=禁止，1=允许

微课 4-4-1：
高速脉冲输出指令的使用

（4）脉冲输出指令

脉冲输出指令功能为：使能有效时，检查用于脉冲输出（Q0.0或Q0.1）的特殊存储器位，激活由控制位定义的脉冲操作。有一个数据输入Q0.×端：字类型，必须是0或1的常数。脉冲输出指令格式如表4-23所示。

表 4-23 脉冲输出（PLS）指令格式

梯形图	语句表	操作数
PLS EN ENO Q0.X	PLS Q	Q：常量（0或1）

2. 高速脉冲串输出

高速脉冲串输出（PTO）用来输出指定量的方波（占空比为50%）。用户可以控制方波的周期和脉冲数。状态字节中的最高位用来指示脉冲串输出是否完成，脉冲串的输出完成同时可以产生中断，因而可以调用中断程序完成指定操作。

（1）周期和脉冲数

周期：单位可以是微秒（μs）或毫秒（ms）；为16位无符号数，周期变化范围是50～65 535μs或2～65 535ms。通常应设定周期数为偶数。若设置为奇数，则会引起输出波形占空比的轻微失真。如果编程时设定周期单位小于2，则系统默认按2进行设置。

脉冲数：用双字长无符号数表示，脉冲数取值范围是1～4 294 967 295。如果编程时指定脉冲数为0，则系统默认脉冲数为1。

（2）PTO的种类

PTO方式中，如果要输出多个脉冲串，允许脉冲串进行排队，形成管线，当前输出的脉冲串完成后，立即输出新脉冲串，这保证了脉冲串顺序输出的连续性。

根据管线的实现方式，将PTO分成两种：单段管线和多段管线。

① 单段管线。

单段管线中只能存放一个脉冲串的控制参数（即入口），一旦起动了一个脉冲串进行输出时，就需要用指令立即为下一脉冲串更新特殊寄存器，并再次执行脉冲串输出指令。当前脉冲串输出完成后，立即自动输出下一脉冲串。重复这一操作可以实现多个脉冲串的输出。

采用单段管线PTO的优点是：各个脉冲串的时间基准可以不同。

采用单段管线PTO的缺点是：编程复杂且烦琐，当参数设置不当时，会造成各个脉冲串之间连接的不平滑。

② 多段管线。

多段管线是指在变量存储器建立一个包络表。包络表存储各个脉冲串的参数，相当于有多个脉冲串的入口。多段管线可以用PLS指令起动，运行时，主机自动从包络表中按顺序读出每个脉冲串的参数进行输出。编程时必须装入包络表的起始变量存储器的偏移地址，运行时只使用特殊寄存器的控制字节和状态字节。

笔 记

笔 记

包络表由包络段数和各段构成。每段长度为8个字节，包括：脉冲周期值（16位）、周期增量值（16位）和脉冲计数值（32位）。以包络3段的包络表为例，包络表的结构如表4-24所示。

表 4-24 包络表格式

字节偏移地址	名称	描述
VBn	段标号	段数，为1～255，数0将产生非致命错误，不产生PTO输出
VBn+1	段1	初始周期，取值范围为2～65 535
VBn+3		每个脉冲的周期增量，有符号整数，取值范围为-32 768～+32 767
VBn+5		输出脉冲数，为1～4 294 967 295之间的无符号整数
VBn+9	段2	初始周期，取值范围为2～65 535
VBn+11		每个脉冲的周期增量，有符号整数，取值范围为-32 768～+32 767
VBn+13		输出脉冲数，为1～4 294 967 295之间的无符号整数
VBn+17	段3	初始周期，取值范围为2～65 535
VBn+19		每个脉冲的周期增量，有符号整数，取值范围为-32 768～+32 767
VBn+21		输出脉冲数，为1～4 294 967 295之间的无符号整数

采用多段管线PTO的优点是：编程非常简单，可按照周期增量区的数值自动增减周期的数量，这在步进电动机的加速和减速控制时非常方便。

采用多段管线PTO的缺点是：包络表中的所有脉冲的周期必须采用同一基准，当执行PLS指令时，包络表中的所有参数均不能改变。

（3）PTO的中断事件类型

高速脉冲串输出可以采用中断方式进行控制，各种型号的PLC可用的高速脉冲串输出的中断事件有两个，如表4-25所示。

表 4-25 PTO 的中断事件

中断事件号	事件描述	优先级（在I/O中断中的关系）
19	PTO0高速脉冲串输出完成中断	0
20	PTO1高速脉冲串输出完成中断	1

（4）PTO的使用步骤

① 确定高速脉冲串的输出端（Q0.0或Q0.1）和管线的实现方式（单段或多段）。

② 进行PTO的初始化，利用特殊继电器SM0.1调用初始化子程序。

③ 编写初始化子程序。

- 设置控制字节，将控制字写入SMB67或SMB77。
- 写入初始周期值、周期增量值和脉冲个数。
- 如果是多段PTO，则装入包络表的首地址（可以子程序的形式建立包络表）。
- 设置中断事件。
- 编写中断服务子程序。
- 设置全局开中断。
- 执行PLS指令。
- 退出子程序。

三、项目实施

微课 4-4-2：
如何编程实现步进电机的 PLC 控制

1. I/O 分配

根据项目分析，对输入、输出进行分配，如表4-26所示。

表 4-26 步进电机控制 I/O 分配表

输入		输出	
输入继电器	元件	输出继电器	元件
I0.0	起动按钮SB1	Q0.0	脉冲输出信号
I0.1	停止按钮SB2	Q0.4	运行结束指示HL

笔 记

2. PLC 的 I/O 接线图

根据控制要求及表4-27所示的I/O分配表，可绘制步进电机控制PLC的I/O接线图，如图4-39所示（因驱动电机的脉冲频率较高，输出为继电器型的CPU无法满足高速脉冲输出要求，必须选用输出为晶体管型的CPU，在此CPU选用型号为DC/DC/DC）。

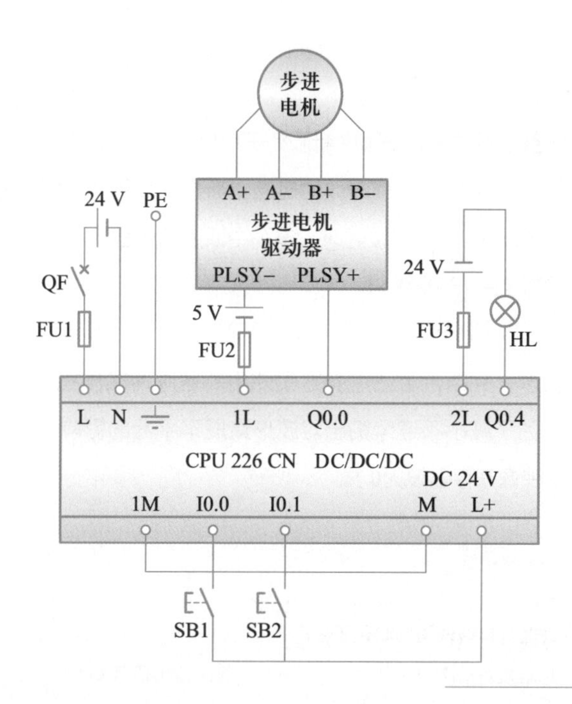

图4-39
步进电机控制PLC的I/O接线图

3. 创建工程项目

创建一个工程项目，并命名为步进电机控制。

4. 梯形图程序

编程前先确定好步进电机控制方案，其方案如下：

（1）选择由Q0.0输出，由图4-37可知，选择3段管线（*AB*段、*BC*段、*CD*段）PTO输出形式。

（2）确定周期的时基单位，因为在*BC*段输出的频率最大，为10kHz，对应的周期为100μs，因此选择时基单位为μs，向控制字节SMB67写入控制字16#A0。

（3）确定初始周期值和周期增量值。

源程序：
应用 PLS 指令控制步进电机

笔 记

初始周期值的确定：每段管线初始频率换算成时间即可。

*AB*段为500μs，*BC*段为100μs，*CD*段为100μs。

周期增量值的确定：可通过公式（$T_{n+1}-T_n$）/N。

式中，T_{n+1}为该段结束的周期时间；T_n为该段开始的周期时间；N为该段的脉冲数。

（4）建立包络表。设包络表的首地址为VB100，包络表中的参数如表4-27所示。

表 4-27　包络表的参数

变量存储器地址	参数名称		参数值
VB100	总包络段数		3
VW101	加速阶段	初始周期值	500μs
VW103		周期增量值	−1μs
VD105		输出脉冲数	400
VW109	恒速阶段	初始周期值	100μs
VW111		周期增量值	0μs
VD113		输出脉冲数	4000
VW117	减速阶段	初始周期值	100μs
VW119		周期增量值	2μs
VD121		输出脉冲数	200

（5）设置中断事件，编写中断服务子程序。

当3段管线PTO输出完成时，对应的中断事件号为19，用中断连接指令将中断事件号19与中断服务子程序INT_0连接起来，编写中断服务子程序。

（6）设置全局开中断ENI。

（7）执行PLS指令。

根据要求，并结合上述控制方案使用高速脉冲输出指令编写的梯形图，如图4-40~图4-44所示（为了减小不连续输出对波形造成不平滑的影响，在启用PTO操作之前，将用于Q0.0的输出映像寄存器设为0）。

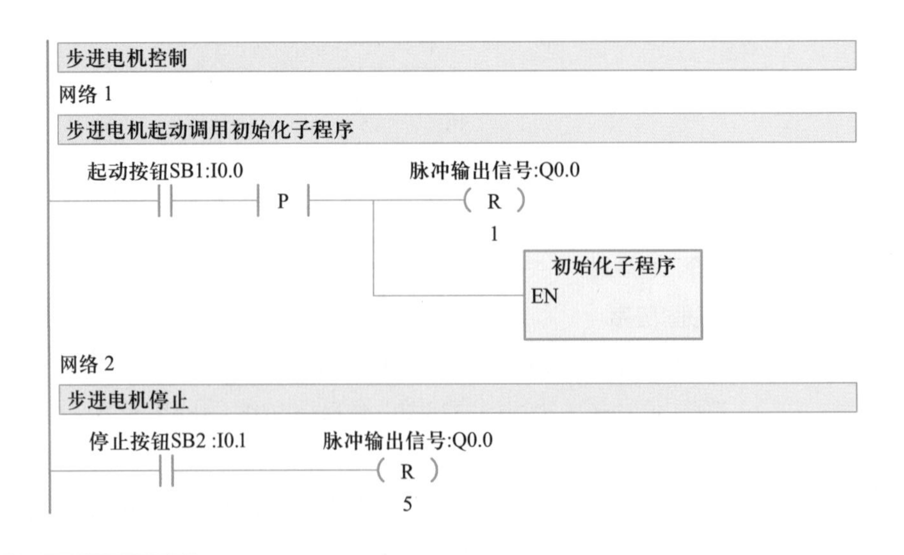

图4-40
步进电机控制——主程序

笔 记

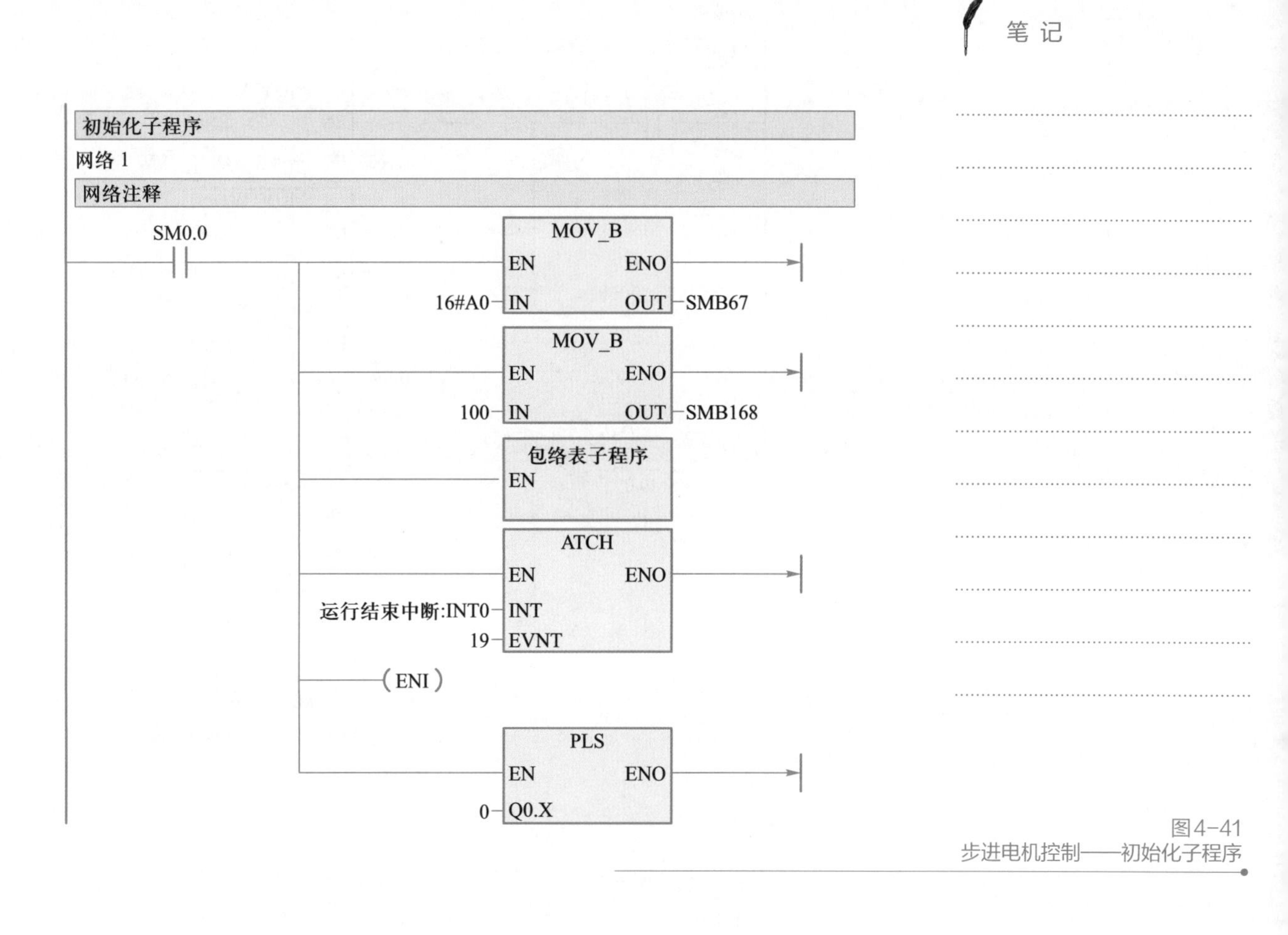

图4-41
步进电机控制——初始化子程序

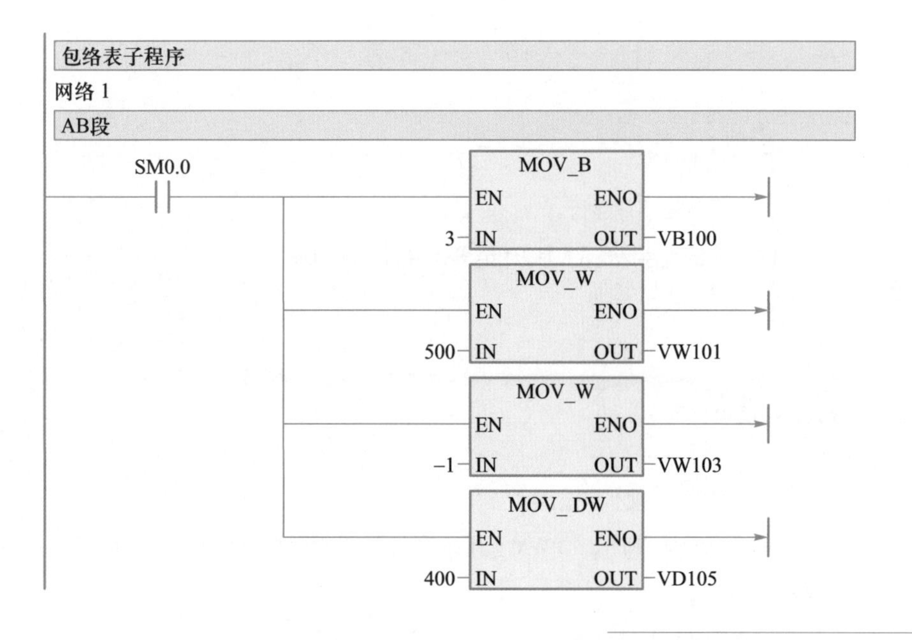

图4-42
步进电机控制——包络子程序

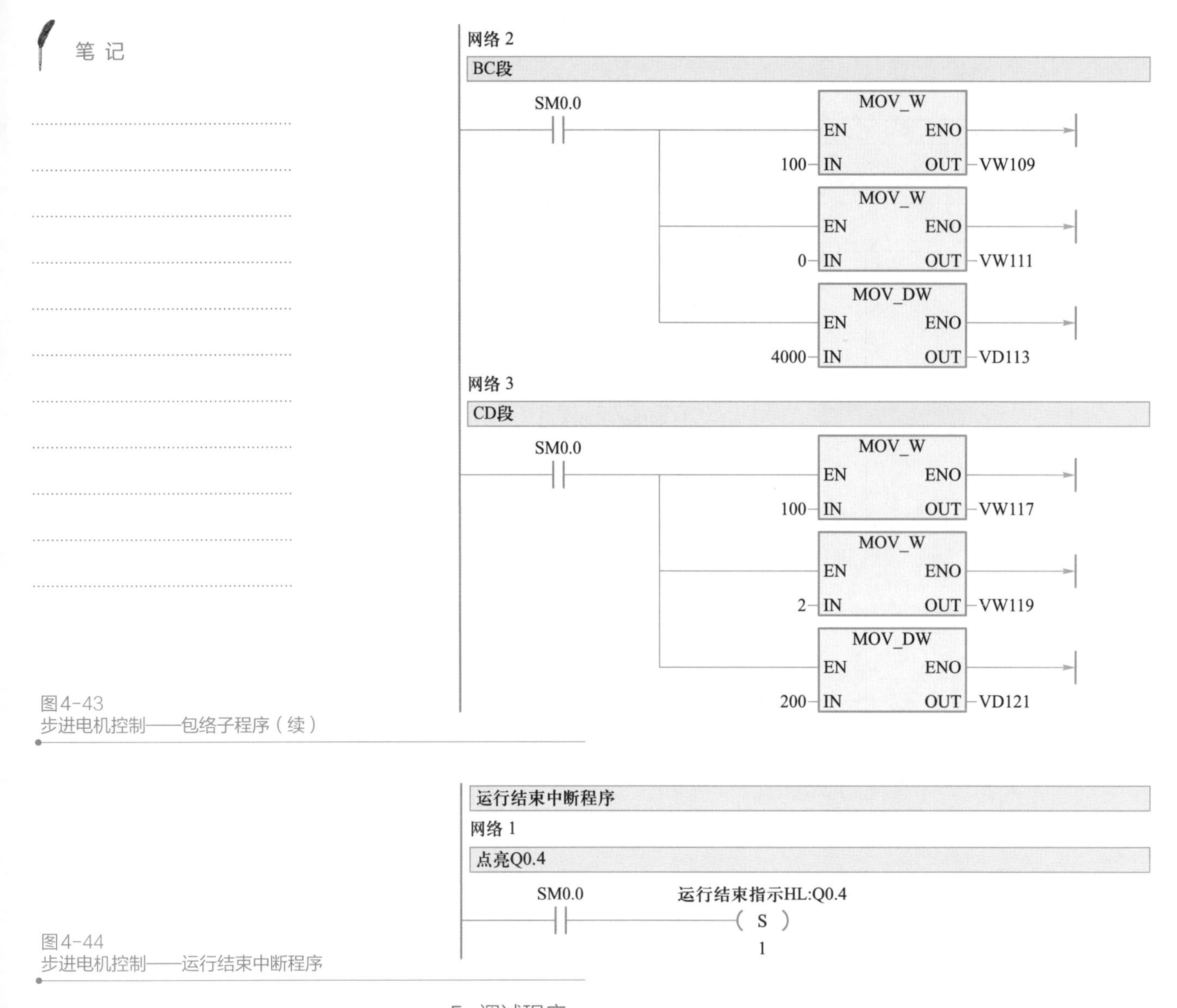

图4-43
步进电机控制——包络子程序（续）

图4-44
步进电机控制——运行结束中断程序

5. 调试程序

（1）下载程序并运行。

（2）分析程序运行的过程和结果，并编写语句表。

四、知识进阶

1. 宽度可调脉冲输出

宽度可调脉冲输出（PWM）用来输出占空比可调的调速脉冲。用户可以控制脉冲的周期和脉冲宽度。

（1）周期和脉冲宽度

周期和脉冲宽度时基的单位为微秒（μs）或毫秒（ms），且均为16位无符号数。

周期：周期的变化范围为50～65 535 μs，或2～65 535 ms。若周期小于2个时基，则系统默认为2个时基。周期通常应设定为偶数，若设置为奇数，则会引起输出波形占空比的轻微失真。

笔 记

脉冲宽度：脉冲宽度的变化范围为50～65 535 μs，或2～65 535 ms。占空比为0%～100%，若脉冲宽度大于或等于周期，占空比为100%，是连续接通；若脉冲宽度为0，占空比为0%，则输出断开。

（2）更新方式

有两种更新PWM波形的方法：同步更新和异步更新。

① 同步更新。不需要改变时基时，可以用同步更新。执行同步更新时，波形的变化发生在周期边缘，形成平滑转换。

② 异步更新。需要改变PWM的时基时，则应使用异步更新。异步更新会使高速脉冲输出功能被瞬时禁用，与PWM波形不同步。这样可能造成控制设备的抖动。

常见的PWM操作是脉冲宽度不同，但周期保持不变，即不要求时基改变。因此选择适合于所有周期的时基，尽量使用同步更新。

（3）PWM的使用步骤

① 确定高速PWM的输出端（Q0.0或Q0.1）。

② 进行PWM的初始化，利用特殊继电器SM0.1调用初始化子程序。

③ 编写初始化子程序。

- 设置控制字节，将控制字节写入SMB67（或SMB77）。如16#C1，其意义是：选择并允许PWM方式的工作，以μs为时间基准，允许更新PWM的周期时间。
- 将字型数据的PWM周期值写入SMW68（或SMW78）。
- 将字型数据的PWM脉冲宽度值写入SMW70（或SMW80）。
- 如果希望随时改变脉冲宽度，可以重新向SMB67中装入控制字，如16#C2或16#C3。
- 执行PLS指令，PLC自动对PWM的硬件做初始化编程。
- 退出子程序。

④ 如果希望在子程序中改变PWM的脉冲宽度，则进行以下操作。

- 将希望的脉冲宽度值写入SMW70。
- 执行PLS指令，PLC自动对PWM的硬件做初始化编程。
- 退出子程序。

⑤ 如果希望采用同步更新的方式，则进行以下操作。

- 执行中断指令。
- 将PWM输出反馈到一个具有中断输入能力的输入点，建立与上升沿中断事件相关联的中断连接（此事件仅在一个扫描周期内有效）。
- 编写中断服务于程序，在中断服务子程序中改变脉冲宽度，然后禁止上升沿中断。
- 执行PLS指令。
- 退出子程序。

微课 4-4-3：高速脉冲输出向导的使用

2. PTO/PWM 向导的使用

使用PTO/PWM向导，可以方便地解决PTO输出包络的计算问题和复杂的参数设置。

笔 记

在S7-200 PLC编程环境中，使用以下方式可以打开PTO/PWM向导。选择菜单命令“工具”→“位置控制向导”，选择“配置S7-200 PLC 内置PTO/PWM”操作；或单击浏览条中的“位置控制向导”图标；或打开指令树中的“向导”文件夹，并随后打开“位置控制向导”对话框。然后按照下面的步骤操作即可自动生成PTO/PWM项目代码。

（1）指定一个脉冲发生器

S7-200 PLC有两个脉冲发生器，即Q0.0和Q0.1，指定希望配置的脉冲发生器。

（2）编辑现有的PTO/PWM配置

如果项目中已有一个PTO/PWM配置，用户可以从项目中删除该配置，或者将现有的配置移至另一个脉冲发生器。如果项目中没有配置，则继续执行下一个步骤。

（3）选择PTO或PWM，并选择时间基准

选择脉冲串输出（PTO）或脉冲宽度调制（PWM）配置脉冲发生器。PTO模式，可以启用高速计数器，计算输出脉冲数目；PWM模式需要为周期时间和脉冲选择一个时间基准（μs和ms）。

（4）指定电动机速度

在该对话框中为用户的工程应用指定最高速度（MAX_SPEED）和开始/停止（SS_SPEED）。

MAX_SPEED：在电动机转矩能力范围内输入应用的最高工作速度。驱动负载所需要的转矩由摩擦力、惯性和加速/减速时间决定。“位置控制向导”可以计算和显示由位控模块指定的MAX_SPEED所能够控制的最低速度。

SS_SPEED：在电动机的能力范围内输入一个数值，用于低速驱动负载。如果SS_SPEED数值过低，电动机和负载可能会在运行开始和结束时颤动或跳动。如果SS_SPEED数值过高，电动机可能在起动时丧失脉冲，并且在尝试停止时负载可能会驱动电动机。

MIN_SPEED：其值由计算得出，用户不能在此域中输入其他数值。

电动机数据有指定电动机和给定负载开始/停止（或拉入/拉出）速度的不同方法。通常，有用的SS_SPEED数值是MAX_SPEED数值的5%～15%。SS_SPEED数值必须大于由用户对MAX_SPEED的规定所显示的最低速度。

（5）设置加速和减速时间

在该对话框中设置加速与减速时间，并以毫秒（ms）为单位指定下列时间。

ACCEL_TIME：电动机从SS_SPEED加速至MAX_SPEED所需要的时间，默认值为1000ms。

DECEL_TIME：电动机从MAX_SPEED减速至SS_SPEED所需要的时间，默认值为1000ms。

加速时间和减速时间的均默认设置为1s，通常电动机所需要时间不到1s。

电动机加速和减速时间由反复试验决定。用户应当在开始时用“位置控制向导”输入一个较大的数值。当测试应用时，再根据要求调整有关数值。可以通过逐渐减少时间直至电动机开始停顿为止的方法，优化该应用的设置。

（6）定义每个已配置的轮廓

笔 记

“运动包络定义”对话框用于为每个选定要配置的轮廓指定一个符号名。在此定义的符号名是在PTOx_RUN子程序中输入的参数。

针对每个轮廓，必须选取下列参数。

① 操作模式：根据操作模式（相对位置或单速连续旋转）配置此轮廓。如果选择单速连续旋转，必须输入一个目标速度。

② 轮廓的步骤：步骤是工件移动的固定距离，包括在加速时间和减速时间所走过的距离。每个轮廓最多可有4个单独的步骤。用户可以为每个步骤指定目标速度和结束位置。如果有不止一个步骤，可单击“新步”按钮，然后为轮廓的每个步骤输入此信息。只需单击“绘制包络”按钮，即可查看根据“位置控制向导”的计算做出的该步骤的图形表示，从而可以轻易地查看和编辑每个步骤。利用“位置控制向导”，可以在定义轮廓时输入一个符号名，为每个轮廓定义符号名。

在完成轮廓的配置后，可以将它保存至配置。用户所有配置和轮廓信息都存储在变量存储器赋值的PTOx_Data页内。

（7）设定轮廓数据的起始变量存储器地址

PTO向导在变量存储器中以受保护的数据块页形式生成PTO轮廓模式，PWM向导不使用变量存储器模板。

（8）生成项目代码

用“位置控制向导”生成的PTO配置的项目组件包括以下部分。

① PTOx_CTRL（初始化和控制PTO操作）：应在每次程序扫描时（于EN输入处）启用，并且子程序调用，且在程序中只执行一次。

② PTOx_RUN（运行PTO轮廓）：用于执行特定运动轮廓，当用户定义了一个或多个运动轮廓后，此子程序将由“脉冲输出向导”配置生成。

③ PTOx_MAN（手动PTO模式）子程序：可用来在程序控制下指挥脉冲发生。

④ PTOx_LDPOS（载入位置）子程序：用来将某当前位置参数载入PTO操作。当用户选取了脉冲计数的高速计数器时，“脉冲输出向导”会创建此子程序。

⑤ PTOx_ADV（前进）子程序：会停止当前的连续运动轮廓，并按照在向导轮廓定义中规定的脉冲数前进。如果已在“位置控制向导”中指定了至少一个启用PTOx_ADV选项的单速连续旋转，就会创建此子程序。

⑥ PTOx_SYM（全局符号表）：用于“脉冲输出向导”配置中使用的变量。

⑦ PTOx_Data（数据块页）：由向导配置使用的变量存储器数据，此数据包含参数表和运动轮廓定义。

五、问题研讨

1. 步进电机驱动器与 PLC 的连接

步进电机通过驱动器驱动后才能运行，那驱动器与PLC是如何连接的呢？步进电机驱动

笔 记

器的输入信号有脉冲信号正端、脉冲信号负端、方向信号正端和方向信号负端，其连接方式共有3种。

（1）共阳极方式：把脉冲信号正端和方向信号正端并联后连接至电源的正极性端，脉冲信号接入脉冲信号负端，方向信号接入方向信号负端，电源的负极性端接至PLC的电源接入公共端。

（2）共阴极方式：把脉冲信号负端和方向信号负端并联后连接至电源的负极性端，脉冲信号接入脉冲信号正端，方向信号接入方向信号正端，电源的正极性端接至PLC的电源接入公共端。

（3）差动方式：直接连接。

一般步进电机驱动器的输入信号的幅值为TTL电平，最大为5V，如果控制电源为5V则可以接入，否则需要在外部连接限流电阻R，以保证给驱动器内部光耦元件提供合适的驱动电流。如果控制电源为12V，则外接680 Ω的电阻；如果控制电源为24V，则外接2k Ω的电阻。具体连接可参考步进电机驱动器的相关操作说明。

2. 步进电机驱动器的细分

步进电机驱动器上常设有细分开关，细分有什么作用呢？细分的主要作用是提高步进电机的精确率，其技术实质上是一种电子阻尼技术，其主要目的是减弱或消除步进电机的低频振动，提高电机的运转精度只是细分技术的一个附带功能。如步进角为1.8°的两相混合式步进电机，如果细分驱动器的细分数设置为4，那么电机的运转分辨率为每个脉冲0.45°，电机的精度能否达到或接近0.45°，还取决于细分驱动器的细分电流控制精度等其他因素。不同厂家的细分驱动器精度可能差别很大；细分数越大精度越难控制。步进电机驱动器常规有三种细分方法：

① 2的*N*次方，如2、4、8、16、32、64、128、256细分。

② 5的整数倍，如5、10、20、25、40、50、100、200细分。

③ 3的整数倍，如3、6、9、12、24、48细分。

六、拓展训练

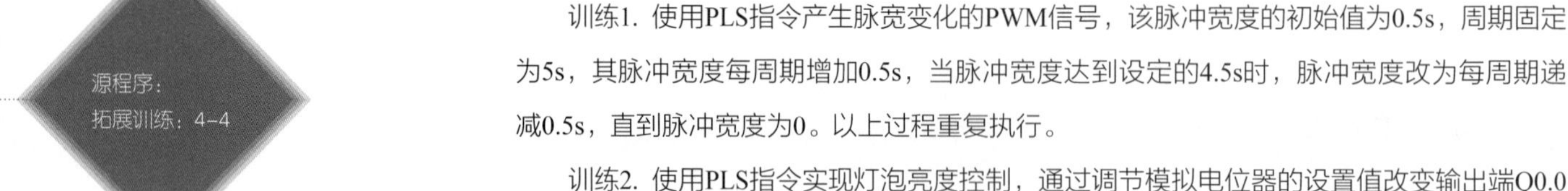

训练1. 使用PLS指令产生脉宽变化的PWM信号，该脉冲宽度的初始值为0.5s，周期固定为5s，其脉冲宽度每周期增加0.5s，当脉冲宽度达到设定的4.5s时，脉冲宽度改为每周期递减0.5s，直到脉冲宽度为0。以上过程重复执行。

训练2. 使用PLS指令实现灯泡亮度控制，通过调节模拟电位器的设置值改变输出端Q0.0方波信号的脉冲宽度，从而实现调节灯泡的亮度。

模块五 通信指令及其应用

本模块共设有3个项目，均以三相异步电动机为控制对象，介绍S7-200 PLC数据通信实现的硬件连接、PPI网络通信指令、自由口通信指令、USS通信指令。同时，对MPI通信、PROFIBUS通信、PROFINET通信进行了简要介绍。PLC之间及与其他设备之间的数据通信已日益成为企业设备或生产线控制的主流，旨在通过上述通信指令的学习，能够了解PLC在大型设备或生产线中的应用，掌握PLC之间及与其他设备之间网络通信的简单编程与控制。同时，对NETR/NETW指令向导的使用、PLC的站号编辑、超长数据的发送和接收、USS通信的读写指令、轮流读写变频器参数、变量存储器内存地址分配等作了较为详细的介绍。

项目一　两台电动机的异地控制

演示文稿 5-1：两台电动机的异地控制

知识目标

- 掌握通信的基础知识
- 掌握通信实现的组态
- 掌握PPI通信协议

能力目标

- 能使用NETR和NETW指令编写应用程序
- 能使用NETR和NETW指令向导编写应用程序
- 能运用PPI通信实现多台设备之间的数据交换

一、要求与分析

动画 5-1：两台电动机的异地控制

要求：用PLC实现两台电动机的异地控制。控制要求如下：按下本地的起动按钮和停止按钮，本地电动机起动和停止。按下本地控制远程电动机的起动按钮和停止按钮，远程电动机起动和停止。同时，两站点均能显示两台电动机的工作状态。其控制要求示意图如图5-1所示。

分析：根据上述控制要求可知，输入量有控制本地电动机的起动按钮、停止按钮、热继

笔 记

电器，控制远程电动机的起动按钮、停止按钮；输出量有驱动本地电动机的交流接触器、本地电动机的工作指示和远程电动机的工作指示。本地PLC控制本地电动机的起停很容易实现，本地PLC怎么能控制远程PLC所驱动的电动机呢？如果本地PLC中的数据通过某种方式能传送到远程PLC中就能实现对远程电动机的控制，通过本项目的学习，读者能使用PPI通信来实现PLC之间的数据交换。

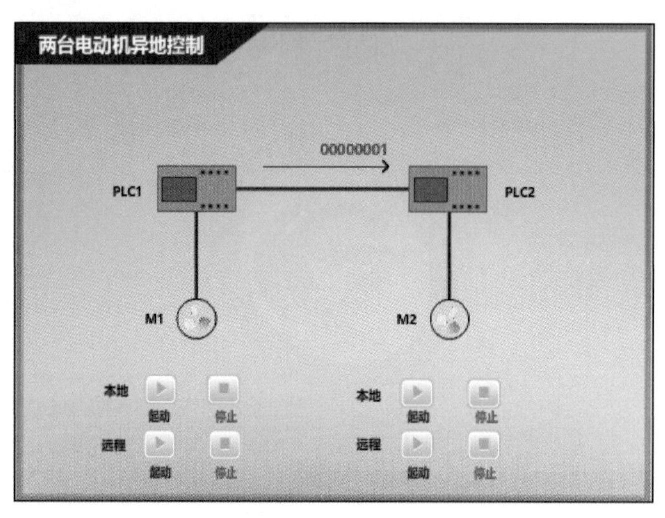

图 5-1
两台电动机异地控制要求示意图

二、知识学习

1. S7-200 PLC 的通信概述

（1）通信类型与连接

在S7-200 PLC与上位机的通信网络中，可以把上位机作为主站，或者把人机界面HMI作为主站。主站可以对网络中的其他设备发出初始化请求，从站只是响应来自主站的初始化请求，不能对网络中的其他设备发出初始化请求。

主站与从站之间有两种连接方式。

① 单主站：只有一个主站，连接一个或多个从站，如图5-2所示。

② 多主站：有两个及以上的主站，连接多个从站，如图5-3所示。

图5-2
单主站

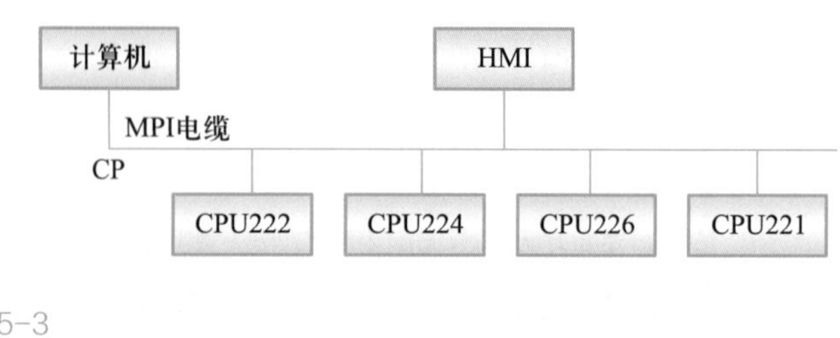

图5-3
多主站

笔 记

（2）通信协议

S7-200 PLC主要用于现场控制，在主站和从站之间的通信一般采用公司专用的协议，可以采用4个标准化协议和1个自由口协议。

① PPI(Point Point Interface)协议。

PPI协议(点对点接口协议)是西门子公司专门为S7-200 PLC开发的通信协议。PPI协议是主/从协议，利用PC/PPI电缆，将S7-200 PLC与装有STEP 7 Micro/WIN编程软件的计算机连接起来，组成PC/PPI(单主站)的主/从网络连接。

在PC/PPI网络中，主站可以是其他PLC(如S7-300 PLC)、编程器或人机界面HMI(如TD400)等，网络中所有的S7-200 PLC都默认为是从站。

如果在程序中指定某个S7-200 PLC为PPI主站模式，则在RUN工作方式下，可以作为主站，可使用相关的通信指令对其他的PLC主机进行读/写操作；与此同时，它还可以作为从站响应主站的请求或查询。

对于任何一个从站，PPI不限制与其通信的主站的数量，但是在网络中，最多只能有32个主站。

如果选择了PPI高级协议，则允许建立设备之间的连接，S7-200 PLC CPU的每个通信口支持4个连接，EM277仅支持PPI高级协议，每个模块支持6个连接。

② MPI(Multi Point Interface)协议。

MPI协议(多点接口协议)可以是主/主协议或主/从协议。通过在计算机或编程设备中插入1块多点适配卡(MPI卡，如CP5611)，组成多主站网络。

如果网络中的PLC都是S7-300，由于S7-300 PLC都默认为网络主站，则可建立主/主网络连接，如果有S7-200 PLC，则可建立主/从网络连接。由于S7-200 PLC在MPI网络都默认为从站，因此它只能作为从站，从站之间不能进行通信。

③ Profibus-DP协议。

Profibus-DP协议用于分布式I/O(远程I/O)的高速通信。在S7-200 PLC中，CPU 222、CPU 224和CPU 226都可以增加EM227 PROFIBUS-DP扩展模块，支持Profibus-DP网络协议。最高传送速率可达12Mbit/s。

Profibus-DP网络通常有1个主站和几个I/O从站，主站初始化网络，核对网络上的从站设备和组态情况。如果网络中有第2个主站，则它只能访问第1个主站的各个从站。

④ TCP/IP。

S7-200 PLC配备了以太网模块CP 243-1或互联网模块CP 243-1 IT后，支持TCP/IP以太网通信协议，计算机应安装以太网网卡。安装了STEP 7-Micro/WIN之后，计算机上会有一个标准的浏览器，可以用它来访问CP 243-1 IT模块的主页。

⑤ 用户定义的协议(自由口协议)。

在自由口模式，由用户自定义与其他通信设备通信的协议。Modbus RTU通信与西门子变频器的USS通信，就是建立在自由口模式基础上的通信协议。

自由口模式通过使用接收中断、发送中断、字符中断、发送指令(XMT)和接收指令(RCV)，实现S7-200 PLC通信口与其他设备的通信。

笔 记

（3）通信设备

① 通信端口。

S7-200 PLC中，CPU 221、CPU 222和CPU 224有1个RS-485串行通信端口，定义为端口0，CPU 224 XP和CPU 226有两个RS-485串行通信端口，分别定义为端口0和端口1。这些通信端口是符合欧洲标准EN 50170中Profibus标准的RS-485兼容9针D型接口，其端口引脚与Profibus的名称对应关系如表5-1所示。

表5-1 S7-200 PLC CPU通信端口引脚与Profibus名称的对应关系

连接器	引脚号	PROFIBUS名称	端口0/端口1
1 6 9 5	1	屏蔽	机壳接地
	2	24V返回逻辑地	逻辑地
	3	RS-485信号B	RS-485信号B
	4	发送申请	RTS（TTL）
	5	5V返回	逻辑地
	6	+5V	+5V、100Ω串联电阻
	7	+24V	+24V
	8	RS-485信号A	RS-485信号A
	9	不用	10位协议选择（输入）
	连接器外壳	屏蔽	机壳接地

② PC/PPI电缆。

PC/PPI电缆为多主站电缆，一般用于PLC与计算机通信，是一种低成本的通信方式。根据计算机接口方式不同，PC/PPI电缆有两种不同的形式，分别是RS-232/PPI多主站电缆和USB/PPI电缆。

● PC/PPI电缆的连接。

计算机与PLC之间的连接。将PC/PPI电缆上标有“PC”的RS-232端口连接到计算机的RS-232通信接口，标有“PPI”的RS-485端口连接到CPU模块的通信端口，拧紧两边螺钉即可。

在PC/PPI电缆上有8个DIP开关，其中，1、2、3号开关用于选择通信波特率。这里的选择应与编程软件中设置的波特率一致。一般通信速度的默认值9 600bit/s。5号开关为PPI/自由口通信选择，6号开关为远程/本地选择，7号开关选择10位或11位PPI通信协议。

● PC/PPI电缆的通信设置。

在STEP 7-Micro/WIN编程软件中选择指令树中的“通信”，双击“设置PG/PC接口”，在“设置PG/PC接口”对话框中，双击“PC/PPI cable(PPI)”选项，打开“属性-PC/PPI cable(PPI)”对话框，在对话框中选择传输速率(一般为9.6 kbit/s)。

③ 网络连接器。

为了能够把多个设备便捷地连接到网络中，西门子公司提供两种网络连接器：一种是标准网络连接器(引脚分配如表5-1所示)，另一种是带编程接口的连接器。后者在不影响现有网络连接的情况下，允许再连接一个编程站或者一个HMI设备到网络中。带编程接口的连接器将S7-200 PLC的所有信号(包括电源引脚)传到编程接口。这种连接器对于那些从S7-200 PLC取电源的设备(如TD200)尤为有用。

笔记

这两种连接器都有两组螺钉连接端子，可以用来连接输入连接电缆和输出连接电缆。两种连接器也都有网络偏置和终端匹配的选择开关，同时在终端位置的连接器要安装偏置和终端电阻。在OFF位置时若未连接终端电阻，接在网络端部的连接器上的开关应放在ON位置。

④ 网络中继器。

RS-485网络中继器为网段提供偏置电阻和终端电阻。网络中继器有以下用途。

● 增加网络的长度。

在网络中使用一个网络中继器可以使网络的通信距离扩展50m。如果在已连接的两个网络中断器之间没有其他结点，那么网络的长度将能达到波特率允许的最大值。在一个串联网络中，用户最多可以使用9个网络中继器，但是网络的总长度不能超过9 600m。

● 为网络增加设备。

在9 600 bit/s的波特率下，50m距离之内，一个网段最多可以连接32个设备。使用一个网络中继器允许用户在网络中再增加32个设备，可以把网络再延长1 200m。

● 实现不同网段的电气隔离。

如果不同的网段具有不同的地电位，则将它们隔离会提高网络的通信质量。一个网络中继器在网络中被算作网段的一个节点，但是它没有被指定的站地址。

⑤ EM277 Profibus-DP模块。

EM277 Profibus-DP模块是专门用于Profibus-DP协议通信的智能扩展模块。EM277机壳上有一个RS-485接口，通过该接口可将S7-200 PLC CPU连接至网络，它支持Profibus-DP和MPI从站协议。其他的地址选择开关可进行地址设置，地址范围为0～99。

⑥ CP 243-1和CP 243-1 IT模块。

CP 243-1和CP 243-1 IT都是一种通信处理器，用于S7-200 PLC自动化系统中。它们可用于将S7-200 PLC系统连接到工业以太网(IE)中。通过它们可以使用STEP 7-Micro/WIN编程软件，对S7-200 PLC进行远程组态、编程和诊断。而且，一台S7-200 PLC还可通过以太网与其他S7-200 PLC、S7-300 PLC或S7-400 PLC控制器进行通信，并可与OPC服务器进行通信。

2. S7-200 PLC 的通信实现

在实际进行S7-200 PLC通信时，主要工作包括建立通信方案、选择通信器件和进行参数组态。

（1）建立通信方案

通信前要根据实际需要建立通信方案，主要考虑如下方面。

① 主站与从站之间的连接形式：单主站还是多主站，可通过软件组态进行设置。

在S7-200 PLC的通信网络中，如果使用了PPI电缆，则安装了STEP 7-Micro/WIN编程软件的计算机或西门子公司提供的编程器(如PG740)默认设置为主站。如果网络中还有S7-300 PLC或HMI等，则可设置为多主站；否则可设置为单主站。网络中所有的S7-200 PLC都默认

笔 记

为从站，有时可以在程序中指定某个S7-200 PLC为RUN工作方式下的PPI主站模式。

② 站号：站号是网络中各个站的编号，网络中的每个设备(PC、PLC、HMI)都要分配唯一的编号(站地址)。站号0是安装STEP 7-Micro/WIN编程软件的计算机或编程器的默认地址，操作面板(如TD200，OP7等)的默认站号为1，与站号0相连的第1台PLC的默认站号为2。一个网络中最多可以有127个站地址(站号0～126)。

③ 实现通信的器件：在STEP 7-Micro/WIN编程软件中支持通信的器件如表5-2所示。

表 5-2 SETP 7-Micro/WIN 编程软件支持的通信器件

通信器件	功能	支持的波特率/(bit/s)	支持的协议
PC/PPI电缆	PC-PLC的电缆连接器	9.6k/19.2k	PPI
CP5511	便携式计算机用PCMCIA卡	9.6k/19.2k/187.5k	PPI、MPI、Profibus
CP5511	PCI卡		
MPI	PG中集成的PCISA卡		
端口0	串行通信口0	9.6k	
端口1	串行通信口1	19.2k/187.5k	
EM277模块	Profibus－DP扩展模块	9.6k～12M	MPI、Profibus

（2）进行参数组态

在STEP 7-Micro/WIN编程软件中，对通信硬件参数进行设置，即通信参数组态，涉及通信设置、通信器件的安装/删除、PC/PPI(MPI、MODEM等)参数设置。

下面以PC/PPI电缆为例，介绍参数组态方法。其他通信器件的参数组态方法与PC/PPI电缆组态方法基本相同。

① 通信设置。

在STEP 7-Micro/WIN编程软件中，单击引导窗口中的“通信”按钮，进入“通信”对话框，如图5-4所示。

按图5-4进行参数配置。本地地址：0；远程地址：2；通信接口：PC/PPI cable(COM1)；通信协议：PPI；传送模式：11位；传输速率：9.6 kbit/s。

② 安装/删除通信器件。

在图5-4中，双击“PC/PPI电缆”图标，系统将打开“设置PG/PC接口”对话框，如图5-5所示。

在“接口”设置区，单击“选择”按钮，系统将弹出“安装/删除接口”对话框，如图5-6所示。

安装：在左边“选择”列表框中单击选中要安装的通信器件，单击“安装”按钮后，按照安装向导逐步安装通信器件。安装完成后，在右边“已安装”列表框中将出现已经安装的通信器件。

删除：在右边“已安装”列表框中选中要删除的通信器件，单击“卸载”按钮后，按照卸载向导逐步卸载通信器件，该器件将从“已安装”列表框中消失。

③ 通信器件参数设置。

在图5-5所示的对话框中，单击“属性”按钮，系统将弹出“属性”对话框，如图5-7所示。

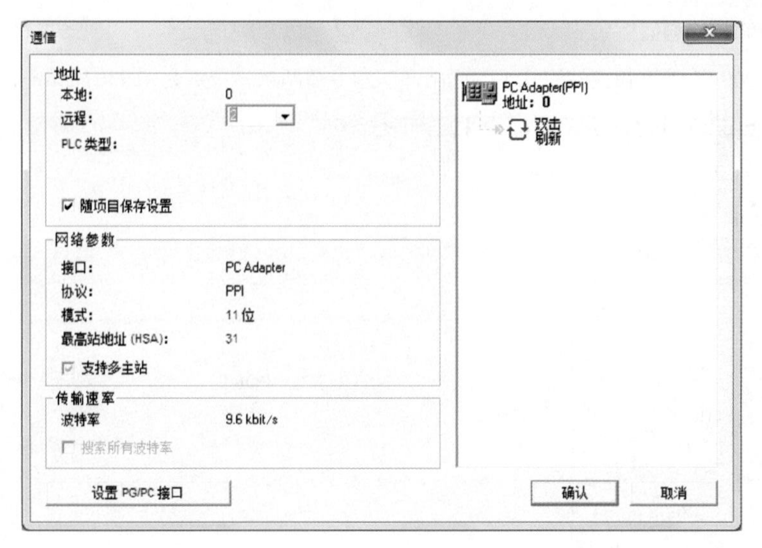

图 5-4
“通信”对话框

图 5-5
“设置 PG/PC 接口”对话框

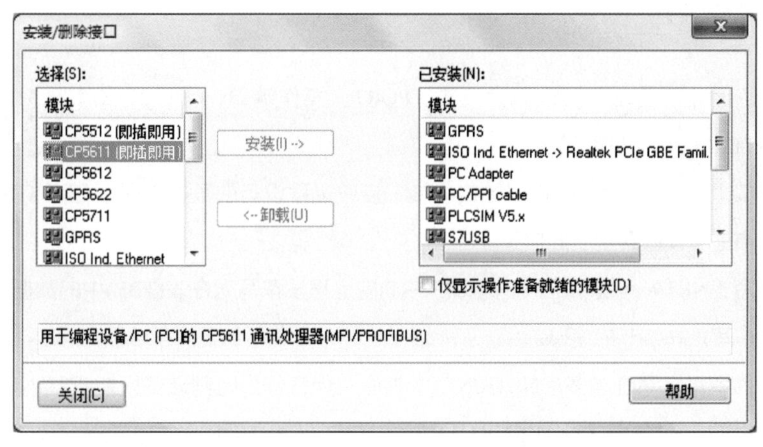

图 5-6
“安装 / 删除接口”对话框

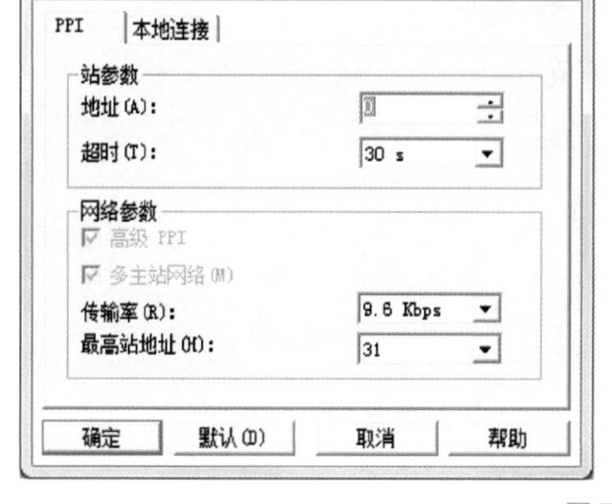

图 5-7
“属性”对话框

单击进入“PPI”选项卡，该选项卡用于设置PPI通信参数，图5-7中显示的是系统默认值。地址：0；超时：1s；单主站；传输速率：9.6 kbit/s；最高站地址：31。

单击进入“本地连接”选项卡，用于设置本机的连接属性，包括选择串行通信口COM1或COM2，是否选择调制解调器。默认值是COM1，不选择调制解调器。

笔 记

3. PPI 的网络通信

在西门子S7的网络中，S7-200 PLC被默认为是从站。只有在采用PPI通信协议时，若某些S7-200 PLC在用户程序中允许PPI主站模式，这些PLC主机才可以在RUN工作方式下作为主站，这样就可以用通信指令读取其他PLC主机的数据。

（1）PPI主站模式设定

在S7-200 PLC的特殊继电器SM中，SMB30(SMB130)是用于设定通信端口0(通信端口1)的通信方式。由SMB30(SMB130)的低2位决定通信端口0(通信端口1)的通信协议，即PPI从站、自由口和PPI主站。只要将SMB30(SMB130)的低2位设置为2#10，就允许该PLC主机为PPI主站模式，可以执行网络读/写指令。

（2）PPI网络通信指令

在S7-200 PLC的PPI主站模式下，网络通信指令有两条，分别为NETR(Network Read)和NETW(Network Write)。其指令梯形图和语句表如表5-3所示。

表 5-3　PPI 网络通信指令的梯形图及语句表

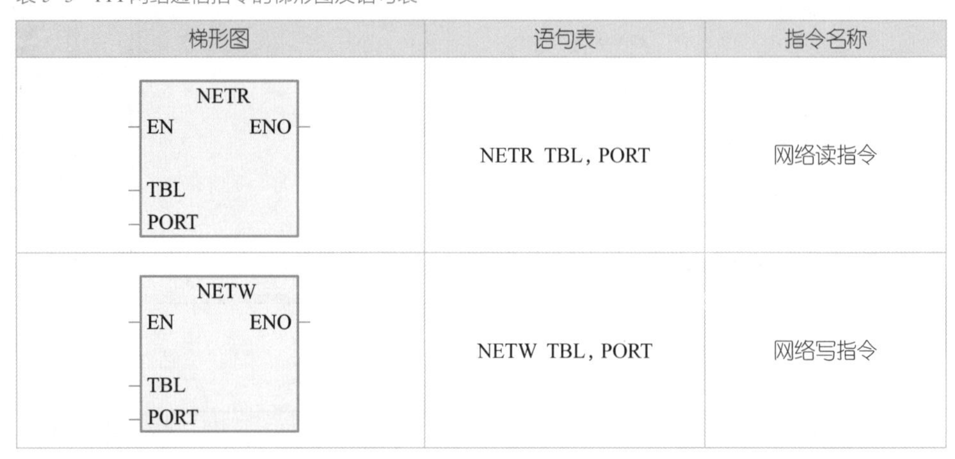

梯形图	语句表	指令名称
NETR：EN ENO TBL PORT	NETR TBL，PORT	网络读指令
NETW：EN ENO TBL PORT	NETW TBL，PORT	网络写指令

微课 5-1-1：
PPI 网络通信的搭建及指令应用

TBL：缓冲区首址，操作数为字节；PORT：操作端口，CPU 224XP和CPU 226为0或1，S7-200 PLC的其他机型只能为0。

网络读（NETR）指令是通过端口(PORT)接收远程设备的数据并保存在表(TBL)中。可从远方站点最多读取16字节的信息。

网络写（NETW）指令是通过端口(PORT)向远程设备写入在表(TBL)中的数据。可向远方站点最多写入16字节的信息。

在程序中可以写任意多条NETR/NETW指令，但在任意时刻最多只能有8条NETR或8条NETW指令，或者4条NETR和4条NETW指令，或者2条NETR和6条NETW指令有效。

（3）主站与从站传送数据表的格式

① 数据表格式。在执行网络读/写指令时，PPI主站与从站间传送数据表(TBL)的格式如表5-4所示。

表 5-4　数据表格式

字节偏移地址	名称	描述							
0	状态字节	D	A	E	0	E1	E2	E3	E4
1	远程站地址	被访问的PLC从站地址							
2	指向远程站数据区的指针	存放被访问数据区（I、Q、M和V数据区）的首地址（被访问数据区的间接指针）							
3									
4									
5									
6	数据长度	远程站上被访问数据区的长度							
7	数据字节0	执行NETR指令后，存放从远程站接收的数据 执行NETW指令后，存放要向远程站发送的数据							
8	数据字节1								
…	…								
22	数据字节15								

② 状态字节说明。数据表的第1字节为状态字节，各个位的意义如下。

笔记

- D位：操作完成位。0：未完成；1：已完成。
- A位：有效位，操作已被排队。0：无效；1：有效。
- E位：错误标志位。0：无错误；1：有错误。
- E1、E2、E3、E4位：错误码。如果执行读/写指令后E位为1，则由这4位返回一个错误码。这4字节构成的错误码及含义如表5-5所示。

表5-5　错误代码表

E1、E2、E3、E4	错误码	说明
0000	0	无错误
0001	1	时间溢出错误，远程站点不响应
0010	2	接收错误：奇偶校验错，回应时帧或检查时出错
0011	3	离线错误：相同的站地址或无效的硬件引发冲突
0100	4	队列溢出错误：起动了超过8条NETR和NETW指令
0101	5	违反通信协议：没有在SMB30中允许PPI协议而执行网络指令
0110	6	非法参数：NETR和NETW指令中包含非法或无效的值
0111	7	没有资源：远程站点正在忙中，如上装或下装顺序正在处理中
1000	8	第7层错误，违反应用协议
1001	9	信息错误：错误的数据地址或不正确的数据长度
1010～1111	A～F	未用，为将来的使用保留

微课5-1-2：
编程实现两台电动机异地起停的PLC控制

三、项目实施

1. I/O分配

根据项目分析，对输入量、输出量进行分配，如表5-6所示。本地和远程的I/O地址分配表相同，在此只给出本地PLC的I/O地址分配表。

笔记

表5-6　两台电动机的异地控制I/O分配表

输入		输出	
输入继电器	元件	输出继电器	元件
I0.0	本地起动按钮SB1	Q0.0	接触器KM线圈
I0.1	本地停止按钮SB2	Q0.4	本地电动机工作指示HL1
I0.2	本地热继电器FR	Q0.5	远程电动机工作指示HL2
I0.3	远程起动按钮SB3		
I0.4	远程停止按钮SB4		

2. PLC的I/O接线图

根据控制要求及表5-6所示的I/O分配表，可绘制两台电动机的异地控制PLC的I/O接线图，如图5-8所示。本地和远程的控制电路原理图相同，在此只给出本地PLC的控制原理图。两台PLC之间通过带有总线连接器的通信电缆相连，总线连接器分别插入两台PLC的端口0上。

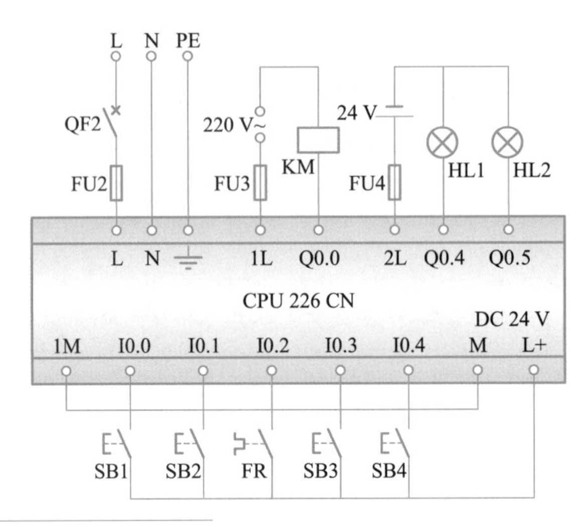

图 5-8
两台电动机的异地控制 PLC 的 I/O 接线图

源程序：应用 NETR/NETW 指令实现两台电动机的异地控制—主站程序

源程序：应用 NETR/NETW 指令实现两台电动机的异地控制—从站程序

3. 创建工程项目

创建一个工程项目，并命名为两台电动机的异地控制。

4. 梯形图程序

根据要求，使用NETR/NERW指令编写梯形图，如图5-9和图5-10所示。

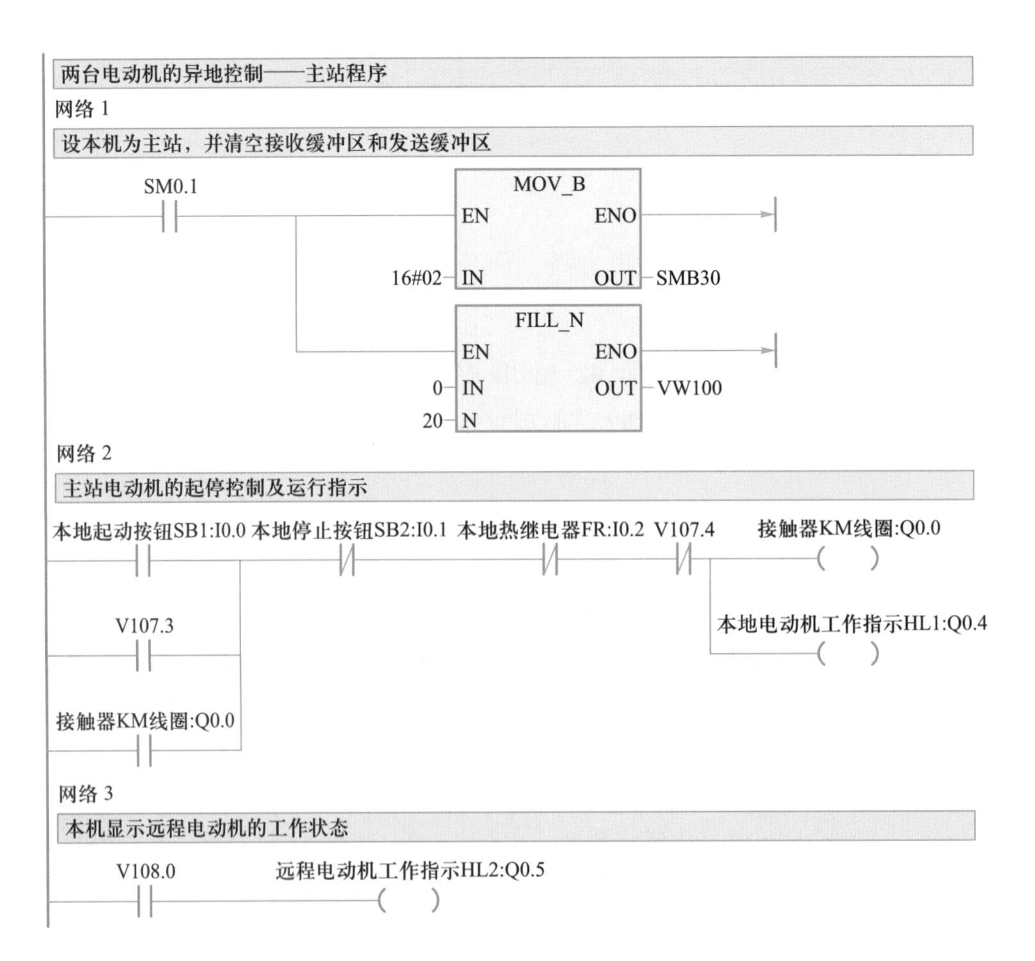

笔 记

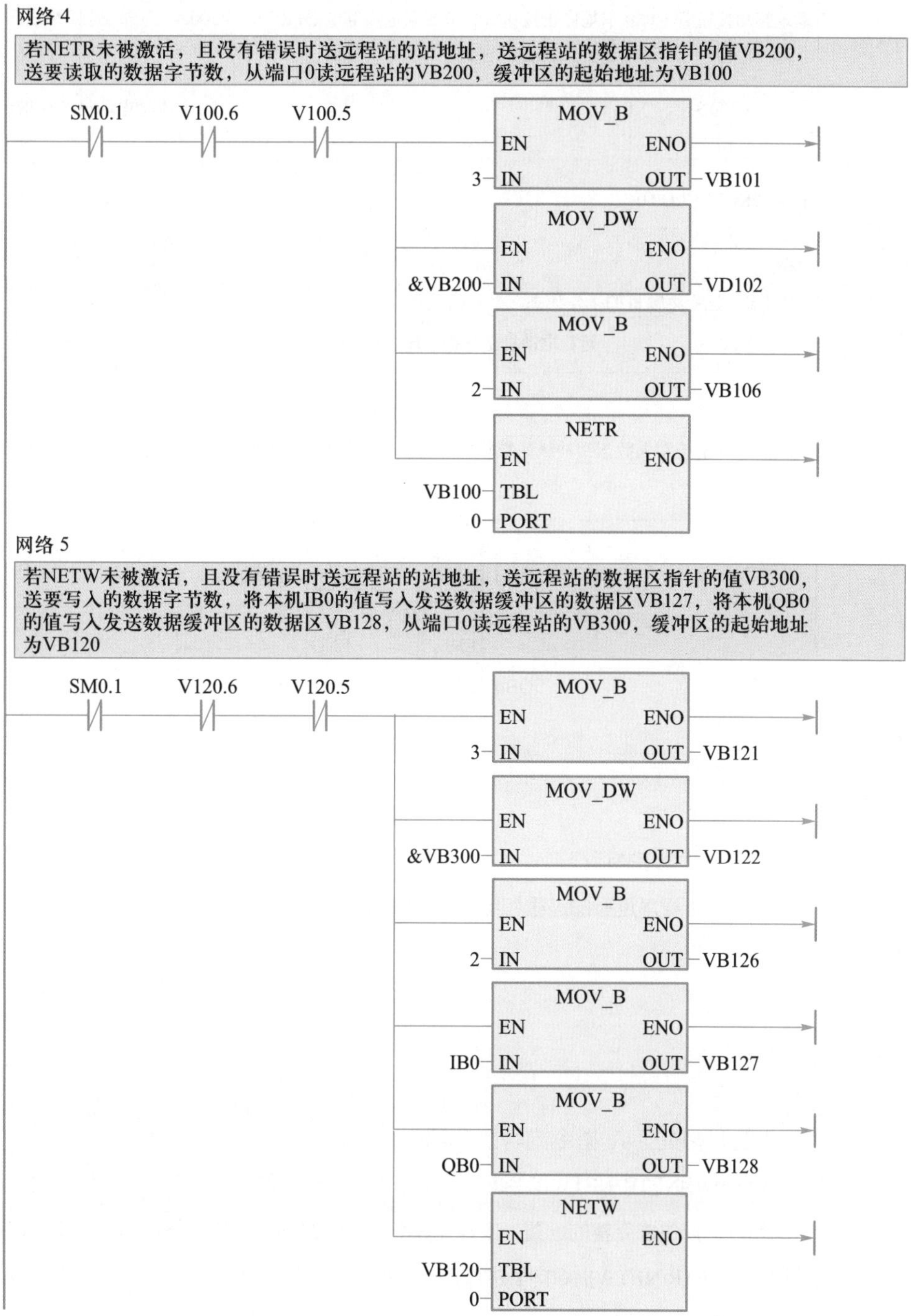
网络 4
若NETR未被激活，且没有错误时送远程站的站地址，送远程站的数据区指针的值VB200，送要读取的数据字节数，从端口0读远程站的VB200，缓冲区的起始地址为VB100
SM0.1
V100.6
V100.5
MOV_B
EN
ENO
3
IN
OUT
VB101
MOV_DW
EN
ENO
&VB200
IN
OUT
VD102
MOV_B
EN
ENO
2
IN
OUT
VB106
NETR
EN
ENO
VB100
TBL
0
PORT
网络 5
若NETW未被激活，且没有错误时送远程站的站地址，送远程站的数据区指针的值VB300，送要写入的数据字节数，将本机IB0的值写入发送数据缓冲区的数据区VB127，将本机QB0的值写入发送数据缓冲区的数据区VB128，从端口0读远程站的VB300，缓冲区的起始地址为VB120
SM0.1
V120.6
V120.5
MOV_B
EN
ENO
3
IN
OUT
VB121
MOV_DW
EN
ENO
&VB300
IN
OUT
VD122
MOV_B
EN
ENO
2
IN
OUT
VB126
MOV_B
EN
ENO
IB0
IN
OUT
VB127
MOV_B
EN
ENO
QB0
IN
OUT
VB128
NETW
EN
ENO
VB120
TBL
0
PORT

图5-9
两台电动机的异地控制程序——主站程序

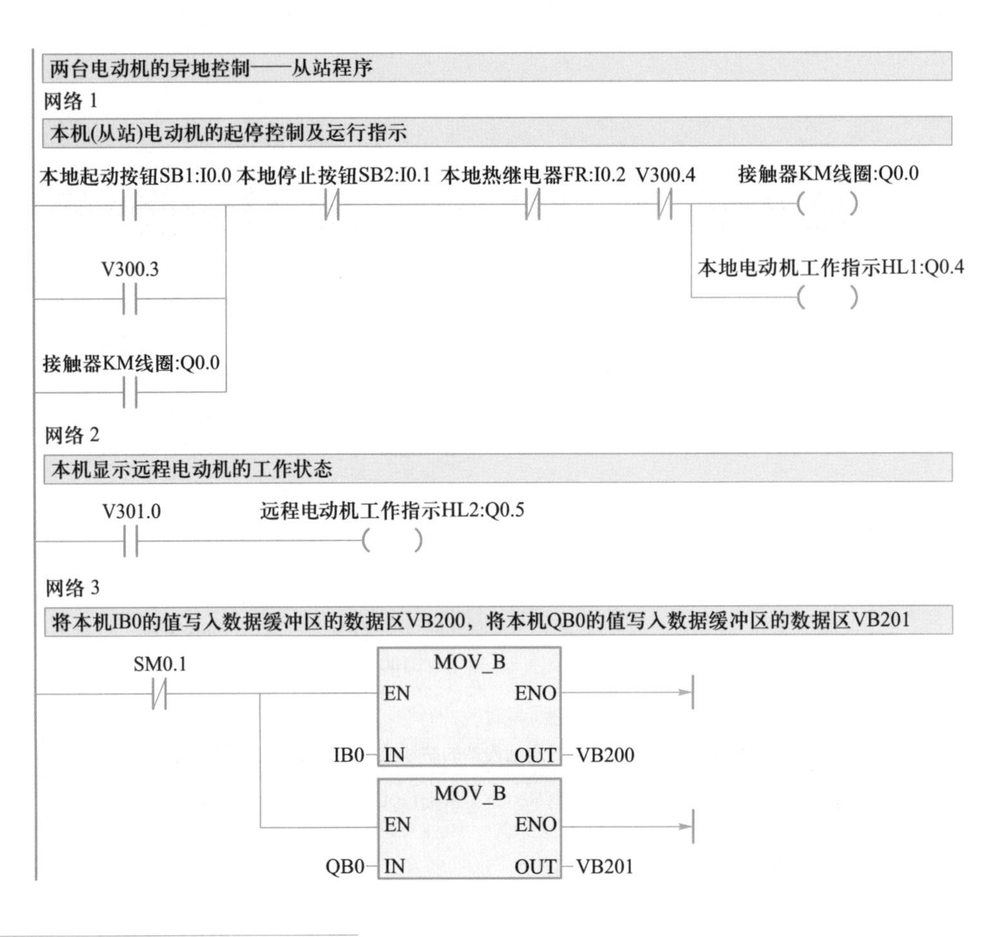

图 5-10
两台电动机的异地控制程序——从站程序

5. 调试程序

（1）下载程序并运行。

（2）分析程序运行的过程和结果，并编写语句表。

四、知识进阶

微课 5-1-3：
PPI 网络通信的向导应用

NETR/NETW 指令向导的应用

用户使用NETR/NETW指令向导，可以简化网络操作配置。向导将询问初始化选项，并根据用户选择生成完整的配置。向导允许配置多达24项独立的网络操作，并生成代码调用这些操作。NETR/NETW指令向导的应用步骤如下：

（1）打开向导对话框

在STEP7-Micro/WIN编程软件的程序编辑窗口单击菜单栏“工具”选项下的“指令向导”，系统将弹出“指令向导”对话框，选择“NETR/NETW”选项，单击“下一步”按钮。

（2）指定用户需要的网络操作数目

根据PLC之间通信的“读/写”操作数目，填写网络“读/写”操作数目。

（3）指定端口号和子程序名称

如果项目可能已经包含一个NETR/NETW向导配置，则所有以前建立的配置均被自动加载向导。向导会提示用户完成以下两个步骤之一。

① 选择编辑现有的配置，其方法是单击“下一步”按钮。

② 选择从项目中删除现有的配置，方法是选中“删除”复选框，并单击“完成”按钮。

如果不存在以前的配置，则向导会询问以下信息。

① PLC必须被设为PPI主站模式才能进行通信。用户要指定通信将通过PLC的哪一个端口进行。

② 向导建立一个用于执行具体网络操作的参数化子程序。向导还为子程序指定一个默认名称。

本例中新建一个配置，选择PLC端口0进行通信，可执行子程序采用默认名称NET_EXE。

（4）指定网络操作

对于每项网络操作，用户需要提供下列信息。

① 指定操作是NETR还是NETW。

② 指定从远程PLC读取(NETR)的数据字节数或向远程PLC写入(NETW)的数据字节数。

③ 指定用户希望用于通信的远程PLC网络地址。

④ 如果在配置NETR，需指定数据存储在本地PLC中的位置和从远程PLC读取数据的位置。

⑤ 如果在配置NETW，需指定数据存储在本地PLC中的位置和向远程PLC写入数据的位置。

（5）指定变量存储器

对于用户配置的每一项网络操作，要求有12字节的变量存储器。用户指定可放置配置的变量存储器起始地址。向导会自动建议一个地址，也可以编辑该地址，一般采用建议地址即可。

（6）生成程序代码

回答完上述询问后，单击“完成”按钮，S7-200 PLC指令向导将为指定的网络操作生成代码。由向导建立的子程序成为项目的一部分。

要在程序中使能网络通信，需要在主程序块中调用执行子程序(NET_EXE)。每个扫描周期，使用SM0.0调用该子程序。这样会启动配置网络操作执行。

虚拟仿真训练
5-1-2：
通信主站编程

虚拟仿真训练
5-1-3：
通信从站编程

虚拟仿真训练
5-1-4：
通信效果测试

笔 记

五、问题研讨

编辑站号

PPI网络上的所有站点都应当具有不同的网络地址，否则通信将无法正常进行，那如何修改PLC端口的站号呢？现通过PLC的端口0将本机地址改为4来说明如何编辑主机或从机站地址。单击STEP7-Micro/WIN编程软件中浏览条上的“系统块”图标，打开其对话框。将端口0下方的PLC地址改为4，并单击“确定”按钮，然后通过PC/PPI电缆将系统块下载到CPU模块即可。

六、拓展训练

训练1. 用NETR/NETW指令向导实现两台电动机的同向运行控制，本地按钮控制本地电动机的起动和停止。若本地电动机先正向起动运行，则远程电动机只能正向起动运行；若本地电动机先反向运行，则远程电动机只能反向起动运行。同样，若远程电动机先起动，则本地电动机也必须与远程电动机运行方向一致。

训练2. 多台S7-200 PLC的PPI通信。3台S7-200 PLC通过PORT0口进行通信，甲机为主站，乙机和丙机为从站，通过PPI通信实现乙机的I0.0使丙机电动机实现星形–三角形起动，乙机的I0.1停止丙机电动机的运行；丙机的I0.0使乙机电动机实现星形–三角形起动，丙机的I0.1停止乙机电动机的运行。PPI通信程序由甲机完成。

项目二 两台电动机的同时起停控制

演示文稿 5-2：
两台电动机的同时起停控制

知识目标

- 掌握自由口通信协议
- 了解MPI、Profibus和Profinet通信

能力目标

- 能使用自由口通信指令编写应用程序
- 能运用自由口通信实现多台设备之间的数据交换

动画 5-2：
两台电动机的同时起停控制要求

一、要求与分析

要求：用PLC实现两台电动机的同时起停控制。控制要求如下：两台PLC分别连接一台直接起动的电动机，无论按哪站的起动按钮，两台电动机均同时起动；无论按哪站的停止按钮，两台电动机均同时停止。同时，两站点均能显示两台电动机的工作状态。其控制要求示

意图如图5-11所示。

分析：根据上述控制要求可知，两站的输入量或输出量相同，输入量有电动机的起动按钮、停止按钮和热继电器；输出量有驱动电动机的交流接触器、本地电动机的工作指示和远程电动机的工作指示。使用PPI通信不难实现上述控制要求，在此，本项目要求通过自由口通信实现上述功能。自由口通信又需进行哪些设置呢？自由口通信相对来说比较灵活，通过本项目的学习，读者应能使用自由口通信来实现PLC之间的数据交换。

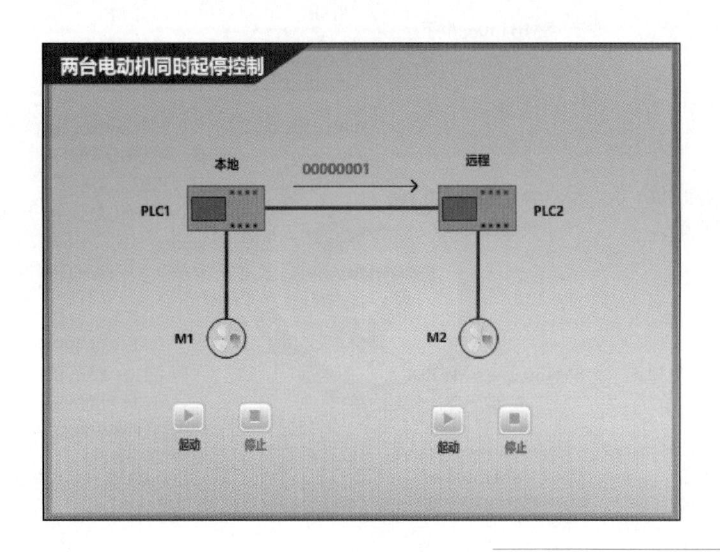

图 5-11
两台电动机同时起停控制要求示意图

二、知识学习

笔 记

自由口通信

S7-200 PLC有一种特殊的通信模式：自由口通信模式（Freeport Mode）。在这种通信模式下，用户可以在自定义通信协议（可以在用户程序中控制通信参数：选择通信协议、设定波特率、设定校验方式、设定字符的有效数据位）下，通过建立通信中断事件，使用通信指令，控制PLC的串行通信口与其他设备进行通信，如打印机、条码阅读器、调制解调器、变频器和上位PC等。当然也可以用于两个CPU之间简单的数据交换。当外设具有RS-485接口时，可以通过双绞线进行连接，具有RS-232接口的外设也可以通过PC/PPI电缆连接起来进行自由口通信。

只有当CPU主机处于RUN工作方式下（此时特殊继电器SM0.7为1），允许自由口通信模式。如果选择了自由口通信模式，此时S7-200 PLC失去了与标准通信装置进行正常通信的功能。当CPU主机处于STOP工作方式下，自由口通信模式被禁止，PLC的自由口通信协议自动切换到正常的PPI通信协议。

（1）设置自由口通信协议

S7-200 PLC正常的字符数据格式是1个起始位，8个数据位，1个停止位，即10位数据，或者再加上1个奇/偶校验位，组成11位数据。波特率一般为9 600～19 200bit/s。

笔 记

在自由口通信协议下，可以用特殊继电器SMB30或SMB130设置通信端口0或端口1的通信参数。控制字节SMB30和SMB130的描述如表5-7所示。

表 5-7 SMB30 和 SMB130 的描述

端口0	端口1	说 明
SMB30的格式	SMB130的格式	自由端口模式控制字节 MSB 7 … LSB 0 p p d b b b m m
SM30.0和SM30.1通信协议选择	SM130.0和SM130.1通信协议选择	mm：协议选项。00 =点对点接口协议（PPI/从站模式） 01 =自由口协议 10 =PPI/主站模式 11 =保留（默认到PPI/从站模式） 注意：当选择代码mm = 10（PPI/主站模式），S7-200 PLC 将成为网络上的主设备，允许NETR和NETW指令执行。在PPI模式中位2 ~ 7忽略
SM30.2 ~ SM30.4波特率选择	SM130.2 ~ SM130.4波特率选择	bbb：自由口波特率。000 = 38 400bit/s；100 = 2 400bit/s； 001 = 19 200bit/s；101 = 1 200bit/s； 010=9 600bit/s；110 = 115 200bit/s； 011=4 800bit/s；111 = 57 600bit/s
SM30.5 每个字符的有效数据位	SM130.5 每个字符的有效数据位	d：每个字符的数据位。0=每个字符8位；1=每个字符7位
SM30.6和SM30.7奇偶校验选择	SM130.6和SM130.7奇偶校验选择	pp：奇偶校验选择。00 = 无奇偶校验；01 = 偶数校验； 10 = 无奇偶校验；11 = 奇数校验

为便于快速设置控制字节的通信参数，可参照表5-8给出的控制字节值。

（2）自由口通信时的中断事件

在S7-200 PLC的中断事件中，与自由口通信有关的中断事件如下：

① 中断事件8：通信端口0单字符接收中断。

② 中断事件9：通信端口0发送完成中断。

③ 中断事件23：通信端口0接收完成中断。

④ 中断事件25：通信端口1单字符接收中断。

⑤ 中断事件26：通信端口1发送完成中断。

⑥ 中断事件24：通信端口1接收完成中断。

表 5-8 控制字节与自由口通信参数参照表

波特率		38.4 kbit/s	19.2 kbit/s	9.6 kbit/s	4.8 kbit/s	2.4 kbit/s	1.2 kbit/s	600 bit/s	300 bit/s
8字符	无校验	01H	05H	09H	0DH	11H	15H	19H	1DH
	偶校验	41H	45H	49H	4DH	51H	55H	59H	5DH
	奇校验	C1H	C5H	C9H	CDH	D1H	D5H	D9H	DDH
7字符	无校验	21H	25H	29H	2DH	31H	35H	39H	3DH
	偶校验	61H	65H	69H	6DH	71H	75H	79H	7DH
	奇校验	E1H	E5H	E9H	EDH	F1H	F5H	F9H	FDH

（3）自由口通信指令

在自由口通信模式下，可以用自由口通信指令接收和发送数据，其通信指令有两条：数据接收(RCV)指令和数据发送(XMT)指令。其指令梯形图和语句表如表5-9所示。

表 5-9　自由口通信指令的梯形图及语句表

梯形图	语句表	指令名称
RCV EN　ENO TBL PORT	RCV TBL, PORT	数据接收指令
XMT EN　ENO TBL PORT	XMT TBL, PORT	数据发送指令

微课 5-2-1：
自由口通信指令

笔 记

TBL：缓冲区首址，操作数为字节；PORT：操作端口，CPU224XP和CPU226为0或1，S7-200 PLC其他机型只能为0。

数据接收指令是通过端口（PORT）接收远程设备的数据并保存到首地址为TBL的数据接收缓冲区中。数据接收缓冲区最多可接收255个字符的信息。

数据发送指令是通过端口（PORT）将数据表首地址TBL（发送数据缓冲区）中的数据发送到远程设备上。发送数据缓冲区最多可发送255个字符的信息。使用XMT指令发送数据应注意以下两点：

① 在缓冲区内的最后一个字符发送完成后，会产生中断事件9（通信端口0）或中断事件26（通信端口1），如果将一个中断服务子程序与发送完成中断事件连接，则可实现相应的操作。

② 利用特殊存储器位SM4.5（通信端口0）和SM4.6（通信端口1）可监视通信端口的发送空闲状态。当通信端口0发送空闲时，SM4.5置1；当通信端口1发送空闲时，SM4.6置1。

可以通过中断的方式接收数据，在接收字符数据时，有如下两种中断事件产生。

① 利用字符中断控制接收数据

每接收完1个字符，就产生一个中断事件8（通信端口0）或中断事件25（通信端口1）。特殊继电器SMB2作为自由口通信接收缓冲区。接收到的字符存放在特殊继电器SMB2中，以便用户程序访问。奇偶校验状态存放在特殊继电器SMB3中，如果接收到的字符奇偶校验出现错误，则SM3.0为1，可利用SM3.0为1的信号，将出现错误的字符去掉。

② 利用接收结束中断控制接收数据

当指定的多个字符接收结束后，产生中断事件23（通信端口0）和24（通信端口1）。如果有一个中断服务子程序连接到接收结束中断事件上，就可以实现相应的操作。

S7-200 PLC在接收信息字符时要用到一些特殊继电器，对通信端口0要用到SMB86～SMB94，对通信端口1要用到SMB186～SMB194。如通过SMB86（或SMB186）来

笔记

监控接收信息；通过SMB87（或SMB187）来控制接收信息。所使用的特殊存储字节具体含义如表5-10所示。

表5-10 特殊存储字节SMB86 ~ SMB94和SMB186 ~ SMB194

通信端口0	通信端口1	含义
SMB86	SMB186	接收信息状态字节 n | r | e | 0 | 0 | t | c | p p=1：说明因奇偶校验错误而终止接收 c=1：说明因接收字符超长而终止接收 t=1：说明因接收超时而终止接收 e=1：说明正常收到结束字符 r=1：说明因输入参数错误或缺少起始和结束条件而终止接收 n=1：说明用户通过禁止命令结束接收
SMB87	SMB187	接收信息控制字节 EN | SC | EC | IL | C/M | TMR | BK | 0 BK：是否使用中断条件检测起始信息。0=忽略；1=使用 TMR：是否使用SMB92或SMB192的值终止接收。0=忽略；1=使用 C/M：定时器定时性质。0=内部字符定时器；1=信息定时器 IL：是否使用SMB90或SMB190的值检测空闲状态。0=忽略；1=使用 EC：是否使用SMB89或SMB189的值检测结束信息。0=忽略；1=使用 SC：是否使用SMB88或SMB188的值检测起始信息。0=忽略；1=使用 EN：接收允许。0=禁止接收信息；1=允许接收信息。
SMB88	SMB188	信息字符的开始
SMB89	SMB189	描述信息字符的结束
SMB90 SMB91	SMB190 SMB191	空闲时间以ms为单位，空闲时间溢出后接收的第一个字符是新消息的开始字符。SMB90（SMB190）是高位字节，SMB91（SMB191）是低位字节
SMB92 SMB93	SMB192 SMB193	中间字符/消息定时器溢出值设定（以ms为单位）。如果超出这个时间段，则终止接收信息。SMB92（SMB192）是高位字节，SMB93（SMB193）是低位字节
SMB94	SMB194	要接收的最大字符数（1~255）。此范围必须设置为期望的最大缓冲区大小，即使信息的字符数始终达不到

接收数据缓冲区和发送数据缓冲区的格式如表5-11所示。

表5-11 数据缓冲区格式

接收数据缓冲区	发送数据缓冲区
接收字符数	发送字符数
字符1（或是起始字符）	字符1（或是起始字符）
字符2	字符2
…	…
字符m（或是结束字符）	字符n（或是结束字符）

（4）编程步骤

① 利用SM0.1初始化通信参数

● 使用SMB30（通信端口0）或SMB130（通信端口1）选择自由口通信模式，并选定自

笔 记

由口通信的波特率，数据位数和校验方式。

● 设定起始位（SMB88或SMB188）和结束位（SMB89或SMB189），空闲时间信息（SMB90或SMB190）及接收的最大字符数（SMB94或SMB194）。

● 如果利用中断，则将中断事件与相应的中断服务子程序连接，并且全局开放中断（ENI）。

● 通常可利用SMB34定时中断（当然也可以使用定时器），定时发送数据（一般周期为50ms，即间断发送数据的时间为50ms）。

② 编写主程序

自由口通信主程序的任务是把要发送的数据放到数据缓冲区，并接收数据到接收缓冲区（此任务也可以用一个子程序来完成）。

③ 编写SMB34的定时中断服务子程序

把要发送的数据传送到发送数据缓冲区，一般包括发送的字节数、发送的数据及结束字符，最后再利用XMT指令起动发送。

④ 编写发送完中断服务子程序和接收完中断服务子程序

● 发送完成中断服务子程序的主要任务是发送完成后断开SMB34定时中断，并利用RCV指令准备接收数据。

● 接收完成中断服务子程序的主要任务是接收数据完成后重新连接SMB34的定时中断，准备发送数据。

用户可根据具体控制要求对上述步骤选择使用。

三、项目实施

1. I/O 分配

根据项目分析，对输入、输出进行分配，如表5-12所示。本地和远程的I/O地址分配表相同，在此只给出本地PLC的I/O地址分配表。

表 5-12　两台电动机的同时起停控制 I/O 分配表

输入		输出	
输入继电器	元件	输出继电器	元件
I0.0	起动按钮SB1	Q0.0	接触器KM线圈
I0.1	停止按钮SB2	Q0.4	本地电动机工作指示HL1
I0.2	热继电器FR	Q0.5	远程电动机工作指示HL2

2. PLC 的 I/O 接线图

根据控制要求及表5-12所示的I/O分配表，可绘制两台电动机的同时起停控制PLC的I/O接线图，如图5-12所示。本地和远程的控制电路原理图相同，在此只给出本地PLC的控制原理图。两台PLC之间通过带有总线连接器的通信电缆相连，总线连接器分别插入两台PLC的端口0上。

微课 5-2-2：
如何编程实现两台电动机同时起停的 PLC 控制

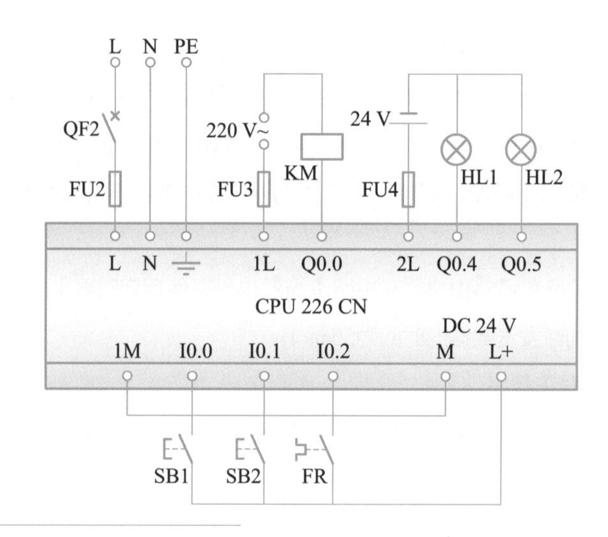

图 5-12
两台电动机的同时起停控制 PLC 的 I/O 接线图

源程序：
应用自由口通信指令实现两台电动机的同时起停控制

3. 创建工程项目

创建一个工程项目，并命名为两台电动机的同时起停控制。

4. 梯形图程序

根据要求，使用自由口通信指令XMT/RCV编写的本站梯形图如图5-13~图5-17所示。（因 I /O分配及原理图相同，所以两站程序相类似，只要在编程过程中注意本站发送区和接收区与远程站相对应就可以了）。

5. 调试程序

（1）下载程序并运行。

（2）分析程序运行的过程和结果，并编写语句表。

笔 记

两台电动机的同时起停控制

网络 1

首次扫描，调用自由口通信初始化子程序

SM0.1

自由口通信初始化子程序
EN

网络 2

本站电动机的起停控制(含本站和远程站起动和停止控制)

起动按钮SB1:I0.0 停止按钮SB2:I0.1 热继电器FR:I0.2 V101.1 V101.2 接触器KM线圈:Q0.0

V101.0

本站电动机工作指示HL1:Q0.4

接触器KM线圈:Q0.0

网络 3

远程电动机的工作指示

V102.0 远程电动机工作指示HL2:Q0.5

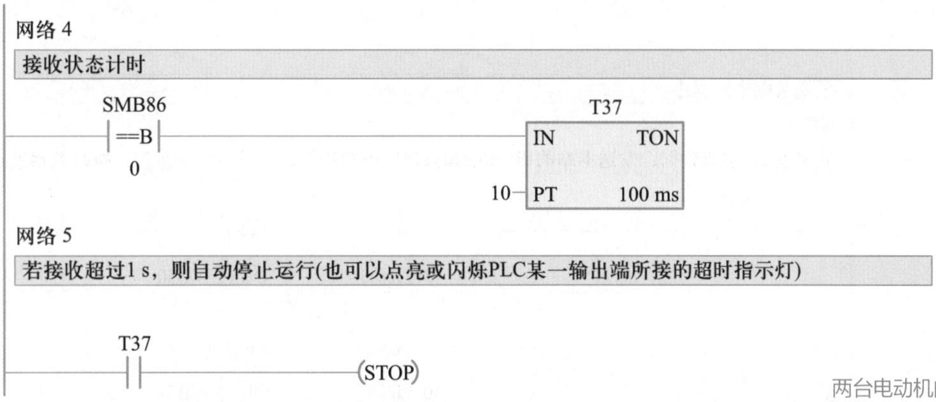

网络 4

接收状态计时

SMB86 ==B 0 —— T37 IN TON；10 — PT 100 ms

网络 5

若接收超过1 s，则自动停止运行(也可以点亮或闪烁PLC某一输出端所接的超时指示灯)

T37 —— (STOP)

图 5-13
两台电动机的同时起停控制程序——主程序

自由口通信初始化子程序

网络 1

定义端口为0自由口通信，波特率为9600bit/s；允许接收，使用SMB89终止符检测，
使用SMB90检测空闲状态；终止符为16#0D；空闲时间为5 ms；最大接收字节为14B

SM0.0 ——
MOV_B EN ENO；16#09 — IN OUT — SMB30
MOV_B EN ENO；16#B0 — IN OUT — SMB87
MOV_B EN ENO；16#0D — IN OUT — SMB89
MOV_B EN ENO；5 — IN OUT — SMB90
MOV_B EN ENO；15 — IN OUT — SMB94

网络 2

每50 ms发送一次数据；连接定时中断；连接发送完成中断；连接接收完成中断；
允许全局中断

SM0.0 ——
MOV_B EN ENO；50 — IN OUT — SMB34
ATCH EN ENO；定时发送数据中断:INT0 — IN；10 — EVNT
ATCH EN ENO；发送完成中断:INT1 — IN；9 — EVNT
ATCH EN ENO；发送完成中断:INT2 — IN；23 — EVNT
(ENI)

笔 记

图 5-14
两台电动机的同时起停控制程序——初始化子程序

笔 记

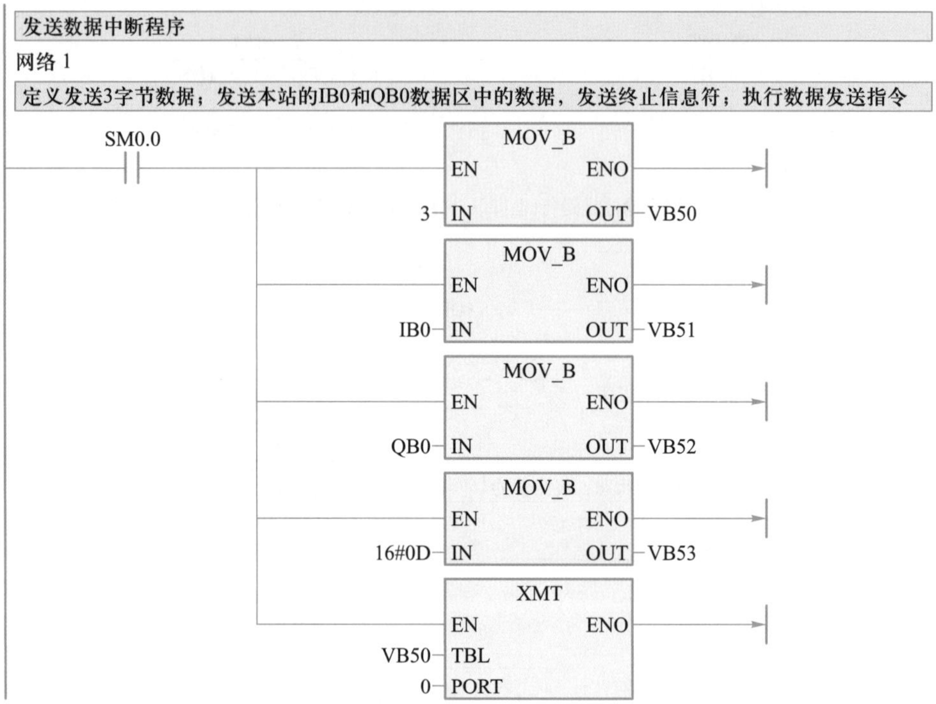

发送数据中断程序
网络 1
定义发送3字节数据；发送本站的IB0和QB0数据区中的数据，发送终止信息符；执行数据发送指令
SM0.0
MOV_B
EN
ENO
3
IN
OUT
VB50
MOV_B
EN
ENO
IB0
IN
OUT
VB51
MOV_B
EN
ENO
QB0
IN
OUT
VB52
MOV_B
EN
ENO
16#0D
IN
OUT
VB53
XMT
EN
ENO
VB50
TBL
0
PORT

图 5-15
两台电动机的同时起停控制程序——发送数据中断子程序

发送完成中断程序
网络 1
接收数据过程禁止定时中断，并接收数据
SM0.0
DTCH
EN
ENO
10
EVNT
RCV
EN
ENO
VB100
TBL
0
PORT

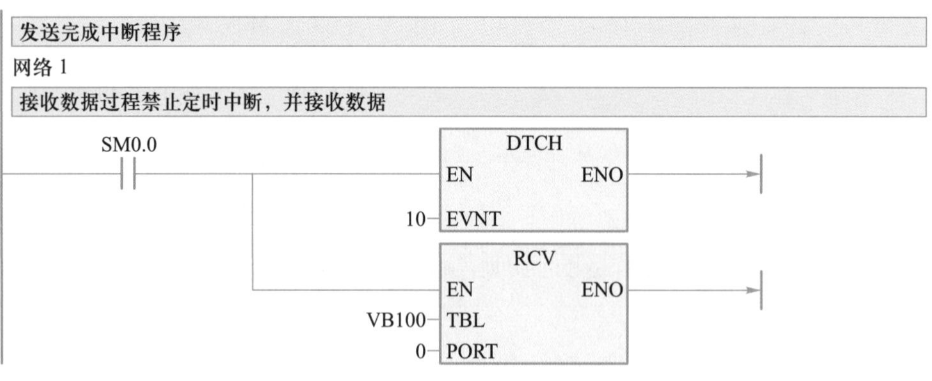

图 5-16
两台电动机的同时起停控制程序——发送完成中断子程序

接收完成中断程序
网络 1
接收完成后连接定时中断(即允许再次发送数据)
SM0.0
ATCH
EN
ENO
定时发送数据中断:INT0
INT
10
EVNT

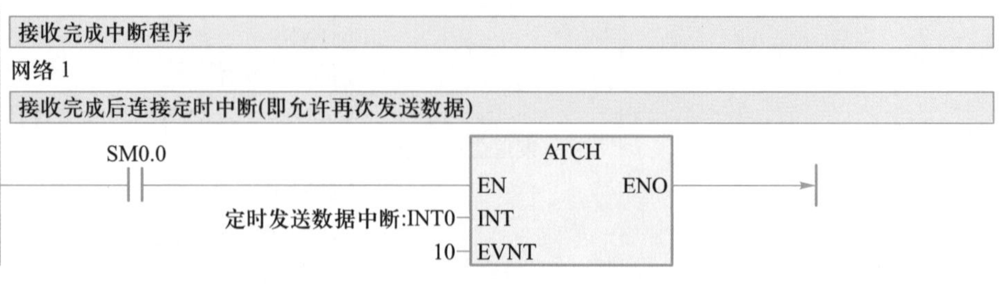

图 5-17
两台电动机的同时起停控制程序——接收完成中断子程序

四、知识进阶

笔 记

1. MPI 通信

MPI网络可用于单元层，它是多点接口（MultiPoint Interface）的简称，是西门子公司开发的用于PLC之间通信的保密协议。MPI通信是当通信速率要求不高、通信数据不大时，可以采用的一种简单、经济的通信方式。

MPI通信主要优点是CPU可以同时与多种设备建立通信联系。也就是说，编程器、HMI设备和其他的PLC可以连接在一起并同时运行。编程器通过MPI接口生成的网络还可以访问所连接硬件站上的所有智能模块。可同时连接的其他通信对象的数目取决于CPU的型号。

2. Profibus 通信

Profibus是世界上第一个开放式现场总线标准，是用于车间级和现场级的国际标准，传输速率最大为12Mbit/s，响应时间的典型值为1ms，使用屏蔽双绞线电缆（最长为9.6km）或光缆（最长为90km），最多可接127个从站。其应用领域覆盖了从机械加工、过程控制、电力、交通到楼宇自动化等各个领域。在采用Profibus的系统中，对于不同厂家所生产的设备不需要对接口进行特别的处理和转换，就可以实现通信。

3. Profinet 通信

Profinet由Profibus国际组织（Profibus International，PI）推出，是新一代基于工业以太网技术的自动化总线标准。Profinet基于工业以太网，使用TCP/IP和IT标准。使用Profinet，可以将分布式I/O设备直接连接到工业以太网。Profinet可以用于对实时性要求很高的自动化解决方案，如运动控制。Profinet通过工业以太网，可以实现从公司管理层到现场层的直接、透明地访问，Profinet整合了自动化和IT世界。使用Profinet I/O设备可以直接连接到以太网，与PLC进行高速数据交换。

五、问题研讨

1. 超长数据的发送和接收

使用自由口通信指令每次只能发送和接收255字节数据，那超过255字节的数据如何使用自由口通信进行传输呢？若发送超过255字节可通过将待发送的数据每255字节使用发送指令XMT发送一次即可，但是在程序中出现多条发送（XMT）指令，若同时发送，则发送完成后都会产生同一事件号的中断事件，这样极易出现错误，这时最好使用定时器或定时器中断分别执行相应的发送（XMT）指令。若接收超过255字节，则也可通过每255字节接收一次，但必须将对方发送数据的第一个字节作为发送数据区的标识符，在接收时通过比较指令将接收到的数据存储到相应的存储区中。

2. 多台设备之间的自由口通信

在总线网络上使用自由口通信不要求对方的站地址，那么多台设备之间如何使用自由口通信呢？其实也很简单，同上所述只要将发送数据区的第一个数据作为发送数据区的标识符，虽然其他站都收到同样数据，但通过比较来确定此数据是否为本站接收的数据，若是则将接收缓冲数据区的数据传送到指定的数据接收区，若不是则不作任何处理即可。

六、拓展训练

训练1. 用字符接收中断实现本项目的控制。

训练2. 用I0.0上升沿将VB100中数据信息发送到打印机上。

项目三　传输链的速度控制

知识目标

- 了解USS通信协议
- 掌握USS通信指令

能力目标

- 能进行PLC与变频器的USS通信连接
- 能使用USS指令编写PLC与变频器通信程序

演示文稿 5-3：
传输链的速度控制

一、要求与分析

要求：用PLC实现由变频器驱动的传输链速度控制。控制要求如下：按下起动按钮后传输链起动并运行，若顺时针旋转调速电位器，传输链速度随之变快；若逆时针旋转调速电位器，传输链速度随之变慢。无论何时按下停止按钮，传输链停止运行。其控制要求示意图如图5-18所示。

动画 5-3：
传输链的速度控制要求

分析：根据上述控制要求可知，输入量有起动按钮和停止按钮，传输链运行的速度是通过旋转调速电位器实现的，而电位器两端的10V可使用变频器的1和2号端子输出的电压，然后模拟量调速信号经EM231与PLC相连；输出量有驱动电动机的接触器。PLC与变频器如何通过通信方式进行数据传输呢？通过西门子公司的USS协议便可实现PLC与变频器之间的数据通信。

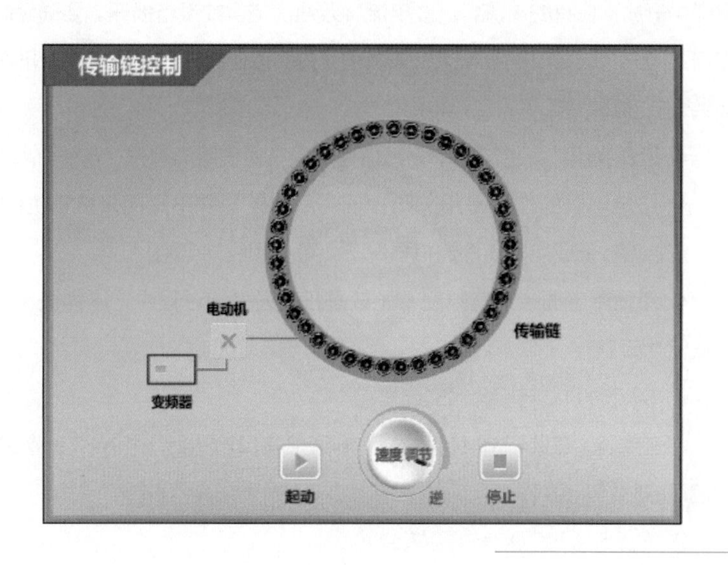

图 5-18
传输链控制要求示意图

二、知识学习

1. USS 通信协议概述

西门子公司的变频器都有一个串行通信接口，采用RS-485半双工通信方式，以USS通信协议（Universal Serial Interface Protocol，通用串行接口协议）作为现场监控和调试协议，其设计标准适用于工业环境的应用对象。USS通信协议是主从结构的协议，规定了在USS总线上可以有一个主站和最多30个从站，总线上的每个从站都有一个站地址（在从站参数中设置），主站依靠它识别每个从站，每个从站也只能对主站发来的报文做出响应并回送报文，从站之间不能直接进行数据通信。另外，还有一种广播通信方式，主站可以同时给所有从站发送报文，从站在接收到报文并做出相应的回应后可不回送报文。

（1）使用USS通信协议的优点

① USS通信协议对硬件设备要求低，减少了设备之间布线的数量。

② 无需重新布线就可以改变控制功能。

③ 可通过串行接口设置来修改变频器的参数。

④ 可连续对变频器的特性进行监测和控制。

⑤ 利用S7-200 PLC CPU组成USS通信的控制网络具有较高的性价比。

（2）USS通信硬件连接

① 通信注意事项。

- 在条件允许的情况下，USS主站尽量选用直流型的CPU。当使用交流型的CPU 22X和单相变频器进行USS通信时，CPU 22X和变频器的电源必须接成同相位。
- 一般情况下，USS通信电缆采用双绞线即可，如果干扰比较大，可采用屏蔽双绞线。
- 在采用屏蔽双绞线作为通信电缆时，把具有不同电位参考点的设备互联后会在连接电缆中形成不应有的电流，这些电流导致通信错误或设备损坏。要确保通信电缆连接的所有设备共用一个公共电路参考点，或是相互隔离以防止产生干扰电流。屏蔽层必须接到外壳地或9针连接器的1脚。

● 尽量采用较高的波特率，通信速率只与通信距离有关，与干扰没有直接关系。

● 终端电阻的作用是用来防止信号反射的，并不是用来抗干扰的。如果通信距离很近，波特率较低或点对点的通信情况下，可不用终端电阻。

微课 5-3-1：
USS 指令的应用

● 不要带电插拔通信电缆，尤其是正在通信的过程中，这样极易损坏传动装置和PLC的通信端口。

② S7-200 PLC与变频器的连接。

将变频器（在此以MM440为例）的通信端口P+（29）和N-（30）分别接至S7-200 PLC通信口的3号与8号针即可。

2. USS 通信协议专用指令

所有的西门子变频器都可以采用USS通信协议传递信息，西门子公司提供了USS通信协议指令库，指令库中包含专门为通过USS通信协议与变频器通信而设计的子程序和中断程序。使用指令库中的USS指令编程，使得PLC对变频器的控制变得非常方便。

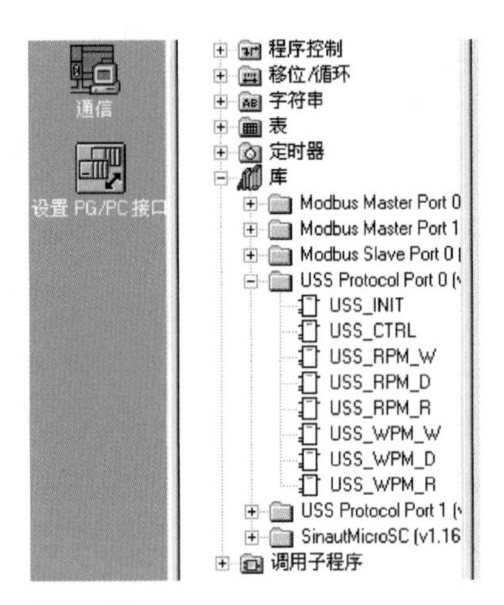

图5-19
USS指令

使用USS指令，首先要安装指令库，正确安装结束后，打开指令树中的“库”选项，可以看到多条USS协议指令，如图5-19所示，且会自动添加一个或几个相关的子程序。

（1）使用USS指令的注意事项

① 初始化USS通信协议。例如将端口0指定用于USS通信，使用USS_INIT指令为端口0选择USS通信协议或PPI通信协议。选择USS协议与变频器通信后，端口0将不能用于其他任何操作，包括与STEP 7 -Micro/WIN编程软件通信。

② 在使用USS通信协议的程序开发过程中，应该使用带两个通信端口的S7-200 PLC CPU，如CPU 226、CPU 224XP或EM277 Profibus模块（与计算机中Profibus DP连接的DP模块），这样第二个通信端口可以用来在USS协议运行时通过STEP 7-Micro/WIN编程软件监控应用程序。

③ USS指令影响与端口0上自由口通信相关的所有SMB位。

④ USS指令的变量要求一个400B长的变量存储器内存块。该内存块的起始地址由用户指定，保留用于USS变量。

⑤ 某些USS指令也要求有一个16B的通信缓冲区。作为指令的参数，需要为该缓冲区在变量存储器中提供一个起始地址。建议为USS指令的每个实例指定一个单独的缓冲区。

（2）USS_INIT指令

USS_INIT（端口0）或USS_INIT_P1（端口1）指令用于启用和初始化或禁止MicroMaster变频器通信。在使用其他任何USS协议指令之前，必须执行USS_INIT指令且无错，可以用SM0.1或者信号的上升沿或下降沿调用该指令。一旦该指令完成，立即置位“Done”位，才能继续执行下一条指令。USS_INIT指令的梯形图如图5-20所示，各参数的类型如表5-13所示。

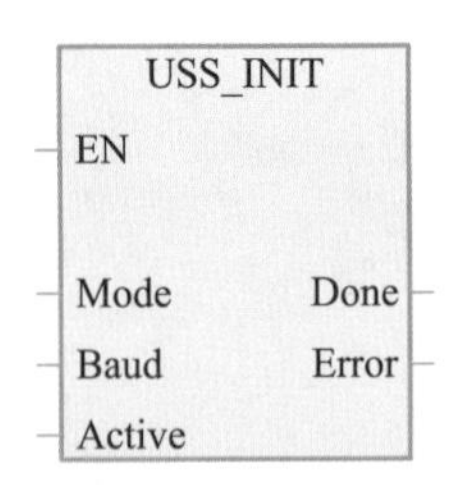

图5-20
USS_INIT指令

笔 记

表 5-13　USS_INIT 指令参数

输入/输出	数据类型	操作数
Mode	Byte	IB、QB、VB、MB、SMB、SB、LB、AC、*VD、*LD、*AC、常数
Baud、Active	Dword	ID、QD、VD、MD、SMD、SD、LD、AC、*VD、*LD、*AC、常数
Done	Bool	I、Q、V、M、SM、S、L、T、C
Error	Byte	IB、QB、VB、MB、SMB、SB、LB、AC、*VD、*LD、*AC

指令说明如下。

① 仅限为每次通信状态执行一次USS_INIT指令。使用边沿检测指令，以脉冲方式打开EN输入。要改动初始化参数，可执行一条新的USS_INIT指令。

②“Mode”为输入数值选择通信协议：输入值1将端口分配给USS协议，并启用该协议；输入值0将端口分配给PPI，并禁止USS协议。

③“Baud”为USS通信波特率，此参数要和变频器的参数设置一致，波特率的允许值为1 200、2 400、4 800、9 600、19 200、38 400、57 600或115 200bit/s。

④“Done”为初始化完成标志。

⑤“Error”为初始化错误代码。

⑥“Active”表示起动变频器，表示网络上哪些USS从站要被主站访问，即在主站的轮询表中起动。网络上作为USS从站的每个变频器都有不同的USS协议地址，主站要访问的变频器，其地址必须在主站的轮询表中起动。USS_INIT指令只用一个32位的双字来映像USS从站有效地址表，Active的无符号整数值就是它在指令输入端口的取值。如表5-14所示，在这个32位的双字中，每一位的位号表示USS从站的地址号；要在网络中起动某地址号的变频器，则需要把相应的位号的位置设为“1”，不需要起动的USS从站相应的位设置为“0”，最后对此双字取无符号整数就可以得出Active参数的取值。本例中，使用站地址为2的MM440变频器，则须在位号为02的位单元格中填入1，其他不需要起动的地址对应的位设置为0，取整数，计算出的Active值为00000004H，即16#00000004，也等于十进制数4。

表 5-14　Active 参数设置示意表

位号	MSB 31	30	29	28	…	4	3	2	1	LSB 00
对应从站地址	31	30		28	…					00
从站起动标志	0	0	0	0	…	0	0	1	0	0
取十六进制无符号数	0				0	4				
Active =	16#00000004									

（3）USS_CTRL指令

USS_CTRL指令用于控制处于起动状态的变频器，每台变频器只能使用一条该指令。该指令将用户放在一个通信缓冲区内，如果数据端口Drive指定的变频器被USS_INIT指令的Active参数选中，则缓冲区内的命令将被发送到该变频器。USS_CTRL指令的梯形图如图5-21所示，各参数的类型如表5-15所示。

USS_CTRL
EN
RUN
OFF2
OFF3
F_ACK
DIR
Drive　Resp_R
Type　Error
Speed~　Status
Speed
Run_EN
D_Dir
Inhibit
Fault

图 5-21
USS_CTRL 指令梯形图

笔 记

表 5-15　USS_CTRL 指令参数

输入/输出	数据类型	操作数
RUN、OFF2、OFF3、F_ACK、DIR、Resp_R、Run_EN、D_Dir、Inhibit、Fault	Bool	I、Q、V、M、SM、S、L、T、C
Drive、Type	Byte	IB、QB、VB、MB、SMB、SB、LB、AC、*VD、*LD、*AC、常数
Error	Byte	IB、QB、VB、MB、SMB、SB、LB、AC、*VD、*LD、*AC、常数
Status	Word	IW、QW、VW、MW、SMW、SW、LW、AC、T、C、AQW、*VD、*LD、*AC
Speed_SP	Real	ID、QD、VD、MD、SMD、SD、LD、AC、*VD、*LD、*AC、常数
Speed	Real	IB、QB、VB、MB、SMB、SB、LB、AC、*VD、*LD、*AC

指令说明如下:

① USS_CTRL（端口0）或USS_CTRL_P1（端口1）指令用于控制Active（起动）变频器。USS_CTRL指令将选择的命令放在通信缓冲区中，然后送至编址的变频器Drive（变频器地址），条件是已在USS_INIT指令的Active（起动）参数中选择该变频器。

② 仅限为每台变频器指定一条USS_CTRL指令。

③ 某些变频器仅将速度作为正值报告。如果速度为负值，变频器将速度作为正值报告，但逆转D_Dir（方向）位。

④ EN位必须为ON，才能启用USS_CTRL指令。该指令应当始终启用（可使用SMB0.0）。

⑤ RUN位表示变频器是ON还是OFF。当RUN（运行）位为ON时，变频器收到一条命令，按指定的速度和方向开始运行。为了使变频器运行，必须满足条件以下条件。

- Drive（变频器地址）位在USS_CTRL中必须被选为Active（起动）。
- OFF2位和OFF3位必须被设为0。
- Fault（故障）位和Inhibit（禁止）位必须为0。

⑥ 当RUN位为OFF时，会向变频器发出一条命令，将速度降低，直至电动机停止。OFF2位用于允许变频器自由降速至停止。OFF3位用于命令变频器迅速停止。

⑦ Resp_R（收到应答）位确认从变频器收到应答。对所有的起动变频器进行轮询，查找最新变频器状态信息。每次S7-200 PLC从变频器收到应答时，Resp_R位均会打开，进行一次扫描，所有数值均被更新。

⑧ F_ACK（故障确认）位用于确认变频器中的故障。当从0变为1时，变频器清除故障。

⑨ DIR（方向）位（“0/1”）用来控制电动机转动方向。

⑩ Drive（变频器地址）位输入的是MicroMaster变频器的地址，向该地址发送USS_CTRL命令，有效地址为0～31。

⑪ Type（变频器类型）位输入选择变频器类型。将MicroMaster3（或更早版本）变频

器的类型设为0，将MicroMaster 4或SINAMICS G110变频器的类型设为1。

笔 记

⑫ Speed_SP（速度设定值）位必须是一个实数，给出的数值是变频器的频率范围百分比还是绝对的频率值，取决于变频器中的参数设置（如MM440的P2009）。如为全速的百分比，则范围为－200.0%～200.0%，Speed_SP的负值会使变频器反向旋转。

⑬ Fault位表示故障位的状态（0＝无错误，1＝有错误），变频器显示故障代码（有关变频器信息，请参阅用户手册）。要清除故障位，需纠正引起故障的原因，并接通F_ACK位。

⑭ Inhibit位表示变频器上的禁止位状态（0＝不禁止，1＝禁止）。欲清除禁止位，Fault位必须为OFF，RUN、OFF2和OFF3输入也必须为OFF。

⑮ D_Dir（运行方向回馈）位表示变频器的旋转方向。

⑯ Run_EN（运行模式回馈）位表示变频器是在运行（1）还是停止（0）。

⑰ Speed（速度回馈）位是变频器返回的实际运转速度值。若以全速百分比表示的变频器速度，其范围为－200.0%～200.0%。

⑱ Status位是变频器返回的状态字原始数值，MicroMaster 4的标准状态字各数据位的含义如图5-22所示。

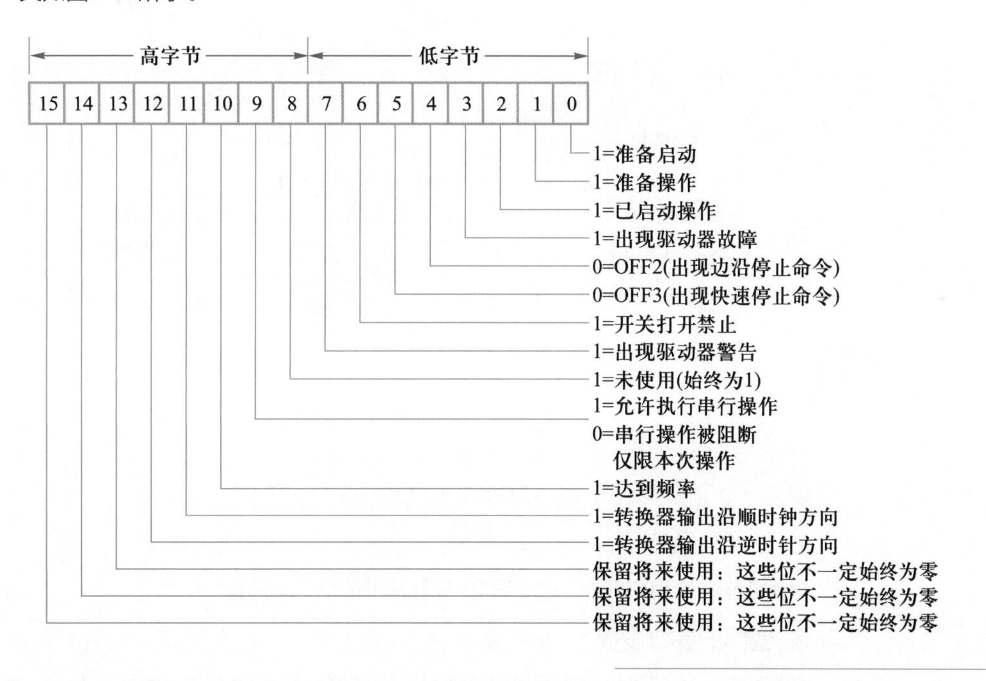

图5-22
状态位各数据字的含义

⑲ Error位是一个包含对变频器最新通信请求结果的错误字节。USS指令执行错误主要定义了可能因执行指令而导致的错误条件。

三、项目实施

微课5-3-2：
如何编程实现传输链速度的PLC控制

1. I/O分配

根据项目分析，对输入、输出进行分配，如表5-16所示。

笔 记

表 5-16　传输链的速度控制 I/O 分配表

输入		输出	
输入继电器	元件	输出继电器	元件
I0.0	起动按钮SB1	Q0.0	交流接触器KM
I0.1	停止按钮SB2		

2. PLC 的 I/O 接线图

根据控制要求及表5-16所示的I/O分配表，可绘制传输链的速度控制PLC的I/O接线图，如图5-23所示。带有网络总线的连接器一头插入PLC的端口0上，另一头只有两根线，红色线与变频器的29号端子相连接，绿色线与变频器的30号端子相连接。

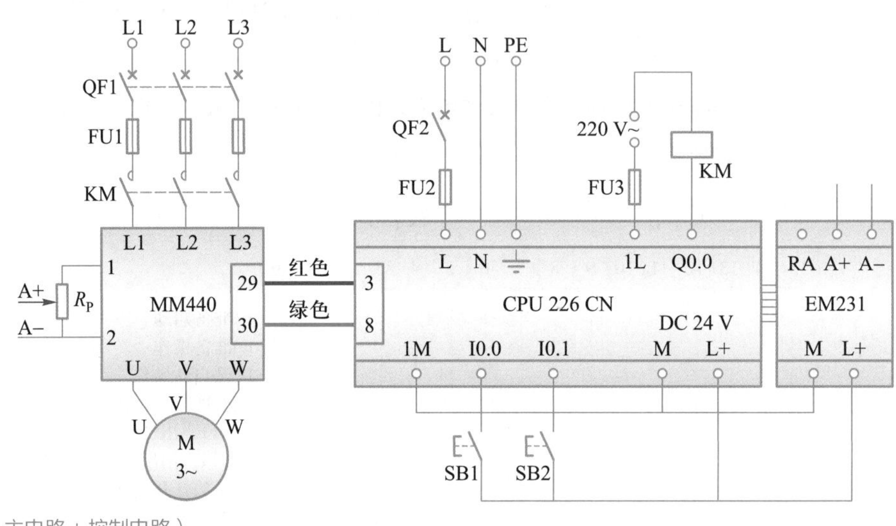

图 5-23
两台电动机的同时起停控制 PLC 的 I/O 接线图（主电路 + 控制电路）

3. 创建工程项目

创建一个工程项目，并命名为两台电动机的同时起停控制。

4. 梯形图程序

源程序：
应用 USS 通信指令实现传输链的速度控制

根据要求，使用USS通信指令编写的梯形图如图5-24所示。

5. 变频的参数设置

在将变频器连接到PLC并使用USS协议进行通信以前，必须对变频器的有关参数进行设置。设置步骤如下：

（1）将变频器恢复到工厂设定值，令参数P0010=30（工厂的设定值），P0970=1（参数复位）。

（2）令参数P0003=3，允许读/写所有参数（用户访问级为专家级）。

（3）用P0304、P0305、P0307、P0310和P0311分别设置电动机的额定电压、额定电流、额定功率、额定频率和额定转速（要设置上述电动机参数，必须先将参数P0010设为1，即设为快速调试模式，当完成参数设置后，再将P0010设为0。因为上述电动机参数只能在快速调试模式下修改）。

笔 记

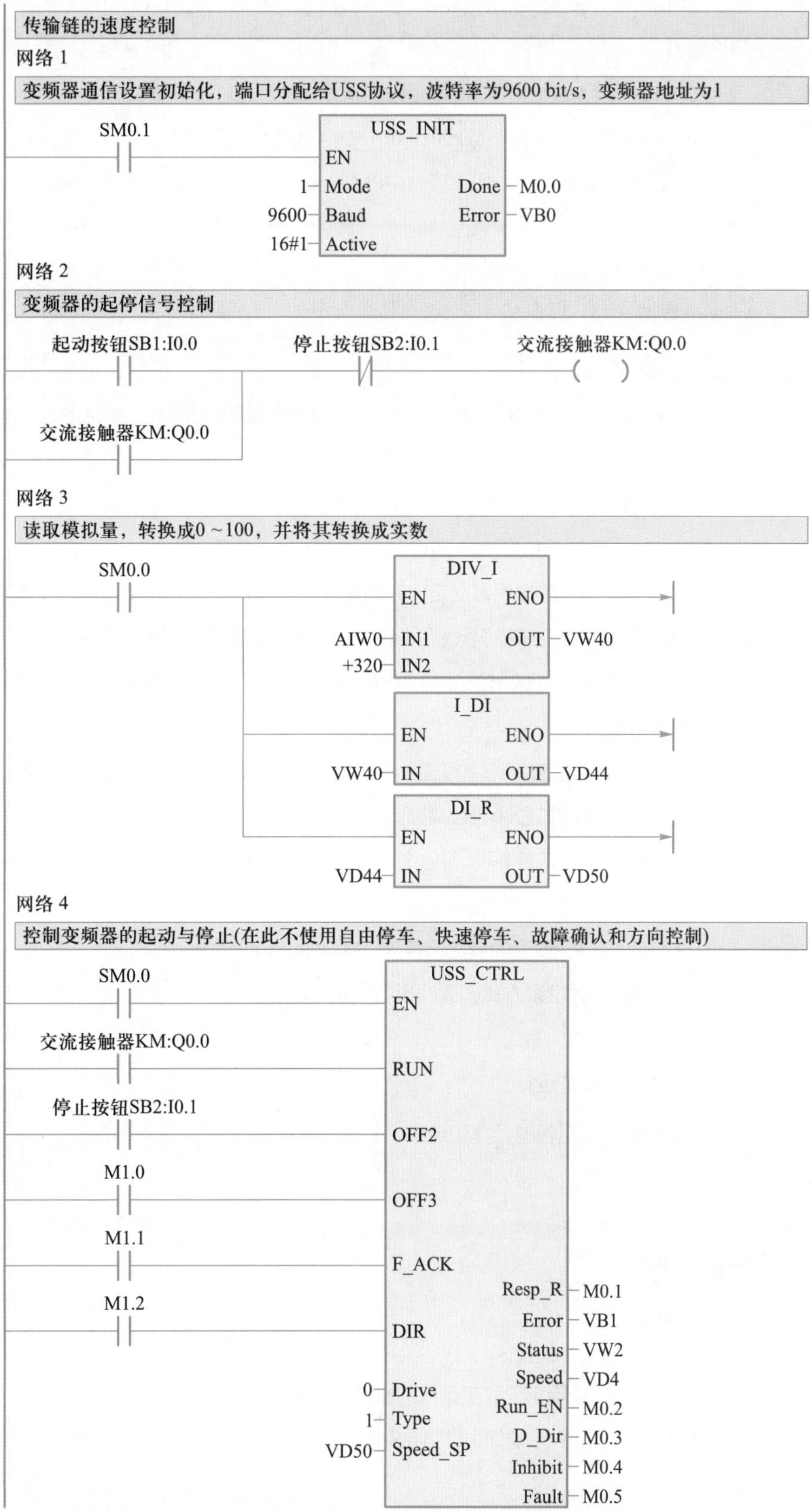

传输链的速度控制

网络 1

变频器通信设置初始化，端口分配给USS协议，波特率为9600 bit/s，变频器地址为1

SM0.1
USS_INIT
EN
1 Mode　Done M0.0
9600 Baud　Error VB0
16#1 Active

网络 2

变频器的起停信号控制

起动按钮SB1:I0.0　停止按钮SB2:I0.1　交流接触器KM:Q0.0
交流接触器KM:Q0.0

网络 3

读取模拟量，转换成0～100，并将其转换成实数

SM0.0
DIV_I
EN ENO
AIW0 IN1 OUT VW40
+320 IN2

I_DI
EN ENO
VW40 IN OUT VD44

DI_R
EN ENO
VD44 IN OUT VD50

网络 4

控制变频器的起动与停止(在此不使用自由停车、快速停车、故障确认和方向控制)

USS_CTRL
SM0.0 EN
交流接触器KM:Q0.0 RUN
停止按钮SB2:I0.1 OFF2
M1.0 OFF3
M1.1 F_ACK
M1.2 DIR
Resp_R M0.1
Error VB1
Status VW2
Speed VD4
0 Drive　Run_EN M0.2
1 Type　D_Dir M0.3
VD50 Speed_SP　Inhibit M0.4
Fault M0.5

图 5-24
传输链的速度控制程序

笔 记

（4）令参数P0700=5，选择命令源为远程控制方式，即通过RS-485的USS通信接收命令。令P1000=5，设定源来自RS-485的USS通信，使其允许通过COM链路的USS通信发送频率设定值。

（5）P2009为0时频率设定值为百分比，为1时为绝对频率值。

（6）根据表5-17设置参数P2010[0]（RS-485串行接口的波特率），这一参数必须与PLC主站采用的波特率相一致，如本项目中PLC和变频器的波特率都设为9 600bit/s。

表 5-17 参数 P2010[0] 与波特率的关系

参数值	4	5	6	7	8	9	12
波特率/（bit/s）	2400	4800	9600	19200	38400	57600	115200

（7）设置从站地址P2011[0]=0～31，这是为变频器指定的唯一从站地址，本项目中变频器的站地址设为0。

（8）P2012[0]=2，即USS PZD（过程数据）区长度为2个字长。

（9）串行链路超时时间P2014[0]=0～65 535ms，是两个输入数据报文之间的最大允许时间间隔。收到了有效的数据报文后，开始定时。如果在规定的时间间隔内没有收到其他数据报文，变频器跳闸并显示错误代码F0008。将该值设定为0，将断开控制。

（10）基准频率P2000=1～650，单位为Hz，默认值为50，是串行链路或模拟I/O输入的满刻度频率设定值。

（11）设置斜坡上升时间（可选）P1120=1～650.00，这是一个以秒（s）为单位的时间，在这个时间内，电动机加速到最高频率。

（12）设置斜坡下降时间（可选）P1121=1～650.00，这是一个以秒（s）为单位的时间，在这个时间内，电动机减速到完全停止。

（13）P0971=1，设置的参数保存到MM440的EEPROM中。

（14）退出参数设置方式，返回运行显示状态。

6. 调试程序

（1）下载程序并运行。

（2）分析程序运行的过程和结果，并编写语句表。

四、知识进阶

1. USS_RPM 指令

USS_RPM指令用于读取变频器的参数，USS协议有3条读指令：

① USS_RPM_W（端口0）或USS_RPM_W_P1（端口1）指令读取一个无符号字类型的参数。

② USS_RPM_D（端口0）或USS_RPM_D_P1（端口1）指令读取一个无符号双字类型

的参数。

③ USS_RPM_R（端口0）或USS_RPM_R_P1（端口1）指令读取一个浮点数类型的参数。

同时只能有一个读（USS_RPM）或写（USS_WPM）变频器参数的指令起动。当变频器确认接收命令或返回一条错误信息时，就完成了对USS_RPM指令的处理，在进行这一处理并等待响应到来时，逻辑扫描依然继续进行。USS_RPM指令的梯形图如图5-25所示，各参数如表5-18所示。

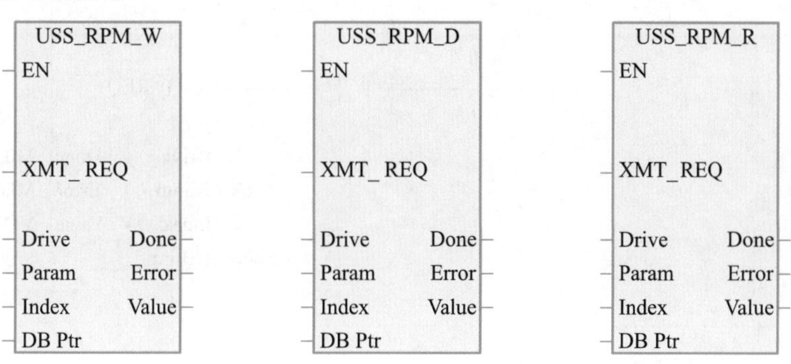

图 5-25
USS_RPM 指令

指令说明：

① 一次仅限将一条读取（USS_RPM_X）或写入（USS_WPM_X）指令被起动。

② EN位必须为ON，才能起用请求传送，并应当保持ON，直到置位Done位，表示进程完成。例如，当XMT_REQ位为ON，在每次扫描时向MicroMaster传送一条USS_RPM_X请求。因此，XMT_REQ输入应当通过一个脉冲方式打开。

笔 记

表 5-18　USS_RPM 指令参数

输入/输出	数据类型	操作数
XMT_REQ	Bool	I、Q、V、M、SM、S、L、T、C，上升沿有效
Drive	Byte	IB、QB、VB、MB、SMB、SB、LB、AC、*VD、*LD、*AC、常数
Param、Index	Word	IW、QW、VW、MW、SMW、SW、LW、AC、T、C、AIW、*VD、*LD、*AC、常数
DB_Ptr	Dword	&VB
Value	Word、Dword、Real	IW、QW、VW、MW、SMW、SW、LW、AC、T、C、AQW、ID、QD、VD、MD、SMD、SD、LD、*VD、*LD、*AC
Done	Bool	I、Q、V、M、SM、S、L、T、C
Error	Real	IB、QB、VB、MB、SMB、SB、LB、AC、*VD、*LD、*AC

③ Drive位输入是MicroMaster驱动器的地址，USS_RPM_X指令被发送至该地址。单台驱动器的有效地址是0～31。

④ Param位是参数号（仅数字），也可以是变量。Index位是需要读取参数地索引值（即参数下标，有些参数由多个带下标的参数组成一个参数组，下标用来指定具体的某个参数。对于没有下标的参数可设置为0）。数值是返回的参数值。必须向DB_Ptr输入提供16B的缓冲区地址。该缓冲区被USS_RPM_X指令用且存储向MicroMaster驱动器发出的命令的结果。

⑤ 当USS_RPM_X指令完成时，Done位输出为ON，Error位输出字节和Value位输出包含执行指令的结果。Error位和Value位输出在Done位输出打开之前无效。

例：图5-26所示程序段为读取电动机的电流值（参数r0068），由于此参数是一个实数，而参数读写指令必须与参数的类型配合，因此选用实数型参数读功能块。

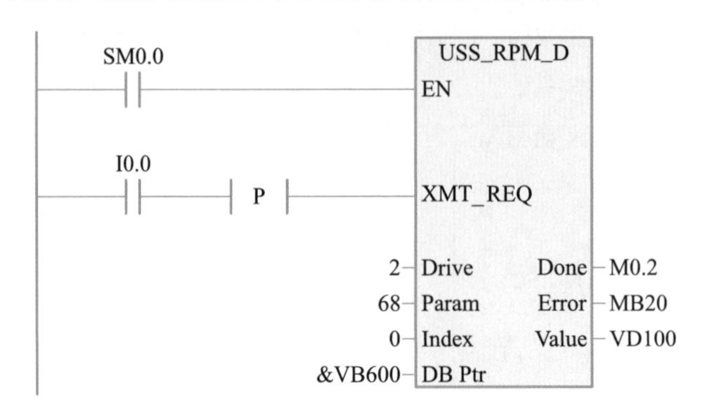

图5-26
读参数功能块示意图

2. USS_WPM 指令

USS_WPM指令用于写变频器的参数，USS协定有3条写入指令：

① USS_WPM_W（端口0）或USS_WPM_W_P1（端口1）指令写入一个无符号字类型的参数。

② USS_WPM_D（端口0）或USS_WPM_D_P1（端口1）指令写入一个无符号双字类型的参数。

③ USS_WPM_R（端口0）或USS_WPM_R_P1（端口1）指令写入一个浮点数类型的参数。

USS_WPM指令梯形图如图5-27所示，各参数的类型如表5-19所示。

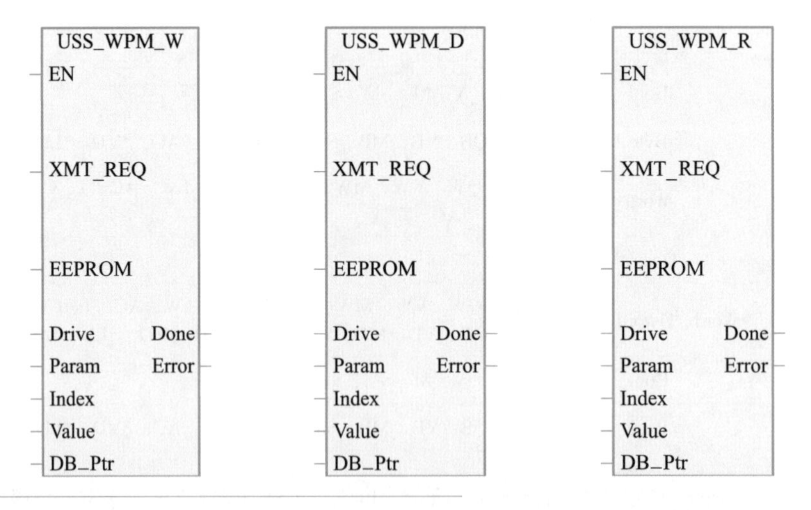

图5-27
USS_WPM 指令

表5-19 USS_WPM 指令参数

输入/输出	数据类型	操作数
XMT_REQ	Bool	I、Q、V、M、SM、S、L、T、C，上升沿有效
Drive	Byte	IB、QB、VB、MB、SMB、SB、LB、AC、*VD、*LD、*AC、常数

笔 记

续表

输入/输出	数据类型	操作数
Param、Index	Word	IW、QW、VW、MW、SMW、SW、LW、AC、T、C、AIW、*VD、*LD、*AC、常数
DB_Ptr	Dword	&VB
Value	Word、Dword、Real	IW、QW、VW、MW、SMW、SW、LW、AC、T、C、AQW、ID、QD、VD、MD、SMD、SD、LD、*VD、*LD、*AC
EEPROM	Bool	I、Q、V、M、SM、S、L、T、C
Done	Bool	I、Q、V、M、SM、S、L、T、C
Error	Real	IB、QB、VB、MB、SMB、SB、LB、AC、*VD、*LD、*AC

指令说明:

① 一次仅限一条写入（USS_WPM_X）指令被起动。

② 当MicroMaster驱动器确认收到命令或发送一个错误条件时，USS_WPM_X事项完成。当该进程等待应答时，逻辑扫描继续执行。

③ EN位必须为ON，才能起用请求传送，并应当保持打开，直到置位Done位，表示进程完成。例如，当XMT_REQ位为ON，在每次扫描时向MicroMaster传送一条USS_WPM_X请求。因此，XMT_REQ输入应当通过一个脉冲方式打开。

④ 当驱动器打开时，EEPROM输入启用对驱动器的RAM和EEPROM的写入，当驱动器关闭时，仅启用对RAM的写入。请注意该功能不受MM3驱动器支持，因此该输入必须关闭。

⑤ 其他参数的含义及使用方法参考USS_RPM指令。

注意：在任一时刻USS主站内只能有一个参数读写功能块有效，否则会出错。因此如果需要读写多个参数（来自一个或多个驱动器），必须在编程时进行读写指令之间的轮替处理。

五、问题研讨

1. 轮流读写变频器参数

USS通信协议规定，一次仅限起动一条读取（USS_RPM_X）或写入（USS_WPM_X）指令，在实际应用中常常需要读取多条参数或写入多条参数，那又如何编程实现多条读/写呢？可通过轮流的方法进行读取或写入，其方法如下：如果只读写两个参数时，可使用SM0.5和边沿指令相结合的方法，即在读或写第一个参数时用SM0.5上升沿，在读或写第二个参数时用SM0.5下降沿；如果需要读写两个以上参数时，可结合定时器进行读写，或设置指令轮替功能。通过上述方法可正常读写变频器有关参数。

2. USS 通信协议的变量存储器地址分配

在使用USS通信时，系统需要将一个变量存储器地址分配给USS全局符号表中的第一个

笔 记

存储单位。所有其他地址都将自动地分配，总共需要400个连续字节。如果不分配变量存储器地址给USS，在程序编辑时将会出现若干错误，那该如何解决呢？当执行“编译”功能时，在编程的输出窗口将显示在哪个网络、哪行、相应的错误号及共有多少个错误，并提示：未为库分配变量存储器。这时必须给相应指令分配变量存储器地址：用右击指令树中的“程序块”，这时会出现一个对话框，选择“库存储区”，在弹出的对话框中单击“建议地址”后，单击“确定”按钮即可。这种方法同样适用于其他通信协议或指令需要分配变量存储器地址。

3. USS 错误代码

在使用USS通信时，如果通信发生异常，出现错误代码时，如何才能迅速判断出发生异常的原因呢？通信发生异常在工程应用中比较常见，只要能根据错误代码查找相应的错误描述即可快速排除故障。USS通信库指令错误代码及错误描述如表5-20所示。

表 5-20 USS 通信库指令错误代码及错误描述

错误代码	错误描述	错误代码	错误描述
0	无错误	12	驱动装置返回的长度信息不被USS指令支持
1	驱动装置无响应	13	响应的驱动装置不正确
2	来自驱动的响应中检测到检验和错误	14	提供的DB_Ptr地址不正确
3	来自驱动的响应中检测到奇偶检验错误	15	提供的参数号不正确
4	用户程序干扰引起错误	16	选择了错误的协议
5	尝试执行非法命令	17	USS已激活，不能改变
6	提供了无效的驱动装置地址	18	指定了非法波特率
7	通信口未定义为USS协议	19	无通信：驱动器未设为激活
8	通信口忙于处理其他指令	20	驱动器应答中的参数或数值不正确或包含错误代码
9	驱动装置速度设定输入值超限	21	返回一个双字数值，而不是请求的字数值
10	驱动装置返回的信息长度不正确	22	返回一个字数值，而不是请求的双字数值
11	驱动装置返回报文的第一个字符不正确（不是02HEX）		

六、拓展训练

训练1. 用USS通信读/写指令读写本项目中变频器的相关参数，要求读取变频器的直流回路电压实际值（参数r0026）并将变频器的斜坡下升时间（参数P1121）改为3.0s。

训练2. 用USS通信实现电动机的正反转控制，要求系统起动后，若电动机正转，则转速为30Hz；若电动机反转，则转速为20Hz。

参考文献

[1] 史宜巧, 侍寿永. PLC技术及应用项目教程[M]. 2版. 北京: 机械工业出版社, 2014.

[2] 侍寿永. 机床电气与PLC控制技术项目教程[M]. 西安: 西安电子科技大学出版社 , 2013.

[3] 侍寿永. S7-200 PLC编程及应用项目教程[M]. 北京: 机械工业出版社, 2013.

[4] 侍寿永. S7-300 PLC、变频器与触摸屏综合应用教程[M]. 北京: 机械工业出版社, 2015.

[5] 汤自春. PLC技术应用[M]. 北京: 高等教育出版社, 2015.

[6] 张志柏, 秦益霖. PLC应用技术[M]. 北京: 高等教育出版社, 2015.

[7] 西门子（中国）有限公司. 深入浅出西门子S7-200 PLC [M]. 北京: 北京航空航天大学出版社, 2015.

[8] 西门子公司. S7-200 PLC可编程序控制器产品目录, 2014.